'답'만 외우는

바리스타

자격시험 1급

기출예상문제집

SD에듀
㈜시대고시기획

Always
with you...

사람이 길에서 우연하게 만나거나 함께 살아가는 것만이 인연은 아니라고 생각합니다.

책을 펴내는 출판사와 그 책을 읽는 독자의 만남도 소중한 인연입니다.

SD에듀는 항상 독자의 마음을 헤아리기 위해 노력하고 있습니다. 늘 독자와 함께하겠습니다.

언제 마시는 커피가 가장 향기롭게 느껴질까?
어떤 상황에서 마실 때 가장 행복하게 느껴질까?
누구랑 마실 때 가장 즐거울까?
어떤 공간에서 마실 때 가장 큰 만족감이 느껴질까?

오감을 자극하는 달콤하고 향긋한 커피는 대표적인 기호음료임이 틀림없다. 커피의 흐름도 푹신한 소파에서 커피 2, 프림 2, 설탕 2의 황금비율로 비유되던 믹스커피에서 좋은 풍경을 배경 삼아 분쇄원두를 넣고 뜨거운 물을 부어 내려서 마시는 원두커피로 변화하고 있다.

이제는 커피에도 철학이 있고, 경영학, 기술학이 스며들어 원두와 커피맛에 경쟁이 치열해지면서 커피의 품격이 높아졌음을 부인할 수 없다.

가볍게 마시지만 쉽게 만들어지지 않는 커피. 많은 과정을 거치면서 돌고 돌아 내 앞에 있다 생각하니 경이로움을 표할 수밖에 없다. 많은 로스터리 카페가 생기면서 카페산업은 규모가 더욱 커지고, 선택의 폭도 넓어지고 있다.

이에 바리스타 1급 자격은 커피 추출, 음료 제조, 로스팅, 고객 서비스, 카페 창업 등 다양한 방면의 커피 전문가로의 첫발을 내딛는 인증서로 활용되기에 그 가치는 더욱 커지리라 믿는다.

이제는 분위기 좋은 카페를 떠나 음악을 중요시하는 카페도 있고, 경치 좋은 곳에서 지역 명소로 자리잡고 있는 곳도 많아 성지순례하듯 카페를 탐방하는 즐거움도 주고 있다. 커피는 쉽게 접할 수 있는 식품이라 생각하기에는 너무도 큰 경제성을 지니고 있다. 많이 알아보고, 많이 배우고, 많이 발전해 가는 노력 끝에 얻어지는 값진 한잔의 보석인 셈이다. 커피 한잔을 마시면서 오감의 희노애락을 느낄 수 있는…

커피 순환에 시초를 열었던 바바 부단에게 경이로움을 표하며 커피 관련 종사자들의 삶의 질도 높아지고 지속 가능한 커피시장을 위해 모두가 장기적인 관점으로 노력을 아끼지 않아야겠다는 생각이 든다. 그리고 새로운 카페 시장에 입문하는 분들에게 조금이나마 방향을 제시해 주는 지침서가 되도록 꾸준히 보완하고 노력하겠다는 다짐을 한다. 바리스타 1급의 가치를 높이는 데 마지막까지 꼼꼼한 편집 진행을 맡아주신 편집부를 비롯해 SD에듀 관계자 분들에게 감사의 뜻을 전한다.

오늘도 커피가 힐링의 원천이 되길 기원하며…

저자 류중호

(사)한국커피협회 시험 안내

1. 시험의 목적

| 전문 직원인으로서의 위상 제고 | 커피산업 발전 공헌 | 커피전문가로서 자부심 함양 | 커피문화 발전과 서비스 질 향상 | 커피산업체와 산학협력을 통한 발전적 방향 제시 |

2. 응시자격

① 필기 : (사)한국커피협회 바리스타 2급 자격증 취득자

② 실기 : 바리스타 1급 필기시험에 합격한 자

3. 필기시험 안내

① 출제범위 : 커피학개론, 커피 로스팅과 향미 평가, 커피 추출 등 바리스타(1급) 자격시험 예상문제집 포함

② 출제형태 : 객관식(4지선다형) 50문항, 영어 평가 커피문제(4지선다형, 10% 내외 포함)

③ 시험시간 : 50분

④ 합격기준 : 60점 이상 합격(항목 간 과락은 없음)

　　※ 필기시험 합격자에 한하여 실기시험 응시자격을 부여하며 필기시험 합격자는 합격일로부터 2년간 실기시험 응시 자격을 갖는다.

⑤ 특별전형 대상자

- 필기시험(전공특별전형) : (사)한국커피협회 주관, 바리스타(2급) 자격증 취득자로 필기시험 무시험 검정
- 대학교전공학과 성적우수자 : 협회에서 인증한 대학교(인증학과에 한함) 및 교육기관(학점은행 제도를 시행하는 대학교부설 평생교육원, 직업전문학교 및 평생교육시설 포함)에서 커피교과목 15학점 이상을 취득하고 이수학기 평균 70점 이상(교양과목 포함)인 자
- 바리스타사관학교 수료자
- WCCK 심사위원

4. 실기시험 안내

① 시험범주 : 준비 평가, 에스프레소 평가, 카푸치노 평가, 서비스 기술 평가

② 시험방식

- 준비 평가 : 응시자는 제공된 원두에 알맞은 그라인더 분쇄도를 설정하고 향미를 확인한다.
- 에스프레소 4잔 평가 : 응시자는 선택한 원두로 에스프레소 4잔을 완성한 후 제공한다. 응시자는 자신이 추출한 에스프레소의 향미에 대해 정확히 설명한다.
- 카푸치노 4잔 평가 : 라떼아트로 시각적으로 동일한 하트 2잔과 3단튤립 2잔(총 4잔)을 각각 같은 패턴끼리 제공한다. 단, 도구를 사용한 에칭은 허용하지 않는다.

③ 평가방식 : 기술적 평가와 감각적 평가로 구분하며, 1인의 피평가자를 2인의 평가자가 평가

④ 시험시간 : 준비 및 시연시간 15분

⑤ 특별전형 대상자

- 필기시험에 통과한 자로 실기시험 무시험 검정
- 협회 주관 WBC 국가대표 선발전 입상자(1위~6위)

5. 제출 서류

일반전형	특별전형	
	필기시험 무시험 검정 (전공특별전형)	실기시험 무시험 검정
• 접수 : 온라인 접수 • 본인 사진(jpg 파일 첨부)	• 사전서류심사 　– 응시자격 서류심사 접수신청서 　– 성적증명서 1부 • 온라인 접수 • 본인 사진(jpg 파일 첨부) • 제출방법 : 사전 서류심사 통과 시 온라인 접수(특별전형)	• 온라인 접수 • 본인 사진(jpg 파일 첨부) • 경력증명 서류 • 제출방법 : 온라인 접수 후 접수 기간 내 팩스 또는 이메일 발송

※ 기타 시험에 관한 자세한 사항은 (사)한국커피협회 홈페이지(www.kca-coffee.org)에서 확인할 수 있다.

(사)한국커피바리스타협회 시험 안내

1. 자격 소개

노동부와 한국산업인력공단이 개발하고 있는 국가직무능력표준(NCS)에 따라 산업현장이 필요로 하는 직무능력에 근거하여 객관적인 자격 기준을 권위 있는 심사위원의 평가로 인정받은 자격자를 양성, 배출하기 위한 자격제도이다.

2. 응시자격

① 커피 관련 학과(또는 전공) 3학기(재학) 이상인 자

※ 단, 관련 학과란 식품, 호텔, 관광, 외식, 제과제빵, 식음료서비스 등을 말함

② 커피 관련 교육기관 또는 산업체 실무경력 18개월 이상인 자

③ 등급이 없는 커피바리스타, 바리스타, 홈바리스타 등 커피분야 자격 소지자

④ 등급이 있는 커비파리스타, 바리스타 2급 등 커피분야 자격 소지자

※ 단, 위 사항은 자격기본법에 의거 등록된 자격이어야 함

3. 자격검정

구분	검정과목	검정방법			합격기준
필기	• 커피학일반 • 커피머신관리학 • 커피추출 일반 • 핸드드립과 라떼아트 이론 • 커피매장관리 및 창업	• 객관식 5지선다형 • 60문항 • 시험시간 : 60분			100점 만점 기준, 60점 이상(36문제 이상)
실기	• 핸드드립 2잔 • 라떼아트/메뉴조리 총 4잔 　- 카푸치노(하트), 카푸치노(로제타), 　카페마끼아또, 라떼마끼아또	핸드드립 2잔			100점 만점(핸드드립 40점, 라떼아트/메뉴조리 60점) 기준, 60점 이상
		준비	조리	정리	
		3분	5분	2분	
		라떼아트 2잔/메뉴조리 2잔			
		준비	조리	정리	
		3분	6분	2분	

4. 합격자 조회

① 필기 : 당일 오후 14시 이후 인터넷을 통해 확인 가능

② 실기 : 검정일 이후 한주 지난 돌아오는 월요일 14시 전후에 확인 가능

※ 기타 시험에 관한 자세한 사항은 (사)한국커피바리스타협회 홈페이지(www.caea.or.kr)에서 확인할 수 있다.

구성과 특징

핵심이론

여러 바리스타 자격시험 시행처의 출제범위를 꼼꼼히 분석하여 꼭 알아야 할 핵심이론만을 수록하였습니다.

핵심예제

시험에 자주 출제되는 문제와 꼭 풀어보아야 할 문제들을 엄선하여 수록하였습니다. 핵심이론으로 기본 지식을 쌓고, 핵심예제를 통해 앞서 공부한 내용을 점검할 수 있습니다.

최종모의고사

최종 마무리를 위하여 답이 보이는 최종모의고사 10회분을 담았습니다. 문제의 정답과 해설을 한눈에 보며 이론을 정리하고 보충학습하는 방법을 추천합니다.

BARISTA BSC COFFEE GUIDE

목차

PART 01
핵심이론 + 핵심예제

CHAPTER 01 커피학개론   3

CHAPTER 02 커피 로스팅과 향미 평가   26

CHAPTER 03 커피 추출 등   37

PART 02
최종모의고사

제1회   최종모의고사   73

제2회   최종모의고사   85

제3회   최종모의고사   97

제4회   최종모의고사   108

제5회   최종모의고사   119

제6회   최종모의고사   130

제7회   최종모의고사   141

제8회   최종모의고사   153

제9회   최종모의고사   165

제10회 최종모의고사   177

PART 1

핵심이론 + 핵심예제

CHAPTER 01   커피학개론
CHAPTER 02   커피 로스팅과 향미 평가
CHAPTER 03   커피 추출 등

회독체크

구분	과목	1회독	2회독	3회독
제1장	커피학개론	☐	☐	☐
제2장	커피 로스팅과 향미 평가	☐	☐	☐
제3장	커피 추출 등	☐	☐	☐

☐ 칸에 학습진도를 체크하세요.

행운이란 100%의 노력 뒤에 남는 것이다.

– 랭스턴 콜먼(Langston Coleman)

커피학개론

(1) 커피의 어원

카파(Kaffa)	에티오피아 짐마의 옛 지명으로, 아랍어로 '힘'을 뜻한다.
카와(Kahwa)	아랍어로 '기운을 돋우는 것'이라는 뜻이고, '쿠와(Qahwah)'는 술을 마셨을 때와 비슷하다 하여 와인을 칭하는 용어이다.
카베(Kahve)	튀르키예(터키)에서 커피를 부르던 말이다.
Coffee	1650년 영국의 블런트 경(Henry Blount)에 의해 'Coffee'라는 단어가 사용되었다.

※ 이탈리아어로 'Caffe', 프랑스어로 'Cafe', 독일어로는 'Kaffee'라 한다.

(2) 커피의 기원

칼디의 전설	에티오피아의 목동 칼디(Kaldi)가 염소들이 풀숲에서 붉은 열매를 먹은 후 흥분하여 밤에는 잠을 자지 못하는 것을 보고 발견하였다.
오마르의 전설	오마르(Omar)가 오우삽(Ousab) 산으로 추방돼 배가 고파 산속을 헤매던 중 새 한 마리가 붉은 열매를 쪼아 먹는 것을 보고 발견하였다.
모하메드의 전설	모하메드(Mohammed)가 병으로 앓고 있을 때 꿈속에서 천사 가브리엘이 나타나 빨간 열매를 주면서 먹어 보라고 해 커피를 발견하게 되었다.

01 다음 중 커피의 어원을 바르게 설명한 것은?

① 칼디의 전설에 따르면 에티오피아 목동 칼디에 의해 카와(Kahwa)라고 부르게 되었다.

② 에티오피아 짐마의 옛 지명으로 힘을 뜻하는 '카파(Kaffa)'라고 불렸다.

③ 오마르가 오우삽 산으로 추방되었을 때 커피 열매의 효능을 보고 '카와(Kahwa)'라고 불렀다.

④ 튀르키예(터키)에서는 커피를 '쿠와(Qahwah)'라고 불렀다.

⑤ 네덜란드에서 'Coffee'라는 단어가 사용되었다.

해설 튀르키예(터키)에서는 '카베(Kahve)'라고 하였고 'Coffee'라는 단어는 영국의 블런트 경에 의해 사용되었다.

02 다음의 (   ) 안에 들어갈 단어는 무엇인가?

> 1650년 영국의 블런트 경(Henry Blount)에 의해 (   )라는 단어가 사용되었다.

정답 Coffee

① 예멘 남쪽의 모카 항을 통해 유럽으로 수출되었다.

② 1600년경 인도 출신 이슬람 승려 바바 부단(Baba Budan)이 아라비아로 성지순례를 왔다가 커피 씨앗을 몰래 숨겨와 인도 남부 마이소르(Mysore) 지역에 재배하였다.

③ 1605년 교황 클레멘스 8세(Clemens Ⅷ)가 커피에 세례를 주어 '코셔(Kosher : 종교적 법률과 관습)' 전통을 음식에 적용하는 유대인들과 가톨릭신자에게 커피가 허용되었다.

④ 1615년 중동과 활발한 무역을 하던 베니스의 무역상들이 커피를 소개하면서 유럽에 빠른 속도로 퍼져 나갔다. 유럽의 커피하우스는 남자들의 사교와 화합, 사업 도모, 정치활동의 장이 되었다.

⑤ 1658년 네덜란드인들이 인도의 실론(Ceylon : 스리랑카의 옛 이름) 섬에 소규모 커피농장을 경영했다.

⑥ 1672년 아르메니아인 파스칼이 파리에서 최초의 카페를 열게 되었다.

⑦ 1686년 현존하는 가장 오래된 카페인 '카페 드 프로코프(Cafe de Procope)'는 파스칼 밑에서 종업원으로 일하던 이탈리아 출신 프로코피오 콜텔리가 파리에서 개장하였다. 계몽주의 시대에 볼테르(Voltaire), 루소(Rousseau), 디드로(Diderot) 등 많은 철학자들이 자유사상과 민주주의의 매개체 역할을 하면서 애용하는 카페가 되었다. 이후 프랑스 대혁명 직전까지 파리에는 약 2,000개 이상의 카페가 들어서게 된다.

⑧ 1696년 네덜란드는 식민지인 인도네시아 자바 섬에 커피나무를 이식하여 재배하였고, 이것이 자바 커피의 시작이다.

⑨ 1714년 암스테르담 시장이 프랑스 루이 14세에게 커피나무를 선물하였다. 루이 14세는 보병부대 장교였던 가브리엘 마티유 드 클리외(Gabriel Mathieu de Clieu)에게 프랑스 식민지에 커피 묘목을 나누어 주는 임무를 맡겼다. 클리외는 카리브해의 긴 항해 중 커피 묘목에서 자라는 새순들을 보호하기 위해 부족한 식수까지도 아끼지 않았다. 그리고 묘목을 마르티니크(Martinique) 섬에 이식하여 새로운 커피 산업이 탄생하였다.

⑩ 1727년 브라질 출신의 포르투갈 장교 프란치스코 드 멜로 팔헤타(Francisco de Mello Palheta)는 프랑스령 가이아나 파견 임무를 마치고 귀국하면서 커피 열매가 숨겨진 커다란 꽃다발을 선물받았다. 이를 브라질 파라(Para)에 심으면서 오늘날 세계 최대의 커피 생산국이 되었다.

⑪ 산업혁명은 커피 제조에 영향을 주었고, 1865년 커피의 선구자로 알려진 존 아버클(John Arbuckle)이 커피의 캔 포장을 개발하였다.

⑫ 1896년 아관파천으로 인해 러시아 공사관으로 피신했던 고종황제가 러시아 공사 베베르를 통해 커피를 접하고 덕수궁 내에 우리나라 최초의 로마네스크풍 건물(정관헌)을 지어 커피와 다과를 즐겼다.

01 다음 중 커피 전파에 대한 설명으로 틀린 것은?

① 커피는 1500년경 예멘 지역에서 대규모 경작이
처음 시작되었다.

② 1615년 중동과 활발한 무역을 하던 베니스의 무
역상들이 커피를 소개하면서 유럽에 빠른 속도
로 퍼져 나갔다.

③ 1652년 파스콰 로제(Pasqua Rosee)에 의해 런
던 최초의 커피하우스가 문을 열었다.

④ 1686년 현존하는 가장 오래된 카페인 '더 킹스
암스(The King's Arms)'는 파스칼 밑에서 종업
원으로 일하던 이탈리아 출신 프로코피오 콜텔
리가 파리에서 개장하였다.

⑤ 1723년 노르망디 출신의 군인 클리외(Clieu)가
커피 묘목을 카리브해의 마르티니크(Martinique)
섬에 이식하였다.

해설 ④ 현존하는 가장 오래된 역사를 지닌 카페는 '카페 드
프로코프(Cafe de Procope)'이다. '더 킹스 암스
(The King's Arms)'는 1696년 미국 뉴욕 최초의 커
피숍이다.

02 커피 묘목을 카리브해의 마르티니크(Martini-
que) 섬에 이식하여 중남미 지역인 기아나, 아이티,
산토도밍고 등으로 전파되고 중앙아메리카, 남아메
리카, 멕시코 지역까지 커피 재배지의 확산에 기여한
인물은?

정답 클리외(Clieu)

03 다음 ( ) 안에 알맞은 말을 쓰시오.

1615년 중동과 활발한 무역을 하던 ( )의 무역
상들이 커피를 소개하면서 유럽에 빠른 속도로
퍼져 나갔다. 유럽의 커피하우스는 남자들의 사
교와 화합, 사업 도모, 정치활동의 장이 되었다.

정답 베니스

핵심이론 03 커피나무

(1) 커피나무의 식물학적 분류

① 적도를 중심으로 남위 25°에서 북위 25° 사이의 열
대, 아열대 지역이 커피 재배에 적합하다.

② 1753년 스웨덴 식물학자 칼 폰 린네(Carl von
Linne)에 의해 처음으로 학계에 등록되었다.

③ 식물학적 관목으로 꼭두서니과 코페아속에 속하는
다년생 쌍떡잎식물이다.

④ 73개 종에서 오직 3종류인 아라비카(Arabica), 로
부스타(Robusta), 리베리카(Liberica)가 세계 시
장에서 상업적인 의미를 가진다.

(2) 커피나무의 일반적인 특징

① 연평균 기온이 15~24℃ 정도로 30℃를 넘거나
5℃ 이하로는 내려가지 않아야 한다.

② 강수량은 아라비카종 연 1,500~2,000mm, 로부
스타종은 연 2,000~3,000mm 정도가 적절하다.
아라비카종이 로부스타종보다 가뭄을 더 잘 견디
는 편이다.

③ 열매가 맺기 전에는 우기가, 꽃이 피고 열매를 맺
은 후에는 짧은 기간의 건기가 필요하다.

④ 유기물과 미네랄이 풍부한 화산성 토양의 충적토
로 약산성(pH 5~5.5)을 띠는 것이 좋다.

　㉠ 투과성이 높아 배수능력이 좋고 뿌리를 쉽게
내릴 수 있는 다공성 토양이 적합하다.

　㉡ 검붉은 색의 짙은 흙은 유기물이 풍부하므로
커피 재배에 더 적합하다.

　　예 브라질 고원지대 현무암의 적색 풍화토인
테라록사(Terra Roxa)

⑤ 지형은 표토층이 깊고 물 저장 능력이 좋으며, 기계
화가 용이한 평지나 약간 경사진 언덕이 적합하다

⑥ 아라비카종은 고지대(800~2,000m), 로부스타종
은 저지대(800m 이하)에서 주로 재배된다.

　▶ 고지대에서 생산된 생두일수록 단단하고 밀도
가 높아 향이 풍부하고 맛이 좋으며, 색깔도 더
진한 청록색을 띤다.

⑦ 일조량은 연 2,200~2,400시간 정도이다.

　　㉠ 커피나무는 강한 햇볕과 열에 약하기 때문에 이를 차단해 주기 위해 커피나무 주변에 다른 나무를 심어야 한다. 이를 셰이드 트리(Shade Tree)라고 하며 이러한 방식으로 재배된 커피를 '셰이드 그로운 커피(Shade Grown Coffee)'라고 한다.

　　㉡ 셰이딩하지 않고 재배한 커피를 '선 그로운 커피(Sun Grown Coffee)'라고 한다.

　　㉢ 커피나무는 자연상태에서는 10m 이상 자라기도 하지만 재배가 용이하도록 2~2.5m 정도로 유지해 준다.

⑧ 커피나무의 뿌리는 원활한 수분 흡수를 위해 대부분은 30cm 깊이 안에 자리 잡는다.

⑨ 심은 후 약 1개월 후에 떡잎이 나오고, 10~12주 후부터 본잎이 나온다. 못자리에서 6개월 정도 재배 후 30~50cm 정도까지 자라면 경작지로 옮겨 심는다.

⑩ 커피나무는 심은 지 2년 정도가 지나면 1.5~2m 정도 성장하여 첫 번째 꽃을 피우고 3년 정도가 지나면 수확이 가능하다.

　　㉠ 안정적인 수확은 5년부터 가능하다.

　　㉡ 꽃이 피고 지는 개화 기간은 2~3일 정도로 짧다.

⑪ 커피나무의 수명은 50~70년 정도이지만 경제적인 수명은 20~30년이다.

⑫ 꽃잎은 흰색이고 재스민 향이 나며, 꽃잎의 수는 아라비카와 로부스타는 5장, 리베리카는 7~9장이다.

(3) 커피체리

① 커피꽃이 떨어지고 나면 그 자리에 열매를 맺는데, 초기에 녹색이었다가 익으면 빨갛게 변한다. 빨갛게 익은 열매가 체리와 비슷하다 하여 커피체리라 부르며 길이는 15~18mm 정도이다.

② 생두는 커피콩을 말하며, 그린빈(Green Bean)이나 그린커피(Green Coffee)라고 한다.

③ 열매는 녹색 – 주황색 – 빨간색 혹은 노란색 순으로 익어간다.

(4) 체리의 구조

① 겉껍질(Outer Skin)/외과피 : 체리의 바깥 껍질로 잘 익은 커피체리는 대부분 빨갛다.

　　※ 아마레로(Amarelo) : 브라질 품종으로 키가 작고 체리 색깔이 노랗다.

② 펄프(Pulp)/과육 : 당과 수분이 풍부한 과육으로 단맛이 나며 중과피에 해당한다.

③ 파치먼트(Parchment)/내과피 : 펄프 안에 생두를 감싸고 있는 단단한 껍질의 점액질로 구성되어 있다.

④ 실버스킨(Silver Skin)/은피 : 파치먼트 내부에 있는 생두를 감싸고 있는 얇은 막이다.

⑤ 생두(Green Bean) : 커피콩을 말하며 커피체리에서 과육을 제거한 상태이다.

⑥ 센터 컷(Center Cut) : 생두 가운데 나 있는 S자 형태의 홈을 말한다.

⑦ 플랫빈(Plat Bean) : 한 개의 체리 안에 평평한 면으로 마주 보고 있는 2개의 생두를 말한다.

(5) 그 밖의 명칭

① 커피 열매의 정제된 씨앗 : 그린커피(Green Coffee)

② 분쇄하지 않은 상태의 원두 : 홀빈(Whole Bean)

③ 원두를 분쇄한 것 : 그라운드 빈(Ground Bean)

(6) 커피의 3대 원종

구분	아라비카 (Arabica)	로부스타 (Robusta)	리베리카 (Liberica)
원산지	동아프리카의 에티오피아	빅토리아 호수 근처 콩고	라이베리아
토양	• 유기질이 풍부한 화산성 토양 • 배수가 잘되고 미네랄이 풍부한 토양 • 동쪽이나 동남쪽 방향으로 약간의 경사가 있는 곳 • 아열대 기후	고온다습한 지역 (일반적인 토양에서도 잘 자람)	전 세계 생산량의 약 1%로, 쓴맛이 강하고 향미 성분이 약해 수출은 하지 않고 현지에서 소비됨
염색체 수	44개(4배체)	22개(2배체)	

구분	아라비카 (Arabica)	로부스타 (Robusta)	리베리카 (Liberica)
번식	자가수분	타가수분	전 세계 생산량의 약 1%로, 쓴맛이 강하고 향미 성분이 약해 수출은 하지 않고 현지에서 소비됨
열매가 익는 기간	6~9개월	9~11개월	
뿌리	깊게 내림	얕게 내림	
연평균 기온	15~24℃	24~30℃	
재배 고도	800~2,000m	800m 이하	
병충해	약함	강함	
적정 강수량	연 1,500~ 2,000mm	연 2,000~ 3,000mm	
생산량	60~70%	30~40%	
생산국	브라질, 콜롬비아, 엘살바도르, 케냐, 에티오피아, 탄자 니아, 멕시코, 코 스타리카, 온두라 스, 자메이카, 예 멘, 파나마, 과테 말라 등	브라질, 베트남, 콩고, 우간다, 인 도네시아, 필리핀, 가나, 미얀마, 나 이지리아 등	
맛	• 향미가 우수 • 단맛, 신맛, 감 칠맛이 뛰어남	• 향미가 약함 • 쓴맛이 강함	
카페인 함량	0.8~1.4%	1.7~4.0%	
생두 형태	평평하고 타원형	둥근 형태	

(7) 카페인(Caffeine)

① 뇌의 신경전달물질의 생성·분비를 촉진하여 각성
효과가 있으며 긴장감을 유지시킨다.
  ➤ 체내에 흡수되면 카테콜아민(Catecholamine)
  등 신경전달물질 분비를 자극해 각성효과와 피
  로회복 효과가 있다.
② 노폐물의 분비를 돕고 신진대사를 촉진하며, 스트
레스를 감소시키는 효과가 있다.
③ 체지방의 분해를 증가시키고 기초대사율을 높이
며, 근육활동 능력을 증가시킨다.
④ 활성산소를 감소시켜 노화를 예방해 주는 효과가
있다.

⑤ 과다 섭취 시 혈관 확장 및 혈류량 증가를 유도하여
혈압 상승을 일으킨다. 증가된 혈류량은 배뇨량을
증가시켜 전해질의 체외 배설을 촉진시킨다.
  ㉠ 이뇨작용 효과가 있다.
  ㉡ 심장박동, 맥박이 증가하고 불안, 초조감이 발
    생할 수 있다.
  ㉢ 불면증, 두통, 신경과민, 불안감 등의 증세가
    발생한다.
  ㉣ 소화불량이나 위산분비, 복통 등이 생기거나
    심해질 수 있다.
  ㉤ 빈뇨, 과민성 방광, 이명, 손발 저림처럼 다양
    한 감각장애가 일어나기도 한다.
⑥ 카페인은 신속하게 위장관에 흡수·대사되므로 공
복에는 커피 음용을 자제한다.
⑦ 임산부의 잦은 커피 음용은 태아의 혈중 카페인 농
도를 높인다.
⑧ 하루 2~3잔 이상의 커피 섭취는 폐경기 여성의 경
우 골다공증의 간접적인 원인이 된다.
⑨ 위염, 위궤양 증세가 있을 때는 커피 음용을 자제
하는 것이 좋다.
⑩ 카페인 500mg 이상 섭취 시 카페인 중독 및 금단
현상이 나타날 수 있다.
⑪ 1,000mg 정도의 카페인을 섭취하면 불면증, 불안
감, 흥분, 심박수 증가, 두통과 같은 인체에 해로운
영향이 나타난다.

> 🄳 알아보기
>
> 하루 섭취 권장량
> • 커피에 들어 있는 카페인 함량은 약 1~1.5%
> • 소아청소년 체중 1kg당 2.5mg 이하, 임산부 300mg 이하,
>   성인 400mg 이하

(8) 디카페인 커피(Decaffeinated Coffee)

① 커피 원두에서 카페인을 제거하거나 새료로 사용
하지 않는 커피를 말한다.
② 미국에서는 97% 이상의 카페인이 제거된 커피를
말한다.
  ➤ 우리나라에서는 커피의 카페인 함량이 생두는 0.1%,
  추출액에서는 0.3%를 초과해서는 안 된다고
  규정하고 있다.

③ 1819년 독일의 화학자 룽게(Runge)에 의해 최초로 카페인 제거 기술이 개발되었다.

④ 1903년 상업적 규모의 카페인 제거 기술은 로셀리우스(Roselius)에 의해 개발되었다.

⑤ 카페인을 제거해도 트라이고넬린(트리고넬린), 카페산, 퀸산, 페놀화합물 등에 의하여 쓴맛이 난다.

⑥ 카페인 추출법

용매 추출법 (Traditional Process)	• 생두를 물에 담근 후 용매를 사용하여 카페인을 선택적으로 제거한 후 물속에 잔류하는 커피 향을 커피에 재결합시켜서 만드는 방식 • 가장 일반적이고 전통적인 방식 • 용매는 벤젠, 클로로포름, 트리클로로에틸렌, 염화메틸렌(디클로로메탄), 에틸아세테이트 등이 사용됨 • 비용이 저렴함 • 미량의 용매 성분이 커피에 잔류하는 문제점이 있음
물 추출법 (Water Process)	• 가장 많이 사용되는 제조과정 • 용매가 직접 생두에 닿지 않아 안전함 – 경제적이고 커피 원두 본래의 맛과 향을 유지할 수 있음 • 생두를 물에 넣고 생두의 성분을 추출한 다음 생두를 건져내고 생두 추출액에서 카페인 성분을 숯(탄소필터)으로 제거한 다음 남은 생두 추출액에 생두를 넣어 흡수시키는 방법 • 소량의 카페인은 존재(2~6mg)
초임계 이산화탄소 추출법 (CO₂ Water Process)	• 높은 압력을 받아 액체 상태가 된 이산화탄소를 생두에 침투시켜 카페인을 제거하는 방법 • 카페인과 CO_2가 쉽게 결합하므로 이를 숯 필터로 분리하는 방법 • 위험하지 않고 자연상태의 안전한 방식 • 커피의 향미 성분을 가장 잘 보존해 줌 • 설비에 따른 비용이 많이 듦

01 커피나무에 대한 설명으로 틀린 것은?

① 커피나무는 꼭두서니과 코페아속의 다년생 쌍떡잎식물이다.

② 커피의 과실을 형태학적으로 분류하면 중과피는 육질이고 내과피는 단단한 핵과(核果)에 속한다.

③ 아라비카종은 묘포에서 묘목을 키우고 어느 정도 자라면 이식하며, 심은 지 3년 정도 지나야 수확이 가능하다.

④ 커피나무는 열대, 아열대 지역의 약 60여 개의 나라에서 생산된다.

❺ 커피나무의 개화 기간은 15일 정도이며, 개화에서 결실까지 30~35주 정도가 걸린다.

해설 ⑤ 커피나무의 개화 기간은 2~3일이다.

02 커피나무의 올바른 파종법은?

정답 파치먼트 파종

03 다음 ( ) 안에 알맞은 말을 쓰시오.

> 커피나무는 강한 햇볕과 열에 약하기 때문에 이를 차단해 주기 위해 커피나무 주변에 다른 나무를 심어야 한다. 이를 (ⓐ)라고 하며 이러한 방식으로 재배된 커피를 (ⓑ)라고 한다.

정답 ⓐ 셰이드 트리(Shade Tree)
ⓑ 셰이드 그로운 커피(Shade Grown Coffee)

핵심이론 04 커피 품종

(1) 아라비카 주요 품종

① 티피카(Typica)

  ㉠ 아라비카 원종에 가장 가깝고 현존하는 품종들의 모태가 된다.

  ㉡ 나무는 원추형으로 자라며 가지는 기울어진 모양으로 뻗는다. 콩은 긴 타원형으로 끝이 뾰족하고 좁다.

  ㉢ 버번보다 좀 더 잘 자라며 3~4m 크기로 다른 품종보다 키가 크지만 생산성은 매우 낮다. 질병과 해충 등 녹병(CLR)에 취약하며, 그늘재배가 필요하다.

  ㉣ 고지대에서도 잘 자라서 밀도가 강하고 상큼한 레몬 향, 꽃 향 등의 뛰어난 향이 나며 신맛을 가지고 있다.

  ㉤ 블루마운틴, 하와이 코나가 대표적이다.

  ㉥ 브라질, 멕시코, 나이지리아, 콩고, 니카라과 등지에서 재배된다.

② 버번(Bourbon)

  ㉠ 아프리카 동부 레위니옹(Reunion) 섬에서 발견된 티피카의 돌연변이종이다.

  ㉡ 생두는 작고 둥근 편이며 센터 컷이 S자형이다.

  ㉢ 병충해를 입기 쉽고, 열매를 맺는 시간도 오래 걸리며 수명도 짧다. 수확량은 티피카보다 20~30% 많다.

  ㉣ 최고의 품질로 새콤한 맛, 달콤한 뒷맛 등 와인과 비슷한 맛이 나는데 이것을 버번 플레이버(Bourbon Flavor)라고 부르기도 한다.

  ㉤ 1,000~2,000m 정도의 고지대에서 가장 잘 자란다. 콜롬비아, 중앙아메리카, 아프리카, 브라질, 케냐, 탄자니아 등에서 주로 재배되고 있다.

③ 카투라(Caturra)

  ㉠ 1937년 브라질에서 발견된 버번나무의 꺾꽂이로 개발한 변이종이다.

  ㉡ 녹병에 강해 비교적 생산성이 높고 레몬과 같은 신맛과 약간 떫은맛을 지니고 있다.

  ㉢ 티피카나 버번보다 단맛이 적으며 생두의 크기가 작고 단단하다.

  ㉣ 약 1,000m 이하의 고도에서 잘 자라며 땅에 붙어 자라기 때문에 열매 수확이 쉽다.

  ㉤ 코스타리카(Costa Rica)에서 이품종을 주로 재배하고 있다.

④ 카티모르(Catimor)

  ㉠ 1950년대 포르투갈에서 발견된 티모르의 교배종이다.

  ㉡ 성장 속도가 빠르고 중간 고지대에서 잘 자라며 수확량이 많다.

  ㉢ 녹병에 강하며, 토양이 비옥하고 강우량이 높아야 한다.

⑤ 카투아이(Catuai)

  ㉠ 문도노보와 카투라의 교배종이다.

  ㉡ 병충해와 바람에 대한 저항력이 강해서 태풍이 잦은 환경에 적합하다.

  ㉢ 브라질 재배 면적의 50%를 차지한다.

  ㉣ 생산기간이 10년 정도로 짧은 것이 단점이지만 품질 좋은 커피를 생산한다.

⑥ 문도노보(Mundo Novo)

  ㉠ 버번과 티피카의 자연 교배종이다.

  ㉡ 1950년 브라질에서 재배하기 시작하여 카투라, 카투아이와 함께 브라질의 주력 상품이다.

  ㉢ 이 종이 처음 등장했을 때 많은 희망을 걸어 '신세계'를 뜻하는 문도노보(Mundo Novo)라고 이름 붙였다.

  ㉣ 환경 적응력이 좋고 생산량도 버번보다 30% 이상 많으나 성숙기간이 오래 걸린다.

⑦ 마라고지페(Maragogype)

  ㉠ 1870년 브라질의 한 농장에서 발견된 티피카의 돌연변이종이다.

  ㉡ 아라비카와 리베리카의 교배종이다.

  ㉢ 생두의 크기가 스크린 사이즈(Screen Size) 20보다 크다.

  ㉣ 다른 종에 비해 잎, 체리, 생두가 모두 커서 코끼리 콩(Elephant Bean)으로 불린다.

  ㉤ 나무 키가 크며 맛이 연하고 향이 풍부하지만 생산성이 낮다.

  ㉥ 브라질, 멕시코, 나이지리아, 콩고, 니카라과 등지에서 재배된다.

(2) 로부스타 품종

① 고온다습이나 병충해에 강한 저항력을 가지고 있기 때문에 세계 각지에서 재배된다.

② 세계 커피 생산량의 30~40% 정도를 차지한다.

아시아	말레이시아, 라오스, 타이, 베트남, 인도네시아, 티모르
아프리카	아이보리코스트, 앙골라
남아메리카	브라질, 에콰도르, 페루
중앙아메리카	거의 생산되지 않음

③ 카페인 함유량이 아라비카의 2배로 높다.

④ 커피나무의 키가 크지 않아 열매 수확과 관리가 쉽다. 나무 사이의 공간도 많이 필요치 않아 동일 면적에 많이 심을 수 있다.

⑤ 아라비카의 섬세한 풍미는 없지만 좋은 로부스타는 낮은 등급의 아라비카 품질과 비슷하다.

⑥ 바디(Body)감이 좋아 대부분 에스프레소 블렌딩용으로 판매된다.

(3) 지속가능 커피(Sustainable Coffee)

① 커피 재배 농가의 삶의 질을 개선하고 토양과 수질 그리고 생물의 다양성을 보호하며, 장기적인 관점에서 안정적으로 생산 가능한 커피를 말한다.

② 농부들이 화학물질에 대해 균형 잡힌 관점을 가지고 토지를 장기간 이용할 수 있도록 관리하는 것으로, 좋은 토지환경 그리고 사용한 물을 모아서 영양분을 보충해 다시 토양에 뿌리는 등 가능한 재활용이 이루어지는 것을 말한다.

　㉠ 공정무역 커피(Fair Trade Coffee)
　　• 다국적 기업이나 중간 상인을 거치지 않고 제3세계 커피 농가에 합리적인 가격을 직접 지불하여 사들이는 커피이다.
　　• 커피의 최저가격을 보장하고, 생산자와의 장기간 거래 등 국제무역에서 보다 공평하고 정의로운 관계를 추구하자는 취지로 맛이나 향이 중심이 아닌 생산자에게 제값을 주고 유통되는 커피이다.
　　　예 아름다운 가게의 아름다운 커피, 착한 커피

　㉡ 유기농 커피(Organic Coffee)
　　• 농약이나 화학비료를 전혀 사용하지 않고 재배한 커피로, 오가닉 커피(Organic Coffee)라고 한다.
　　• 바나나 나무같이 잎이 넓은 나무를 심어 그늘 아래(Shade Grown)에서 재배한다.

　㉢ 버드 프렌들리 커피(Bird-friendly Coffee)
　　• 다른 식물들과 함께 공생하는 환경에서 자란 커피로, 새들도 날아와 쉴 수 있는 친환경적인 재배로 이루어진다.
　　• 유기농법을 사용하는 셰이드 그로운 커피농장에서 생산되는 커피이다.

핵심예제

01 다음 중 아라비카종 커피 품종에 대한 설명으로 바르지 않은 것은?

❶ 버번(Bourbon)은 아라비카 원종에 가장 가깝고 현존하는 품종들의 모태가 된다.
② 카투라(Caturra)는 버번나무의 꺾꽂이로 개발한 변이종이다.
③ 카투아이(Catuai)는 문도노보와 카투라의 교배종이다.
④ 문도노보(Mundo Novo)는 카투라, 카투아이와 함께 브라질의 주력 상품이다.
⑤ 마라고지페(Maragogype)는 티피카의 돌연변이종이다.

해설 ① 아라비카 원종에 가장 가깝고 현존하는 품종들의 모태가 되는 품종은 티피카(Typica)이다.

02 아프리카 동부 레위니옹(Reunion) 섬에서 발견된 티피카의 돌연변이종으로 생두는 작고 둥근 편인 품종은 무엇인가?

정답 버번(Bourbon)

03 다국적 기업이나 중간 상인을 거치지 않고 제3세계 커피 농가에 합리적인 가격을 직접 지불하여 사들이며, 맛이나 향이 중심이 아닌 생산자에게 제값을 주고 유통되는 커피를 무엇이라 하는가?

정답 공정무역 커피(Fair Trade Coffee)
해설 아름다운 가게의 아름다운 커피, 착한 커피 등이 있다.

커피는 더위를 피해 이른 아침 또는 오후 늦게 수확한다. 북방부의 경우 9~3월, 남반구에서는 4~9월까지 이루어진다.

(1) 핸드 피킹(Hand Picking, Selective Picking)
① 잘 익은 체리만을 선택적으로 골라서 수확하는 방법이다(체리가 균일하고 품질 좋은 커피 생산 가능).
② 커피 열매가 익는 시점이 달라 커피나무 한 그루에서도 여러 번 반복해서 수확해야 하므로 인건비 부담이 크다.
③ 기계를 이용한 수확이 불가능한 지역에서 이용하는 방법이다.
④ 습식법으로 가공하는 국가에서의 생산방법이다.
⑤ 아라비카 커피를 생산하는 지역에서 주로 사용된다.

(2) 스트리핑(Stripping)
① 체리가 어느 정도 익었을 때 나뭇가지 전체를 손으로 훑어 내려 한번에 수확하는 방법이다.
② 나무에 손상을 줄 수 있다.
③ 핸드 피킹에 비해 대량 수확이 가능하다.
④ 익지 않은 체리와 나뭇가지, 잎 등의 이물질이 포함되어 품질이 떨어진다.
⑤ 빠른 작업속도와 비용 절감의 장점이 있다.
⑥ 로부스타를 생산하는 국가에서 주로 적용한다.
⑦ 건식법으로 가공하는 국가에서의 생산방법이다.

(3) 메커니컬 피킹(Mechanical Picking)
① 기계에 달린 수십 개의 봉들이 나무에 진동을 주어 체리를 떨어뜨리면 컨테이너에 연결된 관을 타고 내려가 담기는 방식이다(기계수확).
② 나무 키와 폭을 일정하게 맞춰야 생산성이 증대된다.
③ 브라질에서 처음 개발되어 사용되기 시작했다.
④ 경작지가 편평하고 나무 줄 사이의 간격이 넓은 지역에 적합하다.
⑤ 대규모 농장이나 하와이같이 인건비가 고가인 나라에서 사용하는 방식이다.
⑥ 평균적으로 체리가 70% 정도 익었을 때 수확하기 때문에 덜 익은 체리들이 섞여 커피 맛에 부정적인 영향을 준다.
⑦ 선별 수확이 불가능하다.

핵심예제

01 커피 수확에 대한 설명으로 잘못된 것은?
① 더위를 피해 이른 아침 또는 오후 늦게 수확한다.
② 사람에 의한 수확 방법은 핸드 피킹과 스트리핑 방법이 있다.
③ 기계수확은 브라질에서 처음 개발되었고 대규모 농장이나 하와이같이 인건비가 고가인 나라에서 사용하는 방식이다.
④ 핸드 피킹은 건식법으로 가공하는 국가에서의 생산방법이다.
⑤ 스트리핑은 핸드 피킹에 비해 대량 수확이 가능하지만 익지 않은 체리와 나뭇가지, 잎 등의 이물질이 포함되어 품질이 떨어진다.

해설 ④ 핸드 피킹은 습식법으로 가공하는 국가에서 생산하는 방법이다.

02 아라비카 커피를 생산하는 지역에서 주로 사용하는 방법으로 수확한 체리가 균일하며 품질 좋은 커피를 생산하는 방법은 무엇인가?

정답 핸드 피킹(Hand Picking, Selective Picking)

03 평균적으로 체리가 70% 정도 익었을 때 수확하기 때문에 덜 익은 체리들이 섞여 커피 맛에 부정적인 영향을 주며 경작지가 편평하고 나무 줄 사이의 간격이 넓은 지역에 적합한 수확 방법은 무엇인가?

정답 기계수확 또는 메커니컬 피킹(Mechanical Picking)

(1) 건식법(Dry Method) = 언워시드 커피(Unwashed Coffee) = 내추럴 커피(Natural Coffee)

① 수확한 후 펄프를 제거하지 않고 체리를 그대로 건조시키는 방법이다.
　㉠ 펄핑(Pulping)과정을 거치지 않는다.
　㉡ 발효나 세척과정을 거치지 않는다.
　㉢ 과일의 향미와 단맛이 난다.
② 전통적인 가공법으로 물이 부족하거나 햇빛이 좋은 지역에서 주로 이용한다.
③ 건조시간이 습식법에 비해 더 길다.
④ 건조방식 및 특징

파티오 (Patio) 건조	• 파티오는 '마당'이라는 의미이다. • 배수가 원활하도록 약간 경사져 있다. • 콘크리트, 타일, 아스팔트 등 넓은 공간에 햇빛을 많이 받도록 동서 방향에 위치한다. • 체리는 5~6cm, 파치먼트는 3~4cm 이하의 두께로 펼친 후 균일한 건조가 이루어지도록 하루 8~10번 정도 뒤집어 준다. • 기후조건에 따라 체리의 경우 12~21일, 파치먼트는 7~15일 정도 소요된다. • 인건비가 적게 들지만 건조 시 흙의 오염이 있고 건조시간이 길다.
체망 (건조대) 건조	• 사각 틀에 그물을 치고 위아래로 공기가 잘 통하게 하여 건조시킨다. • 체리 건조에는 쓰지 않고 파치먼트 건조에 많이 사용한다. • 건조시간이 단축되고 흙의 오염을 막을 수 있지만 파티오 건조에 비해 더 많은 노동력이 필요하다. • 기상조건에 따라 5~10일 정도 소요된다.
온실건조	• 비닐하우스에서 건조한다. • 내부 온도가 10~15℃ 정도 높아지기 때문에 건조가 잘된다. • 환풍기를 설치하여 수분을 외부로 배출한다. • 비용 문제가 있어 작은 규모로 생산하거나 좋은 등급의 커피를 생산할 때 사용한다.
기계건조	• 주로 습식법으로 가공된 생두에 사용된다. • 건조 시 드럼 안에 커피를 가득 채워야 건조에 따른 수축으로 인한 열 손실을 방지할 수 있으며 약 40시간이면 건조가 완료된다. • 초기 투자비용이 많이 들지만 날씨의 영향을 받지 않아 균일한 건조가 가능하다.

⑤ 브라질, 에티오피아, 인도네시아에서 사용된다.
⑥ '수확 → 건조 → 탈곡'으로 진행된다.
　㉠ 이물질 제거(Cleaning)
　　• 건조과정을 거친 체리는 탈곡하기 전에 이물질을 제거해 준다.
　　• 이물질들을 제대로 제거하지 않으면 탈곡 시 기계에 손상을 줄 수 있다.

프리클리닝 (Pre-cleaning)	체리보다 더 크거나 작은 이물질을 제거하는 과정
돌 제거 (Destoning)	돌의 무게 차이를 이용하여 제거하는 과정

　㉡ 탈곡(Milling) : 생두를 싸고 있는 파치먼트나 껍질(Husk)을 제거하는 과정이다.

헐링 (Hulling)	워시드 커피의 파치먼트를 제거하는 작업
허스킹 (Husking)	내추럴 커피체리의 과육과 파치먼트를 한꺼번에 제거하는 작업

⑦ 물을 사용하지 않는다 하여 언워시드 커피(Unwashed Coffee)라고도 한다.
　㉠ 예비 건조를 하는 경우 수분이 20%가 될 때까지 말린 다음 기계건조를 통해 11~13% 정도로 수분 함유율을 떨어뜨린다.
　㉡ 체리는 익은 정도에 따라 다르며 12~21일 정도 건조시킨다.
⑧ 생산 단가가 싸고 친환경적인 장점이 있다.
⑨ 품질이 낮고 균일하지 않다.
⑩ 과육이 그대로 생두에 흡수되면서 단맛과 바디가 더 강하다.
⑪ 수분 함량이 13% 이상이면 곰팡이가 번식하기 쉽고 발효될 수 있으며, 나쁜 냄새가 스며들 수 있다. 10% 미만이면 수분이 증발할 가능성이 높다.
⑫ 생두는 실버스킨이 노란빛을 띤다.

(2) 습식법(Wet Method) = 워시드법(Washed Process)

① 일정한 설비와 물이 풍부한 상태에서 가능한 가공법이다.
② 건식법보다 비용이 많이 들지만 좋은 품질의 커피를 얻을 수 있다.

○ 생두의 산미가 또렷하고 깔끔한 맛을 낸다.

○ '워시드 커피(Washed Coffee)' 또는 '마일드 커피(Mild Coffee)'라고 한다.

③ 균일한 커피 생산이 가능하며, 신맛과 좋은 향이 특징이다.

④ 많은 양의 물을 사용하므로 환경오염 문제를 야기하기도 한다.

⑤ 수확한 커피를 무거운 체리(싱커)와 가벼운 체리(플로터)로 분리한다. 물이 담긴 수조에 넣을 때 덜 익어서 가벼워 물 위에 뜨는 것은 제거한다.

⑥ 점액질을 제거하는 발효과정을 거치며 파치먼트 상태로 건조시킨다.

⑦ 수확 → 과육 제거(Pulping) → 발효(Fermentation, 점액질 제거) → 세척(Washing) → 건조(Drying) → 헐링(Hulling) → 선별작업(Grading)으로 진행된다.

○ 펄핑(Pulping) : 과육(펄프)을 제거하는 작업이다. 펄프는 체리 무게의 40% 정도를 차지하며 수분과 당분이 많아 썩기 쉽고 해충이 번식할 가능성도 높아 신속하게 제거해야 품질 하락을 예방할 수 있다.

○ 헐링(Hulling) : 파치먼트를 제거하는 작업
※ 단계별 커피 명칭 : Fresh Cherry → Pulped Coffee → Parchment Coffee → Green Coffee

⑧ 중남미 지역에서 아라비카 커피를 생산할 때 주로 이용된다. 콜롬비아를 비롯한 마일드 커피(Mild Coffee)가 대표적이다.

⑨ 아프리카 국가 중 습식법과 건식법을 동시에 하는 나라는 에티오피아이다.

⑩ 발효시간은 16~36시간 정도이며 미생물에 의해 아세트산이 생성되어 pH가 4까지 낮아진다. 발효 과정 후 물로 다시 세척한다.

⑪ 산소기간은 습식법이 건식법보다 짧다. 발효가 적당히 이루어지지 않거나 오염된 물로 이루어졌다면 양파 냄새가 날 수도 있다.

⑫ 건식법으로 가공한 생두에 비해 보관기간이 더 짧은 단점이 있다.

(3) 세미 워시드법(Semi Washed Processing)

① 건식법과 습식법이 합쳐진 형태이다.

② 수조에서 체리를 선별하고 과육 제거기로 점액질을 제거한 상태의 생두를 건식법으로 건조하는 방법이다.

(4) 펄프드 내추럴법(Pulped Natural Processing)

① 건식법과 습식법의 중간 형태로 브라질에서 주로 사용된다.

② 체리 수확 후 물에 가볍게 씻고 체리의 껍질을 제거한 후 파치먼트를 그대로 건조시켜 커피의 점액질이 생두에 흡수되게 하는 방법이다.

③ 자연건조 방식보다 바디감이나 단맛은 덜하지만 향이 풍부한 커피를 얻을 수 있다.

④ 그물망을 이용하여 건조한다.

⑤ 펄핑과정에서 미성숙한 체리를 제거할 수 있다.

⑥ 워시드 가공방식보다 단맛이 높고 과일 풍미를 지닌다. → 물의 무분별한 사용 보완

⑦ 내추럴 가공방식에 비해 깔끔한 맛을 낸다. → 미성숙 체리 및 이물질이 들어가는 것 보완

> **더 알아보기**
>
> 클리닝(Cleaning)
> • 건조가 끝난 파치먼트나 커피체리에 있는 돌, 이물질, 먼지 등을 제거하는 과정이다.
> • 탈곡하기 전에 제거하는 과정이다.

(5) 허니 프로세스(Honey Process)

① 생두가 건조되기 전 남겨지는 점액질의 양을 달리하는 커피체리 가공법이다.

② 점액질의 양을 %로 조절하기 때문에 특유의 맛과 향이 있다.

③ 점액질을 많이 남겨 둘수록 건조시간이 오래 걸리고 커피체리 특유의 달콤함과 풍미가 있다.

④ 벌레가 꼬이거나 쉽게 썩는다.

⑤ 이 방법으로 생산된 커피를 '허니 커피(Honey Coffee)'라 한다.

⑥ 브라질에서 발전한 방식으로 니카라과, 에티오피아, 엘살바도르 등에서 시행된다.

[허니 프로세스]

분류	점액질 양	특징
블랙허니	점액질을 그대로 유지하면서 3주 정도 천천히 건조	검붉은 상태
레드허니	점액질을 그대로 유지하면서 1주 정도로 빠르게 건조	붉은빛이 감돌 때 건조
옐로허니	점액질을 20~50% 제거하고 건조	노란빛을 띨 때 건조
화이트허니	점액질을 90% 제거하고 건조	가장 짧은 시간 건조

(6) 폴리싱(Polishing)

① 생두의 실버스킨을 제거해 주는 작업이다.
② 생두의 외관을 좋게 하고 쓴맛을 줄여 준다.
③ 주문자의 요청이 있을 때만 시행된다.
　➤ 은피는 로스팅 중 내부 온도가 140℃ 이상이 되면 생두에서 자연스럽게 분리되기 때문에 대부분 폴리싱 작업을 하지 않는다.
④ 상품의 가치를 높이기 위한 선택 과정이며 주로 고급 커피인 자메이카 블루마운틴, 하와이 코나 커피에 사용된다.

(7) 생두의 분류

① 뉴 크롭(New Crop) : 수확 후~1년 이내의 생두, 수분 함량이 13% 이하
② 패스트 크롭(Past Crop) : 1~2년의 생두, 수분 함량이 11% 이하
③ 올드 크롭(Old Crop) : 2년 이상의 생두, 수분 함량이 9% 이하

(8) 생두의 보관

① 보관온도 : 20℃ 이하 통기성이 좋은 황마나 사이잘삼으로 만든 백에 담아 재봉하여 보관한다.
② 보관습도 : 상대습도는 60% 정도로 곰팡이 방지와 습기 제거를 위해 서늘한 곳에 보관해야 한다.
③ 워시드 커피는 내추럴 커피보다 보관 기간이 짧다.
　㉠ 고지대에 보관하는 것이 저지대에서 보관하는 것보다 저장 수명이 더 길다.
　㉡ 대기 성분이 이산화탄소일 때 저장 수명이 더 길다.
④ 생두의 포장 단위는 1포대당 60kg이나, 국가마다 포장 단위가 조금씩 차이가 있다.

포장 단위	60kg	69kg	70kg	45kg
생산 국가	에티오피아, 케냐, 탄자니아, 브라질, 인도네시아	멕시코, 과테말라, 코스타리카	콜롬비아	하와이

핵심예제

01 커피체리 가공방법에서 펄핑 후 점액질을 제거하는 방법을 잘못 설명한 것은?

① 블랙허니는 점액질을 거의 제거하지 않은 상태로 검붉은 상태이다.
❷ 점액질을 50% 이상 제거한 상태의 노란빛을 띨 때 건조하는 방식은 레드허니라 한다.
③ 옐로허니는 점액질을 20~50% 제거한 상태를 말한다.
④ 화이트허니는 점액질을 90% 이상 제거한 상태로 가장 짧은 시간에 건조한다.
⑤ 점액질을 많이 남겨 둘수록 건조시간이 오래 걸리고 특유의 달콤함과 풍미가 있다.

[해설] ② 레드허니는 점액질을 그대로 유지한 상태로 붉은빛이 감돌 때 빠르게 건조한다.

02 커피체리에서 과육을 제거하는 작업을 무엇이라 하는가?

[해설] 펄핑(Pulping)

03 다음 (　) 안에 알맞은 말을 쓰시오.

> 습식법(Wet Method), 워시드법(Washed Process)은 건식법보다 비용이 많이 들지만 좋은 품질의 커피를 얻을 수 있다. 생두의 산미가 또렷하고 깔끔한 맛을 내며 '워시드 커피(Washed Coffee)' 또는 (　)라고 부른다.

[정답] 마일드 커피(Mild Coffee)

(1) 생산(재배)고도에 의한 분류

① 고도가 높을수록 밀도가 높다.

등급	해발고도	생산 국가
SHB(Strictly Hard Bean)	1,500m 이상	코스타리카, 과테말라, 파나마
HB(Hard Bean)	800~1,500m	
SHG(Strictly High Grown)	1,500m 이상	엘살바도르, 멕시코, 온두라스, 니카라과
HG(High Grown)	1,000~1,500m	

② **밀도 분류방법** : 경사진 테이블 위에 생두를 올려놓고 진동을 주면서 아래쪽에서 공기를 불어 넣으면 가벼운 생두(결점두)는 아래쪽으로, 무거운 생두는 위쪽으로 가게 되는 원리를 이용하여 분류한다.

  ㉠ 밀도 분류가 끝난 생두는 색 분류를 통해 추가적인 결점두를 제거한다.

  ㉡ 색에 따른 파장의 차이를 이용하여 결점이 있는 생두를 압축공기를 통해 제거한다.

  ㉢ 단색광 분류기를 통해 너무 희거나 검은 콩을 제거한 후 이색광 분류기를 통해 자외선 빛을 이용하여 눈으로 구별하기 어려운 곰팡이에 의한 결점두도 분류한다.

❹ 알아보기

핸드 소팅(Hand Sorting) : 인건비가 저렴한 지역에서는 이 모든 분류 작업을 수작업으로 진행한다.

(2) 생두 크기에 의한 분류

① 생두의 크기가 고르고 클수록 등급이 높다.

② 생두의 크기는 스크린 사이즈(Screen Size)로 결정된다.

Screen Size	mm	English	Colombia	Kenya	Jamaica
20	8.0	Very Large Bean			
19	7.0	Extra Large Bean			

Screen Size	mm	English	Colombia	Kenya	Jamaica
18	7.2	Large Bean	Supremo	AA	Blue Mountain No.1
17	6.8	Bold Bean			
16	6.4	Good Bean	Excelso	AB	Blue Mountain No.2
15	6.0	Medium Bean			Blue Mountain No.3

※ 1스크린 사이즈는 '1/64인치'로, 대략 0.4mm이나, 18스크린 사이즈는 '7.2mm'가 된다.

(3) 결점두에 의한 분류

① 결점두의 수에 따라 단계를 붙이는 방식으로, 숫자가 작을수록 좋은 등급이다.

② 생두 300g 또는 350g 중 결점두를 점수로 환산하여 분류한다. 국가마다 조금 다르다.

국가	등급
브라질	NY.2~6
인도네시아	Grade 1~6
에티오피아	Grade 1~8

(4) 생두의 크기와 결점두에 의한 분류

[하와이의 커피등급 분류]

등급	Screen Size	결점두 (생두 300g당)
Kona Extra Fancy	19	10개 이내
Kona Fancy	18	16개 이내

(5) 생두의 보관

보관기간	정상적인 환경하에서 1년 정도
수분 함유율	아라비카 12%, 로부스타 13%
상대습도	• 60% 미만 • 습도가 높으면 곰팡이와 해충 증식의 우려가 있음
온도	20℃ 이하

01 생두의 분류 기준에 대한 설명으로 틀린 것은?

① 생두의 크기는 스크린 사이즈(Screen Size)로 결정된다.

❷ 1스크린 사이즈는 '1/64인치'로, 대략 0.8mm 이다.

③ 결점두 수에 따라 단계를 붙이는 방식에 따르면 숫자가 작을수록 좋은 등급이다.

④ 고도가 높은 곳에서 재배한 커피일수록 밀도가 높고 맛이 우수하다.

⑤ 생두 300g 또는 350g 중 결점두를 점수로 환산하여 분류한다.

해설 ② 1스크린 사이즈는 '1/64인치'로, 대략 0.4mm이다. 1인치 = 2.54cm이므로 2.54/64 = 0.0396875가 나온다.

02 코스타리카, 과테말라, 파나마 등에서 생두의 등급 분류 기준은 무엇인가?

정답 생산고도

해설 SHB(Strictly Hard Bean)와 HB(Hard Bean)로 분류한다.

핵심이론 08 커피 산지에 따른 분류

(1) 중남미

① 브라질(Brazil)

　㉠ 커피 생산량 세계 1위이다.

　㉡ 재배지역이 넓어 커피의 품종이나 기후조건, 토양 특성에 따라 생산량의 변동이 심하지만 다양한 특성의 커피가 생산된다.

　㉢ 대부분 기계수확이며 생산고도가 낮아 생두의 밀도가 낮은 편이다.

　㉣ 주로 내추럴 커피가 생산되는데 대체로 중성적인 특징이 있으며, 스트레이트용으로도 사용하지만 블렌딩으로 사용한다.

　㉤ 생두는 황록색이며 둥글고 납작한 모양이다.

　㉥ 다양한 생두 처리방식으로 색다른 맛을 느낄 수 있다.

　　➤ 주로 건식법을 사용하며, 펄프드 워시드나 습식법도 시행하고 있다.

　㉦ 최대 생산지역은 미나스제라이스(Minas Gerais) 주이며, 브라질 커피의 50%를 생산하고 있다.

　㉧ 그 밖의 주요 산지로 에스피리투산투(Espirito Santo), 상파울루(Sao Paulo), 바이아(Bahia), 파라나(Parana) 등이 있다.

　　※ 상파울루의 산토스(Santos)는 제1의 무역항으로, 산토스 커피는 이 항구 이름에서 유래되었다.

　㉨ 결점두에 의해 생두를 분류하며 가장 좋은 등급은 NY.2이다.

② 콜롬비아(Colombia)

　㉠ 마일드 커피(Mild Coffee)의 대명사로 워시드 가공으로 생산한다.

　㉡ 품질 면에서 세계 1위 커피이다.

　㉢ 향기와 신맛, 단맛이 풍부해서 스트레이트 커피(Straight Coffee)로 사용한다.

　㉣ 안데스 산맥 : 1,400m 이상의 고지대

　　• 카페테로(Cafetero) : 수세건조법으로 고른 품질을 유지한다.

　　• 비옥한 화산재 토양, 온화한 기후와 적절한 강수량으로 최고의 재배조건을 갖추었다.

ⓜ 주요 산지
- 마니살레스(Manizales), 아르메니아(Arme-nia), 메델린(Medellin)에서 70% 생산하며, 각 지역의 첫 글자를 딴 "MAM's"라는 브랜드로 수출한다.
- 메델린 지역의 커피는 풍부한 아로마와 균일한 신맛을 가지고 있다.
- 그 외 부카라망가(Bucaramanga), 보고타(Bogota) 등의 산지가 있다.
ⓗ 청록색을 띠며 풀 바디와 균형 잡힌 신맛, 단맛이 풍부하다.
  ➤ 후안 발데즈(Juan Valdez)라는 커피 상표로도 유명하다.
ⓢ 생두 크기에 의한 등급 분류
- 수프레모(Supremo) : 스크린 사이즈 17~18 사이, 스페셜티 커피
- 엑셀소(Excelso) : 스크린 사이즈 14~16 사이, 수출용 표준 등급
  예 콜롬비아 수프레모(Colombia Supremo), 콜롬비아 엑셀소(Colombia Excelso)

③ 코스타리카(Costa Rica)
ⓖ 나라는 작지만 국토 대부분이 무기질이 풍부한 최적의 조건인 약산성의 화산 토양이며, 기후가 온화하여 면적당 커피 생산량이 많고 우수한 품질을 인정받고 있다.
ⓛ HB(Hard Bean) 등 생두의 경작 고도에 따라 등급을 부여하며 SHB(Strictly Hard Bean)가 최상품이다.
ⓒ 습식 가공법과 유기농법으로 생두는 작지만 제품의 입자는 매우 균일하며 맛과 향은 최고급이다.
ⓔ 대표적인 재배지역은 '타라주(Tarrazu)'가 있다(감귤류, 베리류 등 과일류의 상큼한 산미와 초콜릿, 향신료 계열의 향미가 잘 조화되어 부드럽고 깔끔함). 브룬카(Brunca), 센트럴 밸리(Central Valley), 웨스트 밸리(West Valley), 투리알바(Turrialba) 등에서도 생산된다.
ⓜ 로부스타종의 재배가 법적으로 금지되어 있다.

④ 과테말라(Guatemala)
ⓖ 국가정책적으로 우수한 품질의 커피를 생산하기 위해 노력하고 있다. 지역별 명칭을 브랜드로 사용하며 정기적으로 엄격한 품질 및 향미 테스트를 받아 일정 기준 이상을 통과하도록 하고 있다.
ⓛ 비옥한 화산재 토양의 고원지대로, 건기와 우기가 뚜렷하며 큰 일교차로 인해 생두의 크기가 크고 뛰어난 신맛과 감칠맛이 있다.
ⓒ 안티구아(Antigua)
- 그늘 경작법으로 재배한다.
- 부드러운 벨벳처럼 풍부하고 톡 쏘는 듯한 강한 아로마와 바디감이 좋다.
- 균형 잡힌 신맛이 특징으로, 최상급 커피 중 하나이다.
- 그윽한 연기에 그을린 듯한 향이 나는 스모크 커피의 대명사이다.
ⓔ 레인포레스트 코반(Rainforest Coban) : 중부 산악지역으로, 스모크 커피가 유명하다.
ⓜ 우에우에테낭고(Huehuetenango) : 건조하고 뜨거운 바람이 멕시코 테우안테펙(Tehuante-pec) 고원으로부터 불어와 23℃의 기온을 유지시켜 준다. 버번, 카투라, 카투아이종이 주로 재배된다.
ⓗ 오리엔테(Oriente) : 화산지대에 속해 있으며 토양은 변성암이고 기후는 코반과 비슷하다. 산도와 바디감이 좋은 것으로 평가받는다.
ⓢ 산 마르코스(San Marcos) : 가장 덥고 강우량이 많은 지역(서부의 화산지대)으로 꽃이 가장 빨리 핀다.
ⓞ 아티틀란(Atitlan) : 아티틀란 호에 둘러싸인 지역으로 유기농 방식으로 커피를 생산하고 있다. 호수의 물을 이용하여 세척하며 햇빛이 매우 좋아 기계방식은 거의 사용하지 않는다. 강한 산도와 풍성한 바디감이 특징이다.

⑤ 멕시코(Mexico)
  ㉠ 멕시코시티 남동쪽의 1,700m 이상의 고지대에서 주로 재배된다.
  ㉡ 습식법으로 생산하여 부드럽고 마시기 편한 커피로 평가되고 있다.
    • 저가 커피 수출에 주력하면서 저급 커피의 이미지가 있다.
    • 낮은 가격에 비해 품질이 우수하다.
  ㉢ 주요 생산지역은 치아파스(Chiapas)이며, 베라크루즈(Veracruz), 오악사카(Oaxaca) 등이 있다.
  ㉣ 대표 커피
    • 알투라(Altura) SHB : 고지대에서 생산된 커피라는 뜻으로, 최상급 커피이다.
    • 타파츌라(Tapachula) : 유기농 커피(Organic Coffee)로 최상 등급은 SHG이다.
⑥ 엘살바도르(El Salvador)
  ㉠ 비옥한 화산지대와 이상적인 기후조건을 갖추고 있어 생산 규모는 작지만 뛰어난 품질의 커피를 생산하고 있다.
  ㉡ 산타아나(Santa Ana) 주가 최대 생산지역으로, 약 60%를 생산한다.
  ㉢ 재배고도에 따라 분류하는데 SHG가 최고 등급의 커피이다.
⑦ 온두라스(Honduras)
  ㉠ 전 국토의 70~80%가 고지대 산악지형으로 이루어져 있고 화산재 토양이다.
  ㉡ 산타바르바라(Santa Barbara), 코판(Copan), 오코테페케(Ocotepeque), 렘피라(Lempira), 라파스(La Paz) 등이 있다.
  ㉢ 재배고도에 따라 분류하는데 SHG가 최고 등급의 커피이다.
⑧ 쿠바(Cuba)
  ㉠ 크리스털 마운틴(Crystal Mountain)
    • 헤밍웨이가 즐겨 마셨던 커피로 신맛이 없고 초콜릿 향과 단맛이 진하다.
    • 단맛, 신맛, 쓴맛의 적절한 조화로 인해 자메이카 블루마운틴과 대적할 만한 커피로 인정받고 있다.

    • 에스캄브라이(Escambray) 산맥이 햇빛에 비춰지면 크리스털(수정)을 연상시킨다 하여 붙여진 이름이다.
  ㉡ 비옥한 화산토양과 열대성 기후, 연간 강수량 1,900mm, 일교차 10℃ 이상의 배수가 잘되는 땅에서 재배된다.
  ㉢ 엑스트라 터퀴노(Extra Turqrino) : 세계 최고급 커피로, 스크린 사이즈 18이다.
⑨ 자메이카(Jamaica)
  ㉠ 블루마운틴(Blue Mountain)
    • 블루마운틴 산맥(2,256m)의 최고봉 이름에서 유래되었다.
    • 서늘한 기후와 비옥한 땅, 해발 2,000m 이상 고지대에서 재배된 세계 최고의 커피이다.
    • 진한 홍차와 같은 색깔과 독특한 향미가 있다.
    • 밀도가 높고 조화로운 맛과 향이 뛰어난 커피로 '커피의 황제'라 불린다.
    • 신맛, 단맛, 쓴맛이 환상적으로 조화를 이뤄 인간에게 준 최상의 커피라는 별명이 있다.
  ㉡ 생산량을 제한하고 엄격한 품질관리와 희소성 때문에 높은 가격으로 거래된다.
    • 수출용 커피를 나무상자에 담아 고급스럽다.
    • 자메이카산(JBM) 상표가 붙어 있다.
  ㉢ 재배고도에 따른 분류
    • 블루마운틴(Blue Mountain) : 해발 1,100m 이상
    • 하이마운틴(High Mountain) : 해발 1,100m 이하
    • 프라임 워시드(Prime Washed/Jamaican) : 해발 750~1,000m, 저지대 생산품
    • 프라임 베리(Prime Berry) : 저지대 생산품

(2) 아프리카

① 에티오피아(Ethiopia)
  ㉠ 커피의 기원으로 천혜의 자연조건을 갖춘 아프리카 최대의 커피 생산지역이다.
  ㉡ 커피 생산은 소규모로 이루어져(습식법과 건식법을 병행) 영세하지만 맛과 향은 세계 최고의 수준이다.

ⓒ 포레스트 커피(Forest Coffee)
- 울창한 숲에서 자라는 야생커피로 비교적 병충해에 강하고 수확량도 많다.
- Shade Grown Coffee로 풍성한 아로마와 풍미를 지닌다.
ⓓ 세미 포레스트 커피(Semi-forest Coffee) : 야생 숲에서 자라지만 수확량을 늘리기 위해 1년에 한 번 가지치기나 잡초를 제거한다.
ⓔ 가든 커피(Garden Coffee)
- 집 주변 정원에서 키우는 방식으로 전체 생산량의 50%를 차지한다.
- 1헥타르당 약 1,000~1,800그루로 전량 유기농으로 재배된다.
ⓕ 플랜테이션 커피(Plantation Coffee)
- 국가나 부농 소유의 대규모 농장으로 화학비료와 살충제도 사용된다.
- 전체 생산량의 5%를 차지한다.
ⓖ 생두 300g 중 결점두 수에 따라 G1, G2 등 총 1~8등급으로 나눈다.
ⓗ 대표 커피

하라 (Harrar)	• 거칠고 다양한 과일 향, 달콤한 단맛이 어우러져 인기가 좋음 • '에티오피아의 축복'이라 불림 • 가장 높은 고산지대에서 생산됨
예가체프 (Yirgacheffe)	• 가장 세련된 커피로 '커피의 귀부인'이라 불림 • 부드러운 신맛, 과실 향, 꽃향기 같은 특유의 향이 있음 • 야생에서 커피를 채취하여 커피의 전통과 자연이 그대로 담김
시다모 (Sidamo)	• 깊고 묵직한 향미와 산미가 있음 • 볶는 정도에 따라 풍부한 과일 향과 산미를 느낄 수 있음 • 카페인이 거의 없어 저녁에 마시기에 부담 없는 고급커피
짐마 (Djimmah)	• 옛 지명은 카파(Kappa)이며, 커피의 탄생지 • 생두는 노란빛을 띠는 황색으로 부드러운 신맛과 고소한 향이 풍부

② 예멘(Yemen)
ⓐ 아라비카 커피의 원산지로 세계 최초로 상업적 커피가 경작된 지역이다.
- 화산암 지형, 풍부한 미네랄과 적절한 안개 등의 자연조건을 갖추었다.
- 자연경작 : 선별작업을 거치지 않아 생두의 모양이 일정하지 않고 결점두에 따른 등급 분류가 힘들다.
ⓑ 모카커피(Mocha Coffee)
- 세계 최고의 커피 무역항이었던 모카 항의 이름에서 유래되어 예멘커피의 대명사가 됨
- 초콜릿 향이 첨가된 음료 이름으로도 불림
ⓒ 대표 커피
- 모카 마타리(Mocha Mattari)
  - 사막 위주의 척박한 환경, 적절한 비가 내리는 지역이라 철분이 많고 풍부한 향과 맛을 지닌 커피
  - 강한 향미와 신맛, 초콜릿 향을 가진 우아한 맛이 특징
  - 최고급 커피(고흐가 좋아했던 커피)
- 모카 히라지(Mocha Hirazi) : 신맛과 과일 향으로 부드러움
- 사나니(Sanani) : 야생 과일의 향 등 균형이 좋음
③ 케냐(Kenya)
ⓐ 가장 우수한 커피 생산국으로, 신뢰받는 커피 경매시스템으로 품질관리가 뛰어나다.
ⓑ 1,500m 이상의 고산지대에서 재배된다.
ⓒ 습식법으로 가공하며 중후한 맛과 향이 강한 신맛과 과실의 달콤함이 균형 잡힌 고급커피로 과일 향, 딸기 향, 꽃향기가 난다.
ⓓ 영화 '아웃 오브 아프리카'의 배경무대로 유명하다.
ⓔ 생두 크기에 따른 분류
- AA(Screen 17~18), AB(Screen 15~16)
- 특급품은 케냐 더블에이(KENYA AA)와 이스테이브 케냐(Estate Kenya)가 있다.

④ 탄자니아(Tanzania)
  ㉠ 캐러멜과 초콜릿 향, 너트 향이 잘 어우러져 적당한 신맛이 있다.
  ㉡ 커피 생산지역
    • 킬리만자로 산과 빅토리아 호수 근처의 북부지역, 음베야(Mbeya)를 비롯한 남부지역
    • 북쪽의 화산지대 : 산미와 바디감의 밸런스가 좋다.
    • 남부지역 : 밸런스는 좋지만 산미가 적어 향미가 무겁다.
    • 서쪽의 고원지대
  ㉢ 킬리만자로(Kilimanjaro)
    • 깔끔하면서 기품 있고 섬세하며, 풍부한 맛과 향으로 유명함
    • 와일드하면서 날카로운 신맛을 가진 아프리카다운 커피
    • 영국 황실에서 즐겨 마신다 하여 '왕실의 커피', '커피의 신사'라는 별명이 있음
  ㉣ 아라비카와 로부스타 모두 경작
    • 셰이드 그로운(Shade Grown) : 자연적 그늘 경작으로 커피나무 사이에 키가 큰 바나나무를 심어 커피나무가 잘 자랄 수 있도록 일조량을 조절하는 방식
    • 풍부한 일조량과 강우량으로 와일드한 아프리카다운 커피 맛을 보여줌
    • 워시드 프로세스(Washed Process)로 마일드한 향미를 지님
  ㉤ 생두 사이즈에 따라 6등급으로 분류 : AA, A, AMEX, B, C, PB
⑤ 게이샤 커피(Geisha Coffee)
  ㉠ 에티오피아 서남부 게샤(Gesha)의 산악지역에서 처음 발견된 품종으로, 탄자니아, 파나마 등으로 퍼져 나갔다.
  ㉡ 파나마 보케테(Boquete) 지역의 에스메랄다 농장에서 셰이딩 트리(Shading Tree) 기법으로 경작한 게이샤 커피가 최고의 찬사를 받고 있다.

🔁 알아보기 ●
아시엔다 라 에스메랄다(Hacienda la Esmeralda) 농장 : 미국 스페셜티커피협회(SCAA)에서 수차례 1위를 차지한 세계 최고의 농장

  ㉢ 강한 산미가 좋고 꽃과 과일 향이 화사하며, 캐릭터가 선명하다.
  ㉣ 다른 품종과 섞지 않은 단종 게이샤만을 '게이샤'라고 부른다.
  ㉤ 해발고도 1,900m 이상 고지대에서 재배된다.
    • 나무가 높이 자라서 수확이 까다롭다.
    • 체리가 드문드문 떨어져서 맺기 때문에 수확량이 저조하다.
  ㉥ 파나마, 과테말라, 코스타리카, 엘살바도르 등에서 재배된다.

(3) 아시아 · 태평양

① 하와이(Hawaii)
  ㉠ 아라비카종의 최적의 성장 조건을 갖추었다.
  ㉡ 비교적 저지대임에도 단위면적당 최대의 수확량과 우수한 품질을 자랑한다.
  ㉢ 코나(Kona) 커피
    • 빅 아일랜드(Big Island)라 불리는 코나(Kona) 지역에서 재배되는 커피가 유명하다.
    • 신맛이 적당하고 꽃 향과 과일 향이 은은하며 뒷맛이 깔끔하다.
  ㉣ 북동 무역풍이 부는 열대성 기후의 화산지대로 연간 강우량이 풍부하여 커피 재배에 적합한 조건을 갖추고 있다.
② 인도네시아(Indonesia)
  ㉠ 아시아 최대 커피 생산국으로, 1877년 커피녹병으로 커피농장이 초토화되면서 병충해에 강한 로부스타를 주로 재배하기 시작하였다.
  ㉡ 습식 가공방식으로 경작하며 커피 생산량의 90%가 고품질의 로부스타종이다.
    ※ 아라비카는 5~8% 정도지만 모두 고급 커피
  ㉢ 결점두의 양에 따라 등급을 부여한다. 로스팅 후 커피의 향미 품질에 기준을 두고 있어 외관상 아주 저품질 커피로 보일 수 있다.

ⓔ 커피 생산지

수마트라 섬	• 인도네시아 커피의 최대 생산지
	• 만델링(Mandheling)
	  – 초콜릿 맛과 고소하고 달콤한 향으로 인기가 좋음
	  – 부족 이름에서 유래된 남성적인 향미를 지닌 명품 커피
	  – 묵직하고 강렬한 바디감, 풍부한 향으로 드립 커피에 좋음
	• 가요 마운틴(Gayo Mountain)
	  – 여성적인 느낌이 나는 커피
	  – 강한 아로마와 산뜻한 바디감이 있음

자바 섬	• 초콜릿과 바닐라 계열의 풍부한 향과 부드러운 신맛, 중간 정도의 바디감이 특징 • 스트레이트 커피(Straight Coffee) • 예멘의 모카와 블렌딩한 모카자바(Mocha Java)가 유명

ⓜ 코피 루왁(Kopi Luwak)
- 인도네시아어로 '코피(Kopi)'는 커피, '루왁(Luwak)'은 사향고양이를 뜻한다.
- 커피 열매를 먹은 사향고양이의 배설물에서 커피 씨앗을 채취하여 가공한 커피이다.
- 캐러멜, 초콜릿, 풀 향과 쓴맛은 약하고 신맛이 적절하게 조화되어 중후한 바디감을 가진다.

③ 인도(India)
ⓐ 아시아의 3위 커피 생산국으로 로부스타의 비중이 60%를 차지한다.
ⓑ 중후하면서 부드럽다.
ⓒ 달콤한 맛과 적당한 산도와 향신료, 초콜릿 맛이 난다.
ⓓ 생산지역으로 마이소르(Mysore), 말라바르(Malabar), 마드라스(Madrass) 등이 있다.
ⓔ 최고 등급은 플랜테이션 AA(Plantation AA)이며, 말라바르 AA는 세계에서 산도가 가장 낮은 커피로 알려져 있다.
ⓕ 몬순커피
- 과거 인도에서 유럽으로 커피를 수출할 때 오랜 항해기간 동안 해풍으로 인한 습기에 커피가 숙성되면서 특유의 향미를 갖게 되었다.

- 습한 남서 계절풍에 커피를 건조하여 숙성한 커피이다.
- 세계 최초의 스페셜티 커피로 유명하다.
- 흙냄새와 곰팡이 핀 나무뿌리 향이 나며 단맛의 조화가 좋고 구수한 향을 가지고 있다.

④ 베트남(Vietnam)
ⓐ 세계 2위의 커피 생산국으로 세계에서 가장 큰 로부스타 생산국이다.
ⓑ 핀 커피(Phin Coffee) : 종이필터 대신 작은 구멍이 뚫린 커피 여과기(핀 카페, Phin Cà phê)를 이용해 원두를 추출한다.
ⓒ 밀크 커피 : 우유 대신 단 연유를 넣어 마시는 베트남 커피의 대명사
- 카페 쓰어 다(Cà phê sữa dà) : 시원한 밀크 커피
- 카페 쓰어 농(Cà phê sữa nóng) : 뜨거운 밀크 커피
ⓓ 위즐(Weasel)커피(족제비 커피)
- 1800년대 베트남에 커피나무가 처음 들어왔을 때 희소성으로 인해 베트남의 왕조였던 응웬 가문(Nhà Nguyên)의 일원들밖에 맛볼 수 없는 귀한 음료였다. 일반 서민이 커피를 맛보기 위해서는 족제비의 배설물에 남겨진 커피 생두를 이용할 수밖에 없었다.
- 잘 익은 커피체리를 선별해 섭취한 족제비의 배설물에서 나온 생두가 맛과 향이 감미롭고 쓴맛도 적어 최상급의 가치를 지니게 된다.

01 커피 산지에 따른 설명이 잘못된 것은?

① 브라질은 커피 생산량이 세계 1위이다.

② 콜롬비아는 마일드 커피의 대명사로 워시드 가공으로 생산한다.

❸ 코스타리카는 면적당 커피 생산량이 많고 생두 크기에 의해 등급을 분류한다.

④ 과테말라는 비옥한 화산재 토양의 고원지대로 생두의 크기가 크고 뛰어난 신맛과 감칠맛이 있다.

⑤ 자메이카의 블루마운틴(Blue Mountain)은 밀도가 높고 조화로운 맛과 향이 뛰어난 커피로 '커피의 황제'라 불린다.

해설 코스타리카는 HB(Hard Bean) 등 생두의 경작 고도에 따라 등급을 부여하며 SHB(Strictly Hard Bean)가 최상품이다.

02 부드러운 신맛과 과일 향, 꽃향기 같은 특유의 향으로 '커피의 귀부인'이라는 애칭이 있는 커피는 무엇인가?

정답 에티오피아 예가체프(Ethiopia Yirgacheffe)

03 아라비카 커피의 원산지로 세계 최초로 상업적 커피가 경작된 지역은 어디인가?

정답 예멘(Yemen)

핵심이론 09 커피의 생산과 소비

(1) 국내 커피시장

현대경제연구원에서 제공한 자료에 따르면 2020년 기준 시장 규모는 약 7조원 수준이다.

연도	국내 커피 판매 시장규모
2014	4조 9,022억원
2016	6조 4,041억원
2020	약 7조원

(2) 20대 이상 성인 1인당 연간 커피 소비량

연도	1인당 연간 커피 소비량
2014	341잔
2015	349잔
2016	377잔

출처 : 농림축산식품부 · 한국농수산식품유통공사. 커피류 시장 보고서.

(3) 국가별 연간 1인당 커피 소비량

순위	국가	소비량(kg)
1	핀란드	12.0
2	노르웨이	9.9
3	아이슬란드	9.0
4	덴마크	8.7
5	네덜란드	8.4
6	스웨덴	8.2
26	미국	4.2
⋮	⋮	⋮
57	한국	1.8

01 세계에서 1인당 커피 소비량이 가장 많은 나라는?

① 미국
② 일본
③ 한국
④ 스웨덴
❺ 핀란드

02 국내 커피시장에 대한 내용으로 가장 거리가 먼 것은?

① 국내 커피 판매 시장 규모는 꾸준히 성장하고 있다.
② 다양한 형태의 커피 제품에 대한 수요가 증가하고 있다.
③ 스페셜티 커피를 판매하는 카페들이 늘어나고 있다.
④ 커피 문화가 자리 잡으면서 커피전문점 시장도 급성장하였다.
❺ 세계에서 연간 1인당 커피 소비량이 가장 많다.

핵심이론 **10** 세계의 커피문화

(1) 이탈리아

① 현대의 에스프레소 머신이 최초로 발명된 나라로, 식사 후 또는 늦은 저녁에 마시는 커피는 주로 에스프레소이다.
② 에스프레소에 설탕을 넣고 두세 번에 걸쳐 나눠 마신다. 첫 모금은 짙은 스모키함이 나고 마지막 잔의 바닥에 깔린 설탕을 마지막으로 음미한다.
③ 각 가정마다 모카포트(Mocha Pot)를 가지고 있을 정도로 커피를 매우 사랑하는 나라이다.

(2) 영국

① 커피보다는 차(茶)문화가 더 발달했다.
② 주로 아침이나 오후에 차를 마신다.

(3) 아일랜드

'아이리시' 커피로 유명하다.

(4) 네덜란드

① 가정에서 커피를 마시면서 하루를 시작한다.
② 점심 전에 한 잔 더 마시고 필터커피와 우유를 1 : 1 비율로 섞은 커피를 주로 마신다.

(5) 스웨덴

① 커피문화는 스웨덴 문화의 중요한 부분을 차지한다.
② 빵 또는 커피빵을 곁들여 마신다.

(6) 아이슬란드

다양하고 신선한 우유를 쉽게 구할 수 있는 산업적인 특성으로 우유와 커피 메뉴가 매우 발달되어 있다.

(7) 미국

① 1773년 12월 16일 미국 식민지의 주민들이 영국 본국으로부터의 차(茶) 수입을 저지하기 위하여 보스턴 항에 정박 중이던 동인도회사 소속 선박 세 척에 올라 배 위에 있던 차 상자를 바다에 던져 버렸다. 보스턴 차 사건(Boston Tea Party)은 1776년 미국 독립전쟁의 직접적인 발단이 되었다. 이후 차를 마시는 문화가 서서히 커피로 옮겨갔다. 그렇지만 여전히 미국은 차를 많이 마시는 국가다.

② 커피를 물처럼 일상적인 음료로 생각하기 때문에 커피의 맛에 매우 민감하다.

③ 2차 세계대전 당시, 이탈리아 전선에 투입된 미국 군인들이 이탈리아 에스프레소가 쓰고 양이 적어 수통의 물을 넣어 희석해서 마셨다는 것이 미국인들이 가장 사랑하는 메뉴인 '아메리카노'가 되었다.

(8) 에티오피아

① 에티오피아에서 커피는 신에게 올리는 신성한 예물이자 생존을 위한 식량, 반가운 손님을 접할 때 내 드리는 음료, 슬픔에 잠긴 사람들을 위로해 주는 역할을 한다.

　※ 일부 유목민들은 원두를 빻아 지방에 섞어 비상 식량으로 사용하기도 한다.

② 귀한 손님에게 커피를 대접하는 '분나 마프라트(Bunna Maffrate)'라는 문화가 있다.

　㉠ 행운을 불러온다는 케테마라는 풀잎이나 꽃을 이용하여 바닥에 장식한다.

　㉡ 원두와 화로, 커피잔, 향 바구니, 향로를 준비하여 의자에 앉는다.

　㉢ 숯을 피우고, 송진이나 유칼립투스를 숯에 넣어 신성함을 빈다.

　㉣ 샷(팝콘)이나 다보(빵)를 먹으며 커피를 기다린다.

　㉤ 생 커피콩을 나무 절구에 넣어 으깨어 껍질을 벗겨낸 후, 물을 부어 씻어 낸다.

　㉥ 원두를 숯에 올려 볶는다. 다 볶으면 손님에게 향을 맡게 한다.

　㉦ 에티오피아 전통 주전자 제베나에 물을 넣고 숯에 올린다. 잘 볶아진 원두를 절구에 넣어 가루로 만든다.

　㉧ 빻은 커피가루를 제베나에 넣어 물이 넘치지 않도록 끓인다.

　㉨ 커피가 끓으면 거름망으로 찌꺼기를 거른 후 잔에 따른다.

　㉩ 총 3잔의 커피를 제공한다.

　　• 첫 번째 잔은 아볼(Abol) : 우애
　　　– 감사의 마음을 담아 커피를 살짝 땅에 따른 후 잔에 나누어 따른다.
　　• 두 번째 잔은 후에레타냐(Hueletanya) : 평화
　　　– 소금을 넣는 것이 전통적인 방법이지만 취향에 따라 설탕과 우유를 넣어서 먹는다.
　　• 세 번째 잔은 베레카(Bereka) : 축복
　　　– 가족과 마을의 행복, 자신이 축복하고 싶은 것들을 기원하면서 마신다.

(9) 콜롬비아

① 브라질과 베트남 다음으로 가장 큰 규모의 커피 생산국이다.

② 콜롬비아 국민은 커피를 너무 사랑하기 때문에 나라 전체가 커피숍으로 가득 차 있다는 농담 반 진담 반의 말이 있다.

③ 흑설탕을 넣고 끓인 뜨거운 물에 원두가루를 넣고 저은 후, 가루가 가라앉을 때까지 5분 정도 두었다가 위의 맑은 커피만 마시는 '틴토(Tinto)'라는 음료가 유명하다.

④ 모닝커피에 치즈를 넣어 마신다.

(10) 베트남

① 브라질 다음의 세계 2위 커피 생산국이다.

② 커피에 얼음과 연유를 넣어 마신다.

　➤ 더운 날씨 때문에 신선한 우유를 구하기 어려워 연유를 넣기 시작한 것에서 유래되었다.

(11) 러시아

① 혹한의 추운 환경 때문에 코코아 가루에 커피를 붓고 설탕을 넣어 마신다.

② 홍차에 잼을 넣어 마시는 러시안티처럼, 커피에도 우유나 크림을 넣거나 설탕 대신 잼을 넣어 마시기도 한다.

③ 단맛을 즐기는 러시아 사람들은 커피와 베이커리 종류를 반드시 함께 곁들여 먹는다.

(12) 그리스

① 마시고 남은 커피 찌꺼기로 앞날을 예측하는 커피점으로 유명하다.

　㉠ 고운 모래 같은 원두가루를 뜨거운 물에 저으면 커피를 우릴 때 나오는 거품, 즉 크레마와 섞여 걸쭉한 느낌이 있는 커피가 만들어진다.

　㉡ 커피를 다 마신 후 잔 바닥에 가라앉은 원두의 무늬에서 동물이나 알파벳 모양을 빗대어 미래를 점친다.

② 커피에 찬물과 얼음을 넣고 우유거품을 얹은 프라페가 그리스 국민이 사랑하는 단골 메뉴이다.

③ 커피에 우유를 넣어 마시는 것을 좋아하며, 케이크, 치즈, 파이 등과 곁들여 먹는다.

(13) 튀르키예(터키)

① 1555년 시리아 대상이 이스탄불에 커피를 들여옴으로써 커피는 "장기 두는 사람과 사색가들의 우유"라고 알려지기 시작했다.

② 17세기 중엽까지 튀르키예(터키식) 커피는 정교한 예식의 한 부분이었으며 40명이 넘는 조력자의 도움으로 커피를 의식에 따라 준비한 후 술탄에게 바쳤다.

③ 당시에는 여인들이 튀르키예 커피를 준비하는 방법에 대하여 히렘에서 집중적인 훈련을 받기도 했다.

④ 튀르키예 커피는 알커피를 미세한 분말로 갈아 설탕과 함께 끓이며, 단 정도에 따라 여섯 가지로 구분한다.

⑤ 커피를 끓인 다음에는 설탕을 넣지 않기 때문에 티스푼이 필요치 않다.

⑥ 튀르키예 커피는 체즈베(Cezve)라고 불리는 특수한 커피 주전자에서 끓인다.

⑦ 손님은 커피를 마신 후에 커피잔을 받침 위에 엎어 놓는다.

⑧ 커피잔에 남아 있는 것이 식으면 주인은 남은 것이 흘러서 생긴 흔적을 가지고 손님의 운수를 읽어주는 관습이 있다.

핵심예제

01　세계의 커피문화 중 잘못 설명된 것은?

❶ 미국은 1773년 삼삭부역을 계기로 차문화에서 커피문화로 바뀌었다.

② 네덜란드는 가정에서 커피를 마시면서 하루를 시작한다.

③ 아일랜드는 아이리시 커피로 유명하다.

④ 영국은 커피보다 차문화가 더 발달했다.

⑤ 이탈리아는 현대의 에스프레소 머신이 최초로 발명된 나라로 주로 에스프레소를 마신다.

해설 1773년 보스턴 티 사건은 1776년 미국 독립전쟁의 직접적인 발단이 되었다. 이후 미국에서는 차를 마시는 문화가 서서히 커피로 옮겨갔다. 그렇지만 여전히 미국은 차를 많이 마시는 국가다.

02 커피 로스팅과 향미 평가

핵심이론 01 로스팅(Roasting)

(1) 로스팅의 개념

① 생두의 다양한 고형성분이 추출될 수 있도록 생두에 열을 가해 세포조직을 분해·파괴하여 여러 성분들을 최적의 상태로 만드는 과정이다.

② 커피 생두에 열을 가해 흡열반응과 발열반응으로 팽창시킴으로써 물리적·화학적 변화를 일으켜 원두로 변화시키는 것이다.

③ 수확한 생두를 커피 음료로 만들기 위해서는 배전 (Roasting), 분쇄(Grinding), 추출(Brewing)의 세 가지 공정을 꼭 거쳐야 한다.

④ 배전은 커피의 고유한 향미가 생성되는 유일한 공정으로, 배전에 의해 600여 가지 이상의 화학물질이 생성되기에 매우 중요한 과정이다.

(2) 로스팅 열전달 방식

① 전도열

    ㉠ 열이 따뜻한 쪽에서 차가운 쪽으로 분자 이동에 의해 전달되는 것을 말한다.

    ㉡ 드럼 로스터기 내의 전도 속도와 비율은 드럼 예열 온도와 생두 투입량에 의해 영향을 받는다.

    ㉢ 예열 온도가 높을수록 로스터기는 많은 에너지를 드럼에 저장하는데, 이 많은 에너지가 전도를 통해 생두로 전달될 수 있다.

    ㉣ 적은 양을 로스팅하는 경우 반드시 예열 온도를 낮추어야 한다.

    ㉤ 생두의 밀도가 낮을수록 열전도는 빨리 진행되며 밀도가 높을수록 열전도가 늦어진다.

    ㉥ 로스팅 전 드럼통을 충분히 예열하고 나서 뜨거워진 드럼통 안에 생두를 투입하게 되면 상온에 있던 생두와 뜨거워진 드럼통 안의 데워진 열이 접촉하면서 열의 이동이 이루어지며, 순간 드럼 안의 온도는 차츰차츰 떨어지게 된다.

    ㉦ 생두에 1차 크랙이 발생할 때가 되면 발열반응으로 열을 방출하기 시작한다. 이 시점에서는 화력을 줄이거나 공기의 흐름을 높이는 방법을 통해 열량을 제어한다.

② 대류열

    ㉠ 열이 물체를 통해서 이동하는 것이 아니라 따뜻해진 공기의 흐름에 의해서 고온 부분에서 저온 부분으로 이동하는 현상을 열의 대류라고 한다.

    ㉡ 드럼 안의 공기가 열을 받게 되면 대류가 일어나고 이 대류에 의해 열이 순환하면서 전체적으로 점차 열을 받게 된다.

    ㉢ 공기의 흐름과 에너지가 클수록 로스팅이 빠르게 진행된다.

    ㉣ 공기 흐름의 변화, 버너의 에너지 출력 변화를 통해 대류의 비율을 바꿀 수 있다.

    ㉤ 대류 비중이 높으면 대부분의 연기와 채프가 제거되므로 커피가 균일하게 로스팅된다.

③ 복사열

    ㉠ 열을 흡수한 생두의 열을 차가운 생두가 흡수하는 현상이다.

    ㉡ 열이 직접 이동하는 것으로 열전달이 직접적이고 순간적이다.

    ㉢ 로스팅에서 복사열은 측정이나 통제가 가장 어렵다.

    ㉣ 가열된 생두나 드럼, 기타 금속, 철 등에서 발생한다.

(3) 로스팅 과정

① 건조단계 : 생두 내부의 수분이 증발하는 단계로 로스팅 과정에서 가장 중요하다.
  ㉠ 흡열반응 : 생두 내부 온도가 끓는점(100℃)에 도달할 때 일어난다.
    ※ 수분이 70~80%까지 소실된다.
  ㉡ 갈변반응 : 생두가 옅은 녹색에서 황록색, 옅은 노란색으로 변하고 점점 갈색으로 변한다.
  ㉢ 로스팅 초기에는 풀 향과 건초 향 등의 풋내에서 점점 구수한 곡물 향이 난다.

② 열분해(로스팅) 단계 : 발열반응
  ㉠ 생두의 온도가 약 170~180℃에 도달할 때 일어난다.
    ➤ 생두에 흡수된 열이 밖으로 발산되어 커피의 향미성분이 발현되는 시점이다.
  ㉡ 커피의 맛과 향을 내는 여러 물질들이 생성되고 캐러멜화에 의해 짙은 갈색으로 변한다.
    ➤ 생두에서 원두로 바뀌는 과정으로 원두에 포함된 많은 이산화탄소를 내보내고 맛과 향을 주는 물질이 생성된다.
  ㉢ 로스팅 과정에서 두 번의 팽창음이 들리는데, 이를 크랙(Crack)이라 하며 팝(Pop)이나 파핑(Popping)이라고도 한다.

알아보기

1차 크랙(1st Crack)
- 생두의 센터 컷이 갈라지면서 팝콘을 튀길 때 나는 소리처럼 '탁탁' 하는 팽창음이 나는 시점을 말한다.
- 생두 세포 내부에 있는 수분이 열과 압력에 의해 증발(기화)하면서 나타나는 내부 압력에 의해 발생한다.
- 생두의 조직이 팽창하고 가스성분들이 분출되면 부피가 약 2배 팽창한다.
- 생두의 온도가 약 190℃ 이상 되었을 때 일어난다.
- 색상이 갈색으로 변하고 커피의 향은 단 향에서 신 향으로 바뀌게 된다.

2차 크랙(2nd Crack)
- 원두의 온도가 약 220℃ 이상 되었을 때 일어난다.
- 1차 크랙보다 짧은 단위로 '탁탁탁' 하는 팽창음이 난다.
- 이산화탄소의 생성에 의한 팽창으로 발생한다.
- 표면에 오일이 배어 나온다.
- 커피의 향미가 생성되며 최고조에 이르게 된다.
- 너무 강하게 로스팅되면 향미가 약해지고 쓴맛이 강한 커피가 된다.

③ 냉각단계
  ㉠ 로스팅이 끝난 원두의 열을 식혀주는 과정이다.
  ㉡ 배출구를 열어 배출된 원두의 열을 빠르게 냉각시켜야 한다.
    ➤ 원두 자체에 남아 있는 복사열로 로스팅이 더 진행되면 커피의 향기가 감소하며 쉽게 산패될 수 있다. 4분간 40℃ 이하로 빠르게 냉각시켜 아로마의 손실을 막도록 한다.
  ㉢ 냉각기에서는 송풍기를 사용해서 공기를 원두 사이로 강제로 불어 넣어 주면서 회전식 교반기로 섞어 주는 '공랭식'을 많이 사용한다. 이때 원두에 아직 붙어 있던 실버스킨도 같이 제거된다.

핵심예제

01 다음 중 로스팅의 열분해 단계의 물리적 변화 내용으로 틀린 것은?

① 생두에 함유된 당분이 열에 의해 캐러멜당으로 갈변하는 캐러멜화가 이루어진다.
② 원두의 부피 증가와 무게 감소가 일어나고 조직은 부서지기 쉬운 상태가 된다.
③ 색깔은 옅은 갈색 - 갈색 - 짙은 갈색 - 어두운 색으로 변화한다.
④ 발열단계에서 두 번의 크랙이 발생한다.
⑤ 로스팅이 진행될수록 고소한 향이 어우러진다.

해설 ⑤ 1차 크랙이 진행되면서 고소한 향이 어우러지다가 2차 크랙이 진행될수록 탄 향이 강해진다.

02 다음 ( ) 안에 알맞은 말을 쓰시오.

생두에서 원두로 바뀌는 발열반응에서 원두에 포함된 많은 ( )를 내보내고 맛과 향을 주는 물질이 생성된다.

정답 이산화탄소

03 다음 ( ) 안에 알맞은 말을 쓰시오.

로스터기의 열전달 방식은 전도열, 대류열, ( )이 있다.

정답 복사열

로스팅에 따른 변화

(1) 로스팅의 물리적 변화

① 수분 함량

㉠ 12~13%였던 함량이 1~5%까지 줄어든다(로스팅하면서 가장 많이 줄어드는 성분).

㉡ 미디엄 로스트일 때 2~3% 정도이다.

㉢ 풀시티 이상으로 강하게 로스팅되면 약 1% 정도의 수분이 원두에 남는다.

② 생두의 무게와 밀도 감소 : 생두에 열이 전달되면 수분 등이 증발하고 휘발성 물질 등이 방출되므로, 로스팅 시간이 길어질수록 중량(무게)도 감소한다.

③ 부피 증가

㉠ 2배가량 증가하며 조직이 다공성으로 바뀐다.

㉡ 이산화탄소가 생성된다.

㉢ 온도의 상승으로 원두와 실버스킨이 분리된다.

(2) 로스팅의 화학적 변화

① 갈변반응

㉠ 조리·가공과정에서 갈색으로 변하는 것이다.

㉡ 커피의 갈변은 열에 의한 비효소적 갈변반응으로 캐러멜화와 메일라드 반응이 원인이다.

• 캐러멜(Caramel) 반응 : 고온(160~200℃ 사이)에서 당을 가열할 때 생두에 5~10% 함유되어 있는 자당(Sucrose)이 캐러멜당으로 변화하는 반응

• 메일라드(Maillard, 마이야르) 반응 : 생두에 포함되어 있는 아미노산이 자당과 다당류 등과 작용하여 갈색의 멜라노이딘을 만드는 반응

㉢ 로스팅하면 생두가 점점 갈색으로 변하는데, 멜라노이딘에 의한 것이다. 이 반응의 결과로 휘발성 방향족 화합물이 생성되어 커피의 향을 만들어 낸다.

㉣ 퀘이커(Quaker)

• 커피의 미성숙으로 인해 생두 내 당이 부족하여 메일라드가 적절히 진행되지 못한 결과이다.

• 생두 단계에서 육안으로는 판별이 거의 불가능하고 로스팅 후 확인이 가능하다. → 로스팅 디펙트(Defect/결점)

• 미성숙 생두, 즉 익지 않은 상태에서 체리를 수확했을 때 나타나는 현상을 말한다.

② 단백질

㉠ 원두의 향기 형성에 중요한 성분이다.

㉡ 유리아미노산은 로스팅할 때 급속히 소실되며 당과 반응하여 멜라노이딘과 향기 성분으로 변한다.

③ 휘발성분

㉠ 당분, 아미노산, 유기산 등이 갈변반응을 통해 향기 성분으로 바뀐다.

㉡ 적은 양이지만 종류는 800여 가지가 되며 가스 방출과 함께 증발, 산화되어 상온에서 2주가 지나면 커피 향기를 잃어버린다.

④ 탄수화물

㉠ 커피 성분 중 가장 많은 비중을 차지한다.

㉡ 가장 많은 다당류는 대부분 불용성으로 세포벽을 이루는 셀룰로스(Cellulose)와 헤미셀룰로스(Hemicellulose)를 구성한다.

㉢ 유리당류는 원두의 색이나 향의 형성에 큰 영향을 미친다.

※ 설탕으로 불리는 자당이 가장 많다.

㉣ 세포조직의 파괴로 다양한 변화(맛, 향미, 색깔)와 여러 가지 성분이 방출된다(지방, 당분, 카페인, 유기산 등).

㉤ 단백질이 소화제 성분으로 변하여 표면에 향기로운 식물성 휘발성 기름을 형성한다.

⑤ 가용성분

㉠ 원두를 분쇄하여 뜨거운 물로 추출하였을 때 녹아나는 성분으로 가용성분이 많을수록 맛이 진해진다. 생두의 당분, 단백질, 유기산 등은 갈변반응을 통해 가용성분으로 변한다.

㉡ 로부스타가 아라비카보다 약 2% 많고 고온에서 단시간 로스팅하면 약 2~4% 증가한다.

㉢ 로스팅이 진행됨에 따라 쓴맛이 증가한다.

⑥ 지질
　　㉠ 커피 아로마와 깊은 관계가 있다. 로부스타보다 아라비카에 더 많이 들어 있다.
　　㉡ 표면에도 왁스 형태로 소량 존재하며 열에 안정적이다.
　　㉢ 로스팅에 따라 큰 변화를 보이지 않는다.
⑦ 유기산
　　㉠ 커피의 신맛을 결정하는 성분이지만 아로마와 커피 추출액의 쓴맛과도 관련이 있다.
　　㉡ 클로로겐산은 유기산 중 가장 많은 성분이다. 폴리페놀 형태의 페놀화합물에 속하며 로스팅에 따라 클로로겐산의 양은 감소하는데, 분해되면 퀸산과 카페산으로 바뀌며 둘 다 떫은맛을 낸다.
⑧ 카페인
　　㉠ 승화 온도가 178℃로 비교적 열에 안정적이다 (로스팅에 의해 크게 변하지 않음).
　　㉡ 생두와 나뭇잎에만 존재한다.
　　㉢ 전체 커피 쓴맛의 약 10% 정도를 차지한다.
⑨ 트라이고넬린(트리고넬린)
　　㉠ 카페인의 약 25% 정도의 쓴맛을 낸다.
　　㉡ 열에 불안정하기 때문에 로스팅에 따라 급속히 감소한다.
　　㉢ 로부스타종, 리베리카종보다 아라비카종에 더 많이 함유되어 있다.
　　㉣ 커피뿐만 아니라 홍조류, 어패류에도 다량 함유되어 있다.
⑩ 지방산
　　㉠ 원두에 12~16% 정도 함유되어 있으며 커피의 향미에 가장 많은 영향을 준다.
　　㉡ 원두의 지방산은 대부분 불포화 지방산이다.
　　㉢ 철분 흡수를 방해한다.

핵심예제

01 로스팅이 진행되면서 일어나는 물리적 변화에 해당하지 않는 것은?

① 수분은 로스팅이 진행되면서 가장 많이 줄어드는 성분이다.
❷ 로스팅 시간이 길어질수록 중량은 증가한다.
③ 생두의 조직이 다공성으로 바뀌고 부피가 2배가량 증가한다.
④ 생두의 밀도는 감소한다.
⑤ 온도의 상승으로 이산화탄소가 생성되며 원두와 실버스킨이 분리된다.

해설 생두에 열이 전달되면 수분 등이 증발하고 휘발성 물질 등이 방출되므로, 로스팅 시간이 길어질수록 중량(무게)도 감소한다.

02 원두의 향기 형성에 중요한 성분은 무엇인가?

정답 단백질

03 열에 안정적이며 로스팅에 의해 크게 변하지 않는다. 생두와 나뭇잎에만 존재하며, 전체 커피 쓴맛의 약 10% 정도를 차지하는 것은 무엇인가?

정답 카페인

(1) 로스팅 단계

① 로스팅 단계는 타일 넘버나 명도(L값)로 표시한다.
② 로스팅이 강할수록 원두 표면의 색상이 어두워 명도 값이 감소한다.
③ SCA(Specialty Coffee Association)의 로스팅 단계는 애그트론 넘버(Agtron Number) 25~95까지 표시한다(원두의 밝기에 따라 구분).
④ 로스팅 단계는 가열 온도와 시간의 상관관계에 의해 결정된다.

(2) 로스팅 열전달 방식에 따른 분류

① 직화식(Conventional Roaster, Drum Roaster) : 전도열
  ㉠ 원통형의 드럼을 가로로 눕힌 형태가 가장 보편적이면서 대부분이다.
  ㉡ 가스나 오일버너에 의해 가열된 드럼의 표면과 뜨거워진 내부 공기에 의해 배전된다.
  ㉢ 드럼의 회전에 의해 생두를 고르게 섞어가면서 볶고, 배전이 끝나면 앞쪽 문을 열어 냉각기로 방출하여 식힌다.
  ㉣ 열효율이 좋고 냉각속도가 빠르다.

[SCA 분류(Specialty Coffee Association, 스페셜티커피협회)]

일본식 분류 8단계			SCA 분류		특징
명도(L값)	명칭	분류	Agtron No.	명칭	
27~30.2	Light	약배전	#95	Very Light	• 로스팅 단계 중 맛과 향이 가장 약함 • 신맛이 가장 강함
25~27	Cinnamon	약배전	#85	Light	계피색과 비슷하며 다소 강한 신맛
22.5~25	Medium	중배전	#75	Moderately Light	• 1차 크랙이 시작되는 시점 • 신맛, 단맛, 쓴맛이 균형을 이루며 갈변반응 계열의 향미가 있음
20.5~22.5	High	중배전	#65	Light Medium	• 1차 크랙에서 2차 크랙 직전까지의 로스팅 • 산뜻한 신맛, 바디감의 조화 • 커피 제품화 가능
18.5~20.5	City	중강배전	#55	Medium	• 2차 크랙의 시작 시점 • 균형 잡힌 신맛, 쓴맛이 점점 강해짐 • 스페셜티 커피에 적합
16.5~18.5	Full City	중강배전	#45	Moderately Dark	• 2차 크랙의 정점 • 원두에 오일이 생기고 중후한 맛과 바디감이 절정 • 커피 고유의 향기가 최고치 되는 시점
15~16.5	French	강배전	#35	Dark	• 쓴맛이 강하고 바디감도 좋음 • 색상이 검게 변함 • 에스프레소 베리에이션 메뉴로 사용하면 맛있는 커피가 됨
15 이하	Italian	강배전	#25	Very Dark	• 맛이 아주 강하고 탄 맛이 남 • 상업적으로 거의 사용되지 않음

ⓜ 장점 : 경제적이며 커피의 맛과 향이 직접적으로 표현되어 널리 사용된다.

ⓗ 단점 : 생두의 팽창이 적고 균일한 로스팅이 어렵다.

② 반열풍식(Semi Rotating Fluidized Bed Roaster) : 전도열과 대류열

ⓐ 드럼 아래의 버너로 드럼을 가열하면서 동시에 생성된 열풍을 드럼 내부로 전달하여 로스팅하는 방식이다.

ⓑ 기본적 구조는 직화식과 비슷하나, 버너의 불꽃이 직접 드럼에 닿지 않는다.

ⓒ 직화식과 열풍식의 장점을 모두 가지고 있는 방식으로 가장 많이 사용되고 있다.

ⓓ 결점이 적고 합리적인 방식이며, 소형부터 공장용 대형머신까지 설계가 가능하다.

ⓔ 장점 : 규모가 적당하고 직화식보다 균일한 로스팅이 가능하다.

ⓕ 단점 : 이동이 불편하고 비용 부담이 크며 직화형에 비해 열효율이 떨어진다.

③ 열풍식(Rotating Fluidized Bed Roaster) : 대류열

ⓐ 고온의 열풍을 불어 넣어 원두 사이로 순환시키는 원리이다.

ⓑ 시각적으로 로스팅의 진행을 확인할 수 있다.

ⓒ 고온과 고속의 열풍에 의해 생두가 공중에 뜬 상태로 로스팅이 진행된다.

ⓓ 상업용의 경우 가격이 비싸 사용되지 않지만, 가정용 로스터에는 많이 사용된다.

ⓔ 장점 : 균일한 로스팅이 가능하며, 배전 시간이 빨라 단시간에 대량 생산이 가능하다.

ⓕ 단점 : 전력 소모가 크고 생산 규모에 비해 면적이 많이 필요하며, 직화식보다 커피의 맛과 향의 개성을 표현하기가 어렵다.

(3) 로스팅 방법

① 로스팅 진행의 중요한 에너지의 변수는 온도와 시간이다.

② 로스팅의 진행 속도에 따라 내부의 수분 증발이나 부피 팽창의 정도가 달라진다.

③ 생두의 품질 또는 구현하려는 향미에 따라 저온 장시간 로스팅과 고온 단시간 로스팅 방식을 적용해 볼 수 있다.

분류	저온 장시간 로스팅 (LTLT ; Low Temperature Long Time)	고온 단시간 로스팅 (HTST ; High Temperature Short Time)
로스터 종류	드럼형	유동층형
커피콩 온도	200~240℃ (온도가 낮음)	230~250℃ (온도가 높음)
로스팅 시간	8~20분(긴 편)	1.5~3분(짧은 편)
특징	• 느린 열전달로 화학 반응이 느리게 일어남 • 내부 압력이 약해 상대적으로 부피 팽창이 작음	• 빠른 열전달로 화학 반응이 빠르게 일어남 • 내부 압력의 급격한 상승으로 상대적으로 부피 팽창이 큼
향미	• 신맛이 약하고, 뒷맛이 텁텁함 • 중후함이 강하고 향기가 풍부	• 산미와 바디가 강하고 쓴맛은 감소하여 뒷맛이 깨끗함 • 중후함과 향기가 부족함
가용성 성분	적게 추출	10~20% 더 추출
경제성	–	한 잔당 커피 사용량을 10~20% 덜 쓰게 되어 경제적

④ 로스팅 프로파일을 수립하고 그에 맞게 로스팅을 진행하는 것이 좋다.

⑤ 생두의 수분 함유량과 밀도의 차이를 분석하여 로스팅 포인트를 찾는다.

ⓐ 로스팅 시 중요한 판단조건 중 하나로 초기 투입온도의 설정과 가스압력의 정도(공급 화력의 세기), 로스팅 방법의 차이에 기준점이 된다.
ⓑ 조밀도가 강한 생두는 강한 화력이 필요하다 (1차 크랙 소리가 매우 작게 들린다/흡열과정이 길다).
  ※ 티피카 → 버번 → 문도노보 → 카투라 → 카티모르 → 카네포라 순으로 밀도가 높다.
ⓒ 고지대 생두는 강한 화력, 티피카종처럼 조밀도가 약한 종은 화력 조절에 신경 써야 한다.
⑥ 배전 정도에 따라 비례적으로 감소하는 트라이고넬린, 클로로겐산 성분의 함량을 측정하고 배전 정도를 파악한다.
⑦ 갈변반응 : 생두 표면의 색을 육안으로 관찰하며 로스팅 포인트를 찾는다.
⑧ 전자시스템으로 원두의 표면 온도를 측정하여 로스팅 정도를 조절한다.
⑨ 신맛은 로스팅 초기에 강해지다가 로스팅이 강해질수록 감소한다.
⑩ 떫은맛은 로스팅이 진행될수록 감소한다.
⑪ 쓴맛은 로스팅이 강하게 진행될수록 증가한다.
  ⓐ 단맛의 정도 : 내추럴 건조생두 > 펄프드 내추럴 건조생두 > 세미 워시드 가공생두 > 워시드 건조생두
  ⓑ 신맛의 정도 : 워시드 건조생두 > 세미 워시드 가공생두 > 펄프드 내추럴 건조생두 > 내추럴 건조생두
⑫ 로스팅이 끝난 뒤 원두 1g당 2~5mL의 가스가 발생하며 그중 87%는 이산화탄소다.
  ※ 이산화탄소 가스의 50% 정도는 즉시 방출되지만, 나머지는 서서히 방출되면서 향기 성분이 공기 중의 산소와 접촉하는 것을 막아준다.
⑬ 생두의 특징에 따른 투입온도 세팅
  ⓐ 뉴 크롭 > 패스트 크롭 > 올드 크롭 순으로 투입온도가 높다.
  ⓑ 조밀도 강 > 조밀도 중 > 조밀도 약 순으로 투입온도가 높다.
⑭ 보통 200℃를 기준으로 투입온도를 높게 또는 낮게 정한다.
⑮ 터닝 포인트(온도의 중점) : 가열된 드럼통에 생두를 투입했을 때 드럼통 온도가 떨어지기 시작하다가 다시 온도가 올라가는 시점을 말한다. 전체 커피의 맛과 향을 결정짓는 중요한 요소로 정확히 체크한다.
  ⓐ 일반적으로 생두를 투입한 지 1분 30초~2분에 터닝 포인트가 오는 것이 좋다.
    • 적정한 투입온도와 초기 화력 조절이 중요
    • 온도가 멈추는 시간은 짧을수록 좋음
  ⓑ 온도 감소 범위는 투입온도 대비 1/2 이상의 온도에서 이뤄져야 한다.
    예 200℃에서 생두를 투입했을 때 100℃ 이상의 온도에서 이뤄져야 한다.

(4) 블렌딩(Blending)

① 특성이 서로 다른 커피를 혼합하여 새로운 맛과 향을 지닌 커피를 만들기 위한 작업이다.
② 같은 종이라도 로스팅의 강약 정도를 달리해서 배합하는 경우도 있어 커피의 특성을 조절할 수 있는 장점이 있다.
③ 블렌딩 방식

구분	단종배전 (BAR ; Blending After Roasting)	혼합배전 (BBR ; Blending Before Roasting)
방법	각각의 생두를 따로 로스팅한 후 블렌딩한다.	정해진 블렌딩 비율에 따라 생두를 미리 혼합한 후 로스팅한다.
특성	• 생두의 특성을 최대한 살린다. • 로스팅 횟수가 많다. • 저장 공간의 필요성 등 재고관리가 어렵다. • 항상 균일한 맛을 내기가 어렵고 로스팅 컬러가 불균일하다.	• 각각의 생두가 가진 맛과 향의 특성을 살리지 못할 수도 있다. • 저장공간이 필요하지 않다. • 재고관리가 수월하다. • 로스팅 컬러가 균일하다.

01 로스팅의 분류단계에 대한 설명으로 바르지 않은 것은?

① 로스팅 단계는 가열 온도와 시간의 상관관계에 의해 결정된다.
② 로스팅 단계는 애그트론 넘버(Agtron Number) 25~95까지로 표시할 수 있다.
③ 애그트론 넘버(Agtron Number)는 원두의 밝기에 따라 구분한 것이다.
④ 로스팅이 강할수록 원두 표면의 색상이 어두워 명도값이 증가한다.
⑤ 로스팅 단계는 타일 넘버나 명도(L값)로 표시한다.

해설 ④ 로스팅이 강할수록 원두 표면의 색상이 어두워 명도값이 감소한다.

02 다음 ( ) 안에 공통으로 들어갈 말을 쓰시오.

> 로스팅 열전달 방식에 따른 분류에서 직화식은 ( )을 사용하며 반열풍식은 ( )과 대류열을 사용한다.

정답 전도열

03 전체 커피의 맛과 향을 결정짓는 중요한 요소로 가열된 드럼통에 생두를 투입했을 때 드럼통 온도가 떨어지기 시작하다가 다시 온도가 올라가는 시점을 무엇이라 하는가?

정답 터닝 포인트(Turning Point)

핵심이론 04 커피 향미평가와 커핑

(1) 커피의 향미

커피를 마실 때 느낄 수 있는 향기와 맛의 전체적인 느낌을 플레이버(Flavor, 향미)라고 한다.

[플레이버(Flavor)의 구성요소]

Aroma	• 가스로 방출되는 천연 화합물 • 후각 작용으로 인식
Taste	• 혀를 통해 느낄 수 있는 수용성 성분 • 미각 작용으로 인식 • 단맛, 짠맛, 신맛, 쓴맛
Body	수용성 성분으로 입안에서 느껴지는 상대적인 감촉

(2) 관능평가(Sensory Evaluation)

인간의 오감을 이용하여 식품을 평가하는 과정이다.
① 후각(Olfaction)
  ㉠ 향미를 느끼는 첫 번째 감각으로, 다른 커피와 구별되는 1차적 감각 수단이다.
  ㉡ 자연적으로 생성되었거나 커피콩을 볶을 때 생성되는 휘발성 유기화합물을 관능적으로 느끼고 평가한다.
  ㉢ 전체적인 향을 부케(Bouquet)라고 한다.

[부케(Bouquet)의 분류]

부케		특성	원인 물질	주요 향기
Fragrance		볶은 원두의 향 (분쇄 향기)	• 원두 분쇄 시 열이 발생되면서 탄산가스와 향 성분이 방출된다. • 에스터(에스테르) 화합물	Flower, Sweetly
A r o m a	Dry Aroma	분쇄된 원두에서 나는 향기	• 분쇄된 커피가 뜨거운 물과 접촉하면 향 성분의 75%가 휘발성으로 기화하면서 일부는 다양한 향이 만들어진다. • 케톤이나 알데하이드 계통의 휘발성 성분	Flower, Sweetly
	Cup Aroma	추출된 커피에서 나는 증기 상태의 향기		Fruity, Herb, Nutty

부케	특성	원인 물질	주요 향기
Nose	마실 때 느껴지는 향기	• 커피를 마실 때 입안에 있는 공기와 만나 일부가 기화되면서 감지되는 맛과 코에서 느껴지는 향 • 비휘발성 액체 상태의 유기성분	Caramelly, Nutty, Candy
Aftertaste	커피를 마신 후 입안에서 느껴지는 향기(뒷맛, 후미)	• 양질의 커피일수록 좋은 향이 오래 지속된다. • 지질과 같은 비용해성 액체와 수용성 고체물질	Chocolate –type, Spicy, Turpeny

[향의 강도]

강도	향의 감각	
Rich	Full & Strong	풍부하면서 강한 향기
Full	Full & Not Strong	풍부하지만 강도가 약한 향기
Rounded	Not Full & Strong	풍부하지도 않고 강하지도 않은 향기
Flat	Absence of Any Bouquet	향기가 없을 때

② 미각(Gustation)
- ㉠ 향미를 느끼는 두 번째 감각
- ㉡ 커피의 기본적인 맛 : 신맛, 단맛, 쓴맛
  - ※ 기본적인 맛은 단맛, 신맛, 쓴맛, 짠맛 4가지
- ㉢ 쓴맛은 다른 세 가지 맛의 강도를 조절하는 역할을 한다.
- ㉣ 저급 커피나 강하게 볶은 커피에서는 쓴맛이 강하게 느껴진다.
- ㉤ 온도에 따른 맛의 영향
  - 신맛은 온도에 영향을 거의 받지 않는다.
  - 단맛과 짠맛은 온도가 높아지면 상대적으로 약해지고, 온도가 낮으면 강해진다.

[커피의 성분]

기본 맛	구성성분		특징	성분
Sweet	Acidy	Piquant	기분 좋은 신맛이지만 단맛을 느낄 수 있는 신맛	환원당, 캐러멜당, 단백질
		Nippy		
	Mellow	Mild		
		Delicate		
Sour	Soury	Acrid	와인의 신맛과 떫은맛	클로로겐산, 유기산
		Hard		
	Winey	Tart		
		Tangy		
Salt	Bland	Soft	특징적인 맛을 느낄 수 없고 자극적인 맛으로 거의 느껴지지 않음	산화무기물
		Neutral		
	Sharp	Rough		
		Astringent		
Bitter	Harsh	Alkaline	자극적이고 거친맛	카페인, 트라이고넬린, 카페산, 퀸산, 페놀화합물
		Caustic		
	Pungent	Phenolic		
		Creosol		

출처 : SCAA. Coffee Taster's Flavor Wheel

③ 촉각(Mouthfeel)
- ㉠ 향미를 느끼는 세 번째 감각
- ㉡ 커피를 마시고 난 뒤 입안에서 느껴지는 중량감 또는 밀도감으로 커피의 지방 성분 등에 의해 느껴진다.
- ㉢ 커피를 마실 때 증발하거나 입안에 녹지 않은 성분이 남아서 감각을 느끼게 한다. 이때 점도(Viscosity)와 미끈함(Oiliness)이 감지되는데 이를 바디(Body)라고 표현한다.
- ㉣ 바디(Body)의 강도
  - 지방 함량에 따른 순서 : Buttery > Creamy > Smooth > Watery
  - 고형성분의 양에 따른 순서 : Thick > Heavy > Light > Thin

(3) 커핑(Cupping)

① 커피 테이스팅(Coffee Tasting)이라고도 하며 커피의 향미(Flavor), 즉 향(Aroma)과 맛(Taste)의 특성을 체계적으로 평가하는 것을 말한다. 이런 작업을 전문적으로 수행하는 사람을 커퍼(Cupper)라고 한다. 커퍼는 후각, 미각, 촉각으로 커피 샘플의 맛과 향의 특징을 체계적이고 객관적으로 평가한다.

② 커핑의 목적
   ㉠ 적합한 로스팅 단계를 찾기 위해 : 생두는 로스팅 정도에 따라 맛과 향이 달라진다.
   ㉡ 원두의 맛과 향 능 특성을 평가하여 생두의 등급을 분류하기 위해 : 맛과 향이 뛰어난 생두일수록 가격이 높다.
   ㉢ 커피 블렌딩(Blending)을 위해 : 두 개 이상의 원두를 혼합하여 이상적인 맛과 향을 조합하기 위함이다.

③ 커핑 테스트(Cupping Test)
   ㉠ 샘플 생두 로스팅은 커핑 24시간 이내에 이루어져야 한다.
   ㉡ 원두는 8시간 정도 숙성시켜야 한다.
   ㉢ 로스팅 정도는 라이트에서 라이트 미디엄 사이가 되도록 한다(SCA 로스트 타일 #85~#65).
     • 커핑 시작 15분 전에 분쇄한다.
     • 커핑할 때 커피의 추출 수율은 18~22%가 되도록 가늘게 분쇄한다.
     • 분쇄한 후 컵에 뚜껑을 덮어 향이 소실되지 않도록 한다.
   ㉣ 물과 커피의 비율은 물 150mL당 커피 8.25g이다.
     • 샘플당 5컵을 준비한다.
   ㉤ 물과 커피의 양은 같은 비율에 따라 양 조절이 가능하다.

④ 커핑 테스트 준비물
   ㉠ 테스트용 커피 원두와 분쇄기
   ㉡ 5개 이상의 시음용 컵
   ㉢ 분쇄 커피를 담을 계량스푼 및 계량지운
   ㉣ 2명 이상의 커퍼가 사용할 커핑스푼
   ㉤ 스푼 씻을 물이 담긴 용기
   ㉥ 커핑스푼을 닦을 타월
   ㉦ 커피를 뱉어 낼 용기
   ㉧ 입안을 헹굴 생수
   ㉨ 평가지와 필기구

⑤ SCA에 따른 커핑 항목
   ㉠ Flavor, Fragrance, Aftertaste
   ㉡ 향기 → 맛 → 촉감 순으로 평가한다.
   ㉢ 쓴맛은 평가항목에 해당되지 않는다.
   ㉣ 커피의 향을 인식하는 순서 : Fragrance → Aroma → Nose → Aftertaste
   ㉤ 커피의 향기 성분 중 휘발성이 강한 순서
     • Flowery > Nutty > Chocolaty > Spicy
     • 효소작용 > 갈변반응 > 건류반응
   ㉥ 향기의 강도가 강한 순서 : Rich > Full > Rounded > Flat
   ㉦ 향기를 판별할 때는 개인의 경험이나 훈련에 의해 쌓인 기억에 의존한다.

⑥ 커핑 방법
   ㉠ 시음용 원두의 계량 및 분쇄 : 핸드드립용보다 조금 굵은 분쇄도로 분쇄한다.
   ㉡ 원두 향을 깊게 들이마시면서 프래그런스(Fragrance)의 속성과 강도를 체크한다.
   ㉢ 물 끓이기 : 물 온도는 93℃(90~96℃)가 되어야 한다.
   ㉣ 물 붓기
     • 물에 적셔진 향기(Aroma)를 맡는다.
     • 물을 부은 후 약 1분 정도가 지나면 커피가 우러나기 시작한다.
     • 4분간 침지 후 코를 가까이 대고 표면에 떠 있는 거품을 스푼으로 부드럽게 건드려 터트리면서 커피 층을 깨주고 커피의 향기를 맡는다.
     • 커핑 스푼을 깨끗한 물에 헹구고 물기를 제거한다.
   ㉤ 스푼으로 커피 층을 걷어 제거하고 시음한다.
     • 스푼으로 커피를 떠서 입술에 대고 "쓰읍" 소리기 니두록 흡인한다.
     • 액체 커피가 증기로 변하면서 후각 세포를 자극하여 잘 인식할 수 있다.

Ⓗ 2~3초 정도의 짧은 시간으로 평가하고 너무 오래 입속에 머금고 있지 않는다.
⑦ 평가지 작성
　ㄱ 재배지, 가공방법, 품질등급, 로스팅 정도 등 샘플정보를 적는다.
　ㄴ 커피 향미를 평가한다.

평가 항목	준비 및 내용
Fragrance	• 중배전된 원두를 분쇄한 후 6oz(180mL) 컵 5개에 분쇄 커피를 8.25g씩 담는다. • 분쇄 원두 가까이 코를 대고 향(Fragrance)을 맡아 평가한다. • 컵을 가볍게 두드리며 향기를 맡는다.
Break Aroma	• 85~90℃ 정도의 물 3oz(150mL)를 붓고 3~5분간 기다린다. • 그 후 커피층이 생성되면 3번 정도 거품과 커피 윗부분을 스푼으로 밀어내면서 향(Aroma)을 맡는다.
Skimming	• 시음을 위해 표면의 거품을 조심히 걷어낸다. • 각 컵의 거품을 걷어낸 뒤 스푼을 헹군다.
Slurping Flavor/ Aftertaste	• 커핑스푼으로 반 스푼 떠서 강하게 흡입(Slurping)하여 혀에 골고루 퍼지게 한다. • 강하게 흡입하면 액체 커피가 증기로 변하여 향을 인식하기 쉽고 혀의 모든 부분에서 맛을 균형 있게 느낄 수 있다.
전체 평가 (Sweetness, Clean Cup, Uniformity)	3~5초 입안에 머금고 혀를 굴려가며 평가한다.
결과 기록	점수를 합산하고 결점(Defects)을 감정하여 최종 평점을 산출한다.

01 다음 중 향미와 평가에 대한 설명으로 바르지 않은 것은?

① 커피를 마실 때 느낄 수 있는 향기와 맛의 전체적인 느낌을 플레이버(Flavor, 향미)라고 한다.
② 관능평가는 인간의 오감을 이용하여 식품을 평가하는 과정을 말한다.
③ 전체적인 향을 부케(Bouquet)라고 한다.
④ 원두 분쇄 시 열이 발생하면서 탄산가스와 향 성분이 방출되며 발생하는 향기를 아로마(Aroma)라고 한다.
⑤ 커피를 마시고 난 뒤 입안에서 느껴지는 중량감 또는 밀도감으로 커피의 지방 성분 등에 의해 느껴지는 감각을 촉각이라 한다.

해설 원두 분쇄 시 열이 발생하면서 탄산가스와 향 성분이 방출되며 발생하는 향기를 프래그런스(Fragrance)라고 한다.

02 커피를 마실 때 증발하거나 입안에 녹지 않은 성분이 남아서 감각을 느끼게 한다. 이때 점도(Viscosity)와 미끈함(Oiliness)이 감지되는데 이를 무엇이라 하는가?

정답 바디(Body)

03 커피 테이스팅(Coffee Tasting)이라고도 하며 커피의 향미(Flavor), 즉 향(Aroma)과 맛(Taste)의 특성을 체계적으로 평가하는 작업을 전문적으로 수행하는 사람을 무엇이라 하는가?

정답 커퍼(Cupper)

03 커피 추출 등

(1) 추출의 의미

① 분쇄입자, 물의 온도와 접촉시간, 도구 등에 따라 원두의 가용성 성분을 물에 녹여 원두가 가지고 있는 고형성분을 뽑아내는 것을 말한다.
② 넓은 의미로 'Brewing'이라고 한다.
   ※ 좁은 의미로는 "Extraction"이라고도 한다.

(2) 추출방법의 종류

추출방법	특징	종류
침지식 또는 달임법 (Decoction)	• 물과 커피가루를 넣고 짧은 시간 동안 끓여서 커피 성분을 뽑아낸다. • 커피가루가 가라앉은 후 마신다.	Turkish Coffee
우려내기 (Infusion)	추출도구에 물과 커피가루를 넣고 커피 성분이 적절하게 용해되기를 기다린 후 커피가루를 가라앉히고 마신다.	French Press
여과법 (Brewing)	추출도구에 적절하게 분쇄된 원두를 넣고 그 위에 뜨거운 물을 여과시켜 커피의 성분을 뽑아내는 방식이다.	커피메이커, Hand Drip, Water Drip
가압추출법 (Pressed Extraction)	추출도구에 분쇄된 원두를 넣고 압력을 가해 뜨거운 물을 통과시켜 마신다.	Mocha Pot, Espresso

(3) 커피의 추출 원리

① 분쇄된 원두 입자로 물이 스며들어 가용성 성분을 용해하며, 원두 입자와 분리되면서 원두의 특성이 잘 스며 있는 성분을 뽑아내는 과정을 통해 추출이 이루어진다.
② 추출기구의 특성에 맞게 분쇄한다.

③ 분쇄 입도가 고르면 용해 속도가 일정해 커피 맛이 좋아진다.
④ 침투 → 용해 → 분리과정을 거친다.

(4) 적정 추출 수율과 커피 농도(SCA 기준)

① 추출 수율(Brewing Ratio) : 사용한 원두의 가용성 분이 실제 커피에 추출된 성분의 비율
② 적정 추출 수율 : 18~22%
   ※ TDS(Total Dissolved Solids) : 커피 추출액의 총 용존 고형물을 말한다. 추출된 성분에 포함된 고형성분의 총량으로 커피의 농도를 나타내며 강도로 표시되는데 커피의 맛을 좌우한다.
③ 물과 커피의 비율은 물 150mL당 커피 8.25g이며 이 비율로 추출하면 가용성 성분의 농도가 1.15~1.35% 정도가 된다.
④ 추출 수율이 18%보다 낮으면 과소 추출이 일어나 풋내가 난다.
⑤ 추출 수율이 22%를 초과할 경우 과다 추출이 일어나 쓰고 떫은맛이 난다.
⑥ 추출 농도가 1%보다 낮으면 너무 약한 맛이 나고, 1.5% 이상이면 너무 강한 맛이 난다.

(5) 물과 추출시간

① 커피 추출에 사용되는 물은 신선해야 하고 냄새가 나지 않아야 한다.
② 커피 추출에 사용되는 물은 불순물이 적거나 없어야 한다.
③ 추출시간이 길어지면 맛에 안 좋은 영향을 주는 성분들이 많이 나오기 때문에 적정한 추출시간 안에 커피를 뽑는 것이 좋다.
   ※ 물과 접촉하는 시간이 길수록 굵게 분쇄한다.

④ 커피 양과 물의 비율을 맞추더라도 입자의 크기가 적당해야 원하는 농도의 커피를 추출할 수 있다.
　㉠ 굵게 분쇄된 경우 물과의 접촉시간이 짧아져 과소 추출된다.
　㉡ 가늘게 분쇄된 경우 물과의 접촉시간이 길어져 과다 추출된다.
⑤ 50~100ppm의 무기물이 함유된 물이 추출에 적당하다.
　※ 물은 철분이 많지 않은 연수를 사용한다.

(6) 물 온도와 접촉시간

① 로스팅이 강할수록 가용성분이 많이 추출되므로 물의 온도를 낮춰 준다.
② 에스프레소 머신의 경우 95℃ 이상의 온도를 유지하는 것이 적당하며, 핸드드립의 경우 90~95℃ 정도의 물이 좋다.
③ 물 온도가 85℃ 이하일 경우 고형성분이 제대로 추출되지 않아 심심한 맛이 난다.
④ 분쇄도가 가는 경우 약간 낮은 온도(90℃)에서 추출하고, 분쇄도가 굵은 경우 높은 온도(95℃) 이상에서 추출하는 것이 좋다.
⑤ 커피를 마실 때 가장 향기롭고 맛있게 느껴지는 온도는 65~70℃이다.

핵심예제

01 다음 중 에스프레소를 기계에서 추출하는 방법은 무엇인가?
① 침지식 추출방법
② 우려내기 추출방법
③ 진공추출 방법
④ 여과추출 방법
❺ 가압추출 방법

02 커피의 맛을 좌우하며 사용한 원두의 가용성분이 실제 커피에 추출된 성분의 비율을 뜻하는 단어는 무엇인가?

　정답　추출 수율

03 에스프레소 머신의 적정 물 온도는?

　정답　95℃ 이상

(1) 목적

원두의 고체상태 물질을 파괴해 물과 접촉하는 표면적을 넓게 하여 커피의 유효성분이 쉽게 용해되어 나오도록 하기 위함이다.

(2) 분쇄 시 유의사항

① 물과 접촉하는 시간이 짧을수록 분쇄입자를 가늘게 한다. 추출시간이 길수록 입자를 굵게 하고 짧을수록 가늘게 분쇄하는데 이는 분쇄 커피의 추출수율이 18~22%가 되도록 하기 위함이다.

② 추출 직전에 분쇄한다. 커피 향기는 분쇄 후 빠르게 소진되어 산패가 가속화되므로 커핑 전 15분 이내에 분쇄가 이루어져야 한다.

③ 분쇄입자가 고르지 못하면 용해 속도가 달라져 커피 맛이 떨어진다.

④ 분쇄입자가 굵을수록 고형성분이 덜 추출된다.

⑤ 미분은 좋지 않은 맛의 원인이 되므로 되도록 발생하지 않도록 한다.

⑥ 분쇄 시 발생하는 열은 맛과 향을 떨어뜨릴 수 있어 열 발생을 최소화한다.

⑦ 튀르키예(터키식) 커피는 분쇄를 매우 미세하게 한다.

⑧ 프렌치 프레스는 페이퍼 필터 커피에 비해 분쇄입자가 굵다.

[적정 분쇄도]

추출형태	에스프레소	사이펀	핸드 드립	프렌치 프레스
굵기	0.2~0.3mm	0.5~0.7mm	0.7~1.0mm	1.0mm 이상
추출시간	25초 내외	1분	3분	4분

(3) 분쇄 원리에 따른 방식

① 충격식(Impact) 분쇄기

　㉠ 칼날형 그라인더(Blade Type Grinder)

　㉡ 칼날에 회전하면서 분쇄하며, 회전수가 낮을수록 입자 크기가 작아지게 되고 미분도 많이 발생하게 된다.

　㉢ 고른 분쇄가 어렵다.

　㉣ 열이 발생하여 향미가 저하된다.

　㉤ 가격이 저렴하다.

② 간격식(Gap) 분쇄기

　㉠ 칼날과 날의 간격에 의해 분쇄입자를 조절하는 방식이다.

　㉡ 충격식에 비하여 입자가 균일하게 분쇄된다.

[간격식 분쇄기의 분류]

날 형태에 따른 분류		특징
버형 (Burr Type Grinder)	원뿔형 (Conical Cutters)	• 원뿔 모양으로 고정되어 있는 칼날과 회전하는 원뿔 모양의 날 사이 간격에 의해 분쇄하는 방식 • 수동식 핸드밀에 주로 사용됨 • 분쇄입자가 균일하고 소음이 심하지 않으나 날의 수명이 짧고 잔고장이 있음
	평면형 (Flat Cutters)	• 두 개의 디스크 형식의 원판 사이에 원두를 통과시켜서 분쇄 • 입자 크기 조절이 용이하고 입자 크기가 비교적 균일한 편 • 열 발생으로 향미가 저하됨 • 그라인더 방식인 드립용 그라인더(맷돌 방식)와 커팅 방식인 에스프레소용 그라인더가 있음
원통형 (Roll Type Grinder)		• 두 개의 큰 원통형 칼날 사이로 원두를 분쇄하는 것 • 고가이면서 내구성이 높음 • 주로 커피 공장에서 대용량 분쇄를 위해 사용

(4) 그라인더의 구조와 역할

명칭	역할
호퍼 (Hopper)	원두를 담는 통으로 용량은 1~2kg 정도이다.
원두 투입레버	레버를 안쪽으로 밀면 닫히고 바깥쪽으로 당기면 열린다.
분쇄입자 조절레버	숫자가 큰 방향 또는 시계 방향으로 돌리면 원두의 입자가 굵어지고 빨리 추출되며, 숫자가 작은 방향 또는 시계 반대 방향으로 돌리면 입자가 가늘어지고 천천히 추출된다.
도저	• 분쇄된 원두를 보관하고 계량하여 필터홀더에 담아주는 역할을 한다. • 6개의 칸으로 나누어져 있고 1칸은 3.5~8g까지 조절 가능하다.
도저 레버	레버를 앞으로 당기면 분쇄된 원두가 배출된다.

01 다음 중 커피 분쇄에 대한 설명으로 틀린 것은?

① 커피가 물과 접촉하는 표면적을 넓게 하여 커피의 유효성분이 쉽게 용해되도록 하기 위함이다.

② 분쇄입자가 굵을수록 고형성분이 덜 추출된다.

③ 분쇄입자가 고르지 못하면 용해 속도가 달라져 커피 맛이 떨어진다.

❹ 빠른 추출을 위해 커피 분쇄는 12시간 전에 해야 한다.

⑤ 물과 접촉하는 시간이 짧을수록 분쇄입자를 가늘게 한다.

해설 ④ 추출 직전에 분쇄한다. 커피 향기는 분쇄 후 빠르게 소진되어 산패가 가속화되므로 커핑하기 전 15분 이내에 분쇄가 이루어져야 한다.

02 다음 ( ) 안에 알맞은 말을 쓰시오.

> 그라인더의 분쇄 원리에 따른 방식에서 간격식에는 원뿔형과 평면형과 원통형이 있고, 충격식에는 ( )이 있다.

정답 칼날형

03 그라인더의 구조와 명칭에서 원두를 담는 통으로 용량이 1~2kg 정도인 것은?

정답 호퍼(Hopper)

---

(1) 원두의 산패

① 원두
  ㉠ 로스팅 후 15~30일 사이의 원두가 최상의 상태이다.
  ㉡ 홀빈 상태의 커피를 추출하기 바로 직전에 분쇄해 사용하면 향미가 좋다.

② 산패(산화)의 의미
  ㉠ 로스팅 후 시간이 경과되어 커피 향이 소실되어 맛이 변질되는 것을 말한다.
  ㉡ 공기 중의 산소와 결합되어 유기물이 산화되는 것을 말한다.
  ㉢ 유리지방산이 생성되면서 발생하며, 항산화 물질이 감소하여 맛과 향이 떨어지게 된다.

③ 산패의 과정

과정		내용
1단계	증발 (Evaporation)	원두의 휘발성 물질이 탄산가스와 함께 증발되는 단계
2단계	반응 (Reaction)	원두 내부의 여러 휘발성분들이 서로 반응하면서 원래의 향미를 잃고 좋지 않은 냄새가 발생하기 시작하는 단계
3단계	산화 (Oxidation)	산소와 결합된 원두 내부의 성분이 변질되어 가는 단계

④ 산패의 요인

산소	• 포장 내 소량의 산소만으로도 완전 산화된다. • 진공포장으로 신선도 유지가 필요하다.
습도	• 상대습도 100%일 때 3~4일, 50%일 때 7~8일, 0%일 때 3~4주부터 산패가 진행된다. • 원두의 조직이 다공질화되어 습도를 잘 흡수하므로 신선도가 떨어진다. • 나쁜 냄새나 습도가 많은 곳은 피해야 한다.
온도	• 온도가 10℃ 상승할 때마다 2.3제곱씩 향기 성분이 빨리 소실된다. • 가급적 낮은 온도에 보관하는 것이 좋다.
로스팅 정도	다크 로스트(강배전)일수록 함수율이 낮으며 오일이 배어 나와 있고 더 다공질 상태이므로 산패가 라이트 로스트(약배전)일 때보다 빨리 진행된다.
분쇄도	• 분쇄입자가 작을수록 공기와 접촉이 많아 산화가 촉진된다. • 분쇄된 원두는 홀빈 상태보다 5배 빨리 산패가 진행된다.

기타	• 햇빛은 온도를 상승시켜 산소의 결합을 가속화 시키기 때문에 피한다. • 원두 분쇄 시 칼날과 발생한 마찰열로 인해 산화 반응이 촉진된다.

(2) 원두의 보관

① 25℃ 이하에서 실온 보관한다.

② 산소에 노출되지 않고 볕이 들지 않는 서늘한 곳에 보관한다.

③ 밀폐용기나 진공용기를 사용하여 공기와의 접촉을 최소화한다.

  ㉠ 지퍼백의 경우 공기를 최대한 빼낸 뒤 지퍼를 닫고 접어서 보관한다.

  ㉡ 개봉된 커피 봉투는 안쪽의 공기를 최대한 빼 낸 뒤 개봉된 부위를 테이프로 막고 접어서 보관한다.

④ 커피의 4대 적은 산소, 열기, 습기, 빛이다.

(3) 원두의 포장방법

포장방법	내용
질소가스 포장	• 포장용기 내에 질소를 삽입하고 공기를 차단해 포장하는 방법이다. – 질소는 산패가 진행되는 것을 늦춰 준다. – 내부의 산소 함량이 1% 미만이 되도록 한다. • 포장방법 중 보관기간이 가장 길다. • 알루미늄 캔을 주로 사용하므로 비용이 많이 든다.
진공포장	• 포장 내부의 잔존 산소량을 1% 이하가 되도록 진공한 다음 밀봉한다. • 분쇄된 커피 원두에 많이 사용되는 방법이다.
밸브포장	• 가장 보편적인 방식이다. • 커피 포장지에 밸브를 달아 놓으면 밸브 구멍을 통해 내부의 기체는 외부로 빠져나가고 외부의 공기는 내부로 들어올 수 없는 구조, 즉 공기가 한 방향으로만 이동할 수 있다는 의미에서 원웨이 밸브(One Way Valve)라고 부르기도 한다.
압축포장	• 내부의 가스를 순간적으로 빨아들여 압축 밀봉하는 방법이다. • 원두의 숙성과 산화로 가스가 내부에 차게 되면 다시 부풀어 오른다.

(4) 포장(Packing)

① 포장 재료의 조건

차광성	빛이 침투되지 않도록 해야 한다.
방수성	물이 스며들지 않아야 한다.
보향성	향기를 보호해야 한다.
방습성	습도를 방지해야 한다.

② 통기성이 좋은 황마나 사이잘 삼으로 만든 백에 담아 재봉하여 보관한다.

블렌딩 (Blending)	크기와 품질이 다른 커피와 혼합한 경우
벌킹 (Bulking)	생산자는 다르나 품질이 동일한 커피로 혼합하는 경우

핵심예제

01 커피의 산패에 대한 설명으로 틀린 것은?

① 로스팅 후 시간이 경과되어 커피 향이 소실되어 맛이 변질되는 것을 말한다.

② 유리지방산이 생성되면서 발생하며, 항산화 물질이 감소하여 맛과 향이 떨어지게 된다.

③ 산패는 증발 – 반응 – 산화의 단계를 거친다.

④ 원두의 조직이 다공질화되어 습도를 잘 흡수하므로 신선도가 떨어진다.

⑤ 분쇄된 원두는 홀빈 상태보다 산패가 서서히 진행된다.

해설 ⑤ 분쇄된 원두는 홀빈 상태보다 5배 빨리 산패가 진행된다.

02 원두의 보관 시 4대 적은 열기, 습기, 빛, ( )이다. 괄호 안에 들어갈 말을 쓰시오.

정답 산소

03 다음에서 설명하는 포장방법은 무엇인가?

> • 포장방법 중 보관기간이 가장 길다.
> • 알루미늄 캔을 주로 사용하므로 비용이 많이 든다.
> • 내부의 산소 함량이 1% 미만이 되도록 한다.
> • 공기를 차단해 포장하는 방법으로 산패가 진행되는 것을 늦춰 준다.

정답 질소가스 포장

(1) 핸드드립(Hand Drip)

필터에 분쇄된 원두를 담고 뜨거운 물을 담은 전용 주전자를 이용하여 직접 커피를 추출하는 방식이다.

① 종이필터(Paper Filter) 드립

　㉠ 1908년 독일의 멜리타 벤츠(Melitta Bentz)에 의해 처음 시작된 추출방식이다.

　㉡ 다른 추출방식에 비해 커피 본연의 맛과 향을 그대로 표현할 수 있다.

　　※ 융 드립의 불편함을 개선하기 위해 발명된 추출법

② 드립식 추출도구 : 드리퍼, 여과지, 드립포트, 서버 등

　㉠ 드리퍼의 재질

재질	특성
플라스틱	• 가장 저렴하고 보편적인 재질 • 투명 플라스틱은 드립 시 물의 흐름을 관찰할 수 있다. • 오래 사용하면 형태의 변형이 올 수 있다. • 열전도와 보온성이 좋지 않다.
도기 (세라믹)	• 도자기로 만든 드리퍼 • 열 보존성은 좋지만 무겁고 깨질 위험이 있다.
유리	• 강화유리를 사용한 드리퍼 • 열 보존성이 낮고 깨질 위험이 있다.
동	• 열전도와 보존성이 가장 좋은 드리퍼 • 가격이 비싸며 변색될 수 있다.

　　※ 드리퍼의 특성을 잘 이해해야 커피의 맛을 살린 원활한 추출이 이루어진다.

　㉡ 드리퍼의 종류

종류	추출구	특징
멜리타 (Melita)	1개	• 사다리꼴 형태로 경사각이 가파르고 리브가 굵다. • 물 빠짐 속도가 느리고 드리퍼에서 커피와 물이 만나는 시간이 길어 농도가 진한 커피가 추출된다.
칼리타 (Kalita)	3개	• 일본에서 만든 제품으로 물 빠짐이 용이하고 흐름성이 좋다. • 물줄기의 영향을 크게 받지 않고 고른 맛을 얻을 수 있다. • 리브가 촘촘하게 설계되어 있다.
고노 (Kono)	1개	• 원추형으로 폭이 깊고 추출구의 크기가 크다. • 추출속도가 빠르지만 원두와 물이 고여 있는 시간이 길어 칼리타에 비해 진하고 여운이 긴 커피를 추출할 수 있다. • 하리오보다 추출구가 작다. • 드리퍼 바닥에서 중간 정도까지로 리브가 짧다.
하리오 (Hario)	1개	• 고노에 비해 리브가 나선형이며 드리퍼 끝까지 휘어져 있다. • 추출구 구멍이 고노보다 좀 더 크며 공기의 흐름과 추출속도가 빨라 부드러운 커피를 얻을 수 있다.

　㉢ 융 드립

　　• 융을 고정하는 틀에 천을 올려놓기만 하면 되기에 사용이 편리하다.

　　• 약간의 조절만으로도 다양한 맛 표현이 가능하다.

　　• 종이 드립에 비해 원두 오일이 더 많이 투과되어 부드러운 맛을 느낄 수 있다.

　　　※ 융 드립이 페이퍼 드립보다 지용성 물질이 많이 통과된다.

　　• 재사용이 가능하나 사용 직후 흐르는 더운물로 세척해서 찬물에 담가 보관해야 하며, 매일 물을 갈아 주어야 하는 번거로움이 있다.

　　• 장기간 사용하지 않을 경우는 잘 말려서 밀폐 용기에 넣어 보관한다.

　　• 바디가 강하며 매끈한 맛을 표현할 수 있고 커피가루의 팽창이 원활하여 뜸 들이는 효과를 충분히 얻을 수 있다.

③ 핸드드립 추출의 3요소
  ㉠ 시간
    • 뜸(불림) 들이기는 핸드드립의 첫 번째 단계로 커피의 수용성 성분이 물에 충분히 녹아 추출된다.
    • 커피가루 전체에 물을 적셔 균일하게 확산되게 한다.
    • 커피에 함유된 탄산가스와 공기를 빼 준다.
    • 일반적으로 나선형 방법이 많이 사용된다.
  ㉡ 온도 : 물의 온도는 약 92~95℃ 정도가 적당하다.
  ㉢ 분쇄입자 : 커피의 분쇄입자에 따라 투과되는 물의 양과 추출시간이 달라진다.
④ 핸드드립의 추출과정
  ㉠ 예열 : 온수를 이용해 드리퍼와 서버, 커피잔을 예열하면 맛과 향을 유지할 수 있다.
  ㉡ 여과지 장착 : 드리퍼의 용량과 모양에 맞는 필터를 선택하고 끝을 접어서 드리퍼에 밀착시킨다.
  ㉢ 원두 담기 : 원두를 담고 나면 살짝 쳐서 원두 표면이 평평해지도록 한다.
  ㉣ 끓는 물을 드립포트에서 서버로 부어준 뒤 다시 드립포트에 부으면서 추출온도(약 92~95℃ 정도)를 맞춘다.
  ㉤ 물을 나선형으로 부어 뜸을 주고 추출한다.
    • 1차 추출 : 뜸 들이기가 끝나면 중심부터 나선형을 그리듯이 3~4cm 높이에서 가는 물줄기로 부어준다.
    • 2차 추출
      - 서버로 커피 원액이 다 떨어지기 전에 원두의 표면이 다시 부풀었다가 수평이 되었을 때 2차 추출을 진행한다.
      - 커피 입자가 가늘거나 강배전일 경우 빠르게 붓는다.
      - 커피 입자가 굵거나 약배전일 경우 느리게 붓는다.
      - 물을 부었을 때 지나치게 굵은 거품이 발생하면 물의 온도가 너무 높은 것이다.
    • 3차 추출 : 1차, 2차 추출에 비해 물줄기를 두껍게 하여 조금 더 빠르게 추출한다.
    • 4차 추출
      - 커피의 성분을 추출하기보다는 커피의 농도와 양을 조절하는 단계이다.
      - 적정 추출 농도와 양이 되면 서버와 드리퍼를 분리한다.
      - 65℃ 정도로 하여 커피잔에 담아 음용한다.

(2) 사이펀(Siphon/Syphon)

① 증기의 압력, 물의 삼투압 현상을 이용하여 추출하는 진공식 추출방식이다.
② 정식 명칭은 배큐엄 브루어(Vacuum Brewer) 또는 배큐엄 포트(Vacuum Pot)라고 부른다. 상하 두 부분으로 연결된 2개의 플라스크가 밀착되어 진공상태로 이루어져 있다.
③ '액체를 거르다', '스며들다'라는 뜻의 'Percolate'에서 유래되었다.
④ 1925년 고노(Kono) 사가 상품화시켰다.
  ㉠ 상부는 분쇄된 커피가루를 담는 로드, 하부는 물을 담는 플라스크로 이루어졌다.
  ㉡ 상부와 하부의 연결구조 사이의 윗부분(로드)에 고정하는 필터가 있다.
⑤ 추출방법
  ㉠ 상부의 로드 끝부분에 필터를 장착한다.
    • 재질에 따라 융과 종이필터를 사용한다.
    • 여과기(필터) 아래에 달린 스프링을 손으로 당겨 안쪽으로 향하게 하여 로드에 끼운다.
  ㉡ 로드 안에 원두를 넣고, 아래쪽 플라스크에 물을 담는다.
    • 물은 온수를 넣는다.
    • 물이 끓어오를 때까지 로드를 결합하지 않고 살짝 걸쳐 놓은 상태로 유지한다.
  ㉢ 아래쪽 플라스크를 알코올램프로 가열한다.
    • 플라스크 표면에 물기가 있으면 깨질 위험이 높으므로 물기를 확실히 닦아 준다.
    • 사용되는 열원은 알코올램프, 할로겐램프와 가스 스토브이다.

ⓔ 끓기 시작하면 플라스크와 로드를 완전히 장착
시킨다.
- 물의 온도가 약 90~93℃가 되면 증기압과 삼
투압에 의해 커피가루가 있는 로드로 올라가
고, 이때 커피와 물이 만나 수용성 성분이 추
출된다.
- 커피 성분이 잘 우려지도록 나무스틱으로 잘
저어 준다.
ⓜ 25~30초가 되면 알코올램프의 불을 끈다.
- 로드의 커피가루를 스틱으로 한 번 더 저어
준다.
- 원두 분쇄는 핸드드립보다 조금 굵게 해야 추
출이 잘된다.
- 커피가루와 물이 접촉하는 시간은 1분 이내로
한다.
ⓗ 추출 및 분리
- 불을 끄면 커피가 필터를 거쳐 아래쪽 플라스
크로 추출된다.
- 로드는 좌우로 비틀어 분리시킨다. 이때 화상
을 입거나 유리가 파손되지 않도록 조심한다.
⑥ 사이펀의 특징
㉠ 추출시간이 짧아 깨끗하고 부드러운 맛이 있으
나, 깊고 진한 맛에는 한계가 있다.
㉡ 진공여과(Vacuum Filtration) 방식 추출이라
고도 하며 커피가 만들어지는 과정을 지켜볼
수 있어 시각적으로 독특하고 화려해서 인테리
어용 판매가 늘고 있다.

(3) 모카포트(Mocha Pot)

① 이탈리아의 비알레티(Bialetti)에 의해 탄생하였으
며 가정에서 손쉽게 에스프레소를 즐길 수 있게 고
안된 직화식 커피도구이다.
② 불 위에 올려놓고 추출하므로 'Stove-top Espresso
Maker'라고도 한다.
③ 재질은 주로 알루미늄인데, 스테인리스스틸, 도기
재질도 있다.
④ 추출 압력이 낮아 크레마가 잘 형성되지 않는다.
※ 추출구에 압력 밸브를 달아 크레마 형성이 가능
한 브리카 제품도 있다.

⑤ 필터 바스켓에 커피를 가득 채워 사용해야 맛이 좋
아 알맞은 사이즈를 구입하는 것이 좋다.
⑥ 추출방법
㉠ 에스프레소(0.3mm)와 사이펀(0.5mm)의 중간
입자로 분쇄한다.
㉡ 하부 포트에 물을 압력 밸브보다 낮게 채운다.
㉢ 바스켓에 커피를 가득 담은 후 스푼을 이용하
여 살짝 눌러준다. 이때 위치에 잘 장착한다.
- 상하 포트를 단단히 결합한다.
- 약불을 사용하여 2~3분간 끓인다.
- 커피가 추출되면(추에서 소리가 남) 거품이
나오기 전에 불을 끈다.

(4) 더치커피(Dutch Coffee)

① 콜드브루(Cold Brew)
㉠ 차갑다는 뜻의 '콜드(Cold)'와 '끓이다, 우려내
다'라는 뜻의 '브루(Brew)'의 합성어로 더치커
피(Dutch Coffee) 또는 워터드립(Water Drip)
이라고 부른다.
㉡ 잘게 분쇄한 원두에 상온의 물 또는 냉수를 떨
어뜨려 장시간 추출한 커피로 점적식과 침출식
이 있다.
- 점적식 : 물을 한 방울씩 떨어뜨려 우려내는
더치커피
- 침출식 : 상온이나 차가운 물로 장시간 우려
내는 콜드브루
㉢ 찬물로 장시간 추출하는 방식으로 산화가 덜
되어 장시간 보관해도 맛의 변화가 적다.
※ 추출된 커피 원액은 일주일 정도 냉장 보관
할 수 있다.
㉣ 원두의 분쇄도와 물이 맛에 중요한 작용을 한다.
㉤ 상온의 물이 천천히 커피가루를 적시면서 추출
되므로 짧게는 3~4시간, 길게는 12~24시간이
소요된다.
㉥ 낮은 온도에서 오랫동안 추출되기 때문에 일반
커피에 비해 상대적으로 화려한 향기는 잃었지
만 부드럽고 독특한 향미를 갖는다.

ⓐ 저온 추출이 이루어지기 때문에 맛의 변화가 거의 없어 시간에 구애받지 않는다. 3~4일 정도의 숙성기간을 거치면 향미가 더욱 깊어져 와인에 비유되기도 한다.

ⓞ 용기나 외부의 냄새 등에 영향을 받기 쉬우므로 청결한 상태에서 추출해야 한다.

ⓩ 쓴맛이 덜하고 부드러운 풍미를 느낄 수 있어 '커피의 눈물'이라는 별칭이 있다.

ⓩ 카페인 함량이 비교적 낮고 항산화 물질인 폴리페놀이 들어 있다.
- 폴리페놀은 식품에서 가장 흔하게 찾아볼 수 있는 항산화물질이다.
- 활성산소를 제거해서 세포의 노화를 막는다.

② 추출방법

㉠ 융 필터 또는 종이필터를 여과기 아래쪽에 맞춘다.

㉡ 분쇄된 커피를 담는다.

㉢ 상부의 수조에 찬물을 넣는다.
※ 추출수는 최종 추출하고자 하는 양으로 원두의 10배 정도를 넣는다.

㉣ 여과기 위에 종이필터를 올려놓는다.

㉤ 조절 코크를 이용하여 1초에 1방울 정도로 속도를 맞춘다.

㉥ 물방울이 너무 빨리 떨어지면 과소 추출로 인해 연한 커피가 된다.

㉦ 너무 느리게 추출하면 잡미까지 추출될 우려가 있다.

㉧ 추출이 끝나면 냉장고에 넣어 1~2일 숙성과정을 거친다.

(5) 프렌치 프레스(French Press)

① 우려내기 방식과 가압추출 방식이 혼합된 것으로 커피 플런저(Coffee Plunger), 플런저 포트(Plunger Pot)로도 불린다.

② 원두는 1.5mm 정도로 조금 굵게 분쇄한다.

③ 포트 안에 커피가루와 물을 부어 저어 준다.

④ 거름망이 달린 손잡이(Plunger)를 눌러 커피가루가 포트 밑으로 가라앉도록 분리시킨다.

⑤ 분리시킨 커피를 조심히 따라 마신다.

㉠ 커피의 향미 성분과 오일 성분이 컵 안에 남게 되어 바디가 강한 커피를 추출할 수 있다.

㉡ 미세한 커피 침전물까지 추출액에 섞일 수 있어 깔끔하지 않고 텁텁한 맛이 날 수 있다.

(6) 튀르키예(터키식) 커피(Turkish Coffee)

① 가장 오래된 추출기구로 달임방식으로 추출한다.
㉠ 이브릭(Ibrik) : '물을 담아두는 통'이라는 뜻
㉡ 체즈베(Cezve) : '불타는 장작'이라는 뜻

② 원두는 에스프레소보다 더 곱게 분쇄한다.

③ 커피가루를 물과 함께 넣은 다음 반복적으로 끓여내는 방식으로 커피성분을 계속 추출한다.

④ 3~5회 반복해서 끓인 뒤 찌꺼기가 가라앉으면 맑은 부분만 따라낸다.

⑤ 거칠고 묵직한 커피 맛이 특징이다.

⑥ 마신 후 컵 받침에 커피잔을 올려놓고 기다린 뒤 생기는 모양(커피 찌꺼기)을 보고 커피점을 친다.

(7) 에어로프레스(Aeropress)

① 공기압을 이용해 커피를 추출하는 주사기처럼 생긴 도구이다.

㉠ 필터를 끼운 체임버(Chamber)를 컵 위에 올리고 커피가루를 담는다.

㉡ 뜨거운 물을 넣고 막대로 저은 뒤 플런저를 끼우고 천천히 눌러서 추출한다.

② 추출시간이 짧으며 초보자도 안정적인 커피의 성분을 추출할 수 있다.

③ 휴대가 가능하여 장소에 구애받지 않고 사용할 수 있다.

(8) 케멕스 커피메이커(Chemex Coffee Maker)

① 독일의 화학자 슐룸봄(Schlumbohm)에 의해 탄생한 커피 추출도구이다.

② 드리퍼와 서버가 하나로 연결된 일체형이다.

③ 리브가 없어 이 역할을 하는 냉기 통로를 설치하였다.

④ 물 빠짐이 페이퍼 드립에 비해 좋지 않다.

01 다음 중 추출기구와 추출방식을 올바르게 설명하지 못한 것은?

① 사이펀 – 진공식 추출방식이다.

② 핸드드립 – 드립식 추출방식이다.

③ 프렌치 프레스 – 우려내기와 가압추출 방식이 혼합된 것이다.

④ 튀르키예(터키식) 커피 – 달임 추출방식이다.

⑤ 핀 커피 – 이탈리아에서 흔히 사용하는 커피 추출 도구로 30초 정도 뜸을 들이고 천천히 추출하는 방식이다.

해설 ⑤ 핀(Phin) 커피는 베트남에서 흔히 사용하는 커피 추출도구이다.

02 공기압 프레스 방식과 필터드립 방식이 결합된 것으로 주사기와 같은 원리를 이용한 추출도구는 무엇인가?

정답 에어로프레스(Aeropress)

03 다음에서 설명하는 커피는 무엇인가?

- 쓴맛이 덜하고 부드러운 풍미를 느낄 수 있어 '커피의 눈물'이라는 별칭이 있다.
- 3~4일 정도의 숙성기간을 거치면 향미가 더욱 깊어져 와인에 비유되기도 한다.

정답 더치커피(Dutch Coffee)(= 콜드브루(Cold Brew), 워터드립(Water Drip))

핵심이론 05 에스프레소(Espresso)

(1) 에스프레소의 정의

① 'Express(빠르다)'의 영어식 표기인 이탈리아어이다.

② 에스프레소 머신으로 중력의 8~10배의 압력을 가해 30초 안에 수용성 성분을 포함한 비수용성 성분 등 커피가 가지고 있는 모든 맛을 짧고 강하게 추출해 내는 방법이다.

[에스프레소 추출 기준]

목록	단위
추출시간	20~30초
추출 온도	90~95℃
분쇄 원두의 양	7±1g
추출압력	9±1bar
추출량(크레마 포함)	25±5mL

(2) 에스프레소의 특징

① 맛과 향이 진하고 부드러우며 풍부하다.
- ㉠ 진갈색(어두운 황금빛)의 부드러운 크레마가 3~5mm 정도 형성된다.
- ㉡ 긴 여운이 있고, 쓴맛은 부드럽게 끝나야 좋은 에스프레소 맛이다.
- ㉢ 깊고 중후한 바디감이 있으며 단맛과 신맛이 어우러진 균형 잡힌 맛이 난다.

② 커피를 추출하는 시간이 가장 짧다.

③ 분쇄도를 가장 가늘게 쓰는 추출방법 중 하나이다.

④ 추출량과 추출시간에 맞게 분쇄도를 조절해야 한다.
- ※ 추출할 때마다 갈아서 사용하는 것이 더 많은 향을 추출할 수 있다.

⑤ 추출된 에스프레소의 pH는 5.2 정도이다.

(3) 크레마(Crema)

① 영어의 Cream에 해당하며 에스프레소 커피를 다른 방식의 커피와 구분 짓는 특성이다.

② 커피의 지방 성분, 탄산가스, 향 성분이 결합하여 생성된 미세한 거품으로 커피 양의 10% 이상은 되어야 한다.

③ 크레마의 색상

중배전의 경우	황금색
강배전의 경우	약간의 적색
아라비카를 많이 사용한 경우	옅은 황금색
로부스타를 많이 사용한 경우	진한 황금색

㉠ 크레마 색상은 밝은 갈색이나 붉은빛이 도는 황금색을 띠어야 한다.

㉡ 크레마 색상이 밝은 연노란색을 띠면 과소 추출에 해당된다.

④ 크레마의 지속력 : 에스프레소 추출시간이 짧으면 크레마 거품이 빨리 사라진다.

※ 크레마는 지속력과 복원력이 높을수록 좋게 평가한다.

⑤ 크레마의 두께 : 일반적으로 3~4mm 정도의 크레마가 있어야 한다.

(4) 에스프레소의 역사

① 산타이스(Santais)에 의해 증기압을 이용한 커피기계가 개발되어 1855년 파리 만국박람회에서 첫선을 보였다.

② 1901년 이탈리아의 루이지 베제라(Luigi Bezzera)는 증기압을 이용하여 커피를 추출하는 에스프레소 머신의 특허를 출원하였다.

③ 1946년 가지아(Gaggia)가 상업적인 피스톤 방식의 머신을 개발하였다. 피스톤과 스프링을 이용한 기계를 만들어 9기압보다 더 강력한 압력으로 커피를 추출하여 크레마(Crema)를 발견하였다.

④ 1960년 '페이마 E61'이 탄생했는데 이 기계는 전동펌프를 이용해 뜨거운 물을 커피로 보내는 것이 가능하였으며 열교환기를 채택하여 머신의 크기가 더 작아지는 계기가 되었다. 버튼 하나만 누르면 커피가 분쇄되고 우유거품이 만들어지는 완전자동 방식인 머신 'Acrto 990'이 탄생하였다.

(5) 에스프레소 머신의 종류

종류	특성
수동 에스프레소 머신 (Manual Espresso Machine)	• 사람의 힘에 의해 피스톤으로 추출하는 방식 • 추출 압력이 사람의 기술에 의해 좌우됨
반자동 에스프레소 머신 (Semi-automatic Espresso Machine)	별도의 그라인더로 분쇄한 원두를 포터필터에 담아 탬핑하여 추출하는 방식
자동 에스프레소 머신 (Automatic Espresso Machine)	탬핑작업을 통해 추출되는 방식이지만 메모리칩이 내장되어 있어 물량을 자동으로 세팅할 수 있는 방식
전자동 에스프레소 머신 (Fully Automatic Espresso Machine)	그라인더가 내장되어 별도의 탬핑작업 없이 버튼의 작동만으로 추출하는 방식

(6) 에스프레소 머신의 부품

부품명	역할	특징
보일러 (Boiler)	• 온수와 스팀을 공급하는 중요한 역할 • 스팀 생성을 위해 70%까지만 물이 채워짐	• 열선이 내장되어 있어 전기로 물을 가열 • 본체는 동 재질로 되어 있음 • 내부는 부식 방지를 위해 니켈로 도금되어 있음
그룹헤드 (Group Head)	포터필터를 장착하는 곳	• 에스프레소 추출을 위해 물이 최종적으로 통과하는 부분으로 온도 유지가 매우 중요 • 그룹의 숫자에 따라 1그룹, 2그룹, 3그룹 등으로 구분 • 3가지 형태가 있음(다음 ①의 설명 참고)
포터필터 (Porter Filtor)	분쇄된 원두를 담아 그룹헤드에 장착시키는 도구	필터홀더(다음 ②의 설명 참고)와 필터고정 스프링, 필터, 추출구 등으로 구성
가스켓 (Gasket)	추출 시 고온 고압의 물이 새지 않도록 막아주는 역할	재질은 고무로 되어 있는 소모품으로 주기적으로 교체해 주어야 물이 새지 않음

부품명	역할	특징
샤워홀더/ 디퓨저 (Shower Holder/ Diffuser)	그룹헤드 본체에서 나온 물이 4~6개의 물줄기로 갈라져 필터 전체에 골고루 압력이 걸리도록 함	-
샤워 스크린 (Shower Screen/ Dispersion Screen)	샤워홀더를 통과한 물을 미세한 수많은 줄기로 분사시키는 역할	에스프레소 추출 후 뜨거운 물을 흘러 내리면서 씻어 주고 백 플러싱을 통해 커피 찌꺼기가 남아 있지 않도록 해야 함
로터리 펌프 (Rotary Pump)	압력을 7~9bar까지 상승시켜 유지하는 역할	이상이 생기면 물 공급이 제대로 되지 않아 소음이 심하게 나고 압력이 올라가지 않음
솔레노이드 밸브 (Solenoid Valve)	• 물의 흐름을 통제하는 부품 • 보일러에 유입되는 찬물과 데워진 온수의 추출을 조절하는 역할	• 2극과 3극이 있음 • 3극은 커피 추출에 사용되는 물의 흐름을 통제함
플로 미터 (Flow Meter)	커피 추출물 양을 감지해 주는 부품	고장 시 커피 추출물 양이 제대로 조절되지 않음

① 그룹헤드의 형태

방식	형태
독립보일러 방식	• 커피 보일러와 그룹이 붙어 있어 커피물이 데워지면서 그룹도 같이 예열된다. • 열이 빠르게 그룹으로 전달된다는 장점이 있다.
강제가열 방식	• 히터에 의해 그룹을 강제로 예열시키는 형태이다. • 보일러와 상관없이 히터에 의해 별도로 가열되기 때문에 예열시간이 빠르다는 장점이 있으나, 온도가 높아 그룹의 오링이 빨리 경화된다는 단점이 있다.
일반적인 방식	• 가장 많이 사용하는 형태이다. • 보일러가 데워진 후 열이 관을 통해서 그룹으로 전달되는 구조이다. • 예열시간이 길다는 단점이 있다. • 계속 켜놓는 것이 좋다.

② 필터홀더(Filter Holder) : 열을 유지하기 위해 동 재질로 만들지만 공기와 접촉하면 부식되기 때문에 크롬으로 도금한다.

1잔 추출용 포터필터 (6~7g 사용)	1컵 추출 필터홀더 (One-cup Filter Holder)	1컵 스파웃 포터필터 (One-cup Spout Porter Filter)
2잔 추출용 포터필터 (12~14g 사용)	2컵 추출 필터홀더 (Two-cup Filter Holder)	2컵 스파웃 포터필터 (Two-cup Spout Porter Filter)
보텀리스(바닥이 없는) 포터필터 (Bottomless Porter Filter)		

예 1잔의 에스프레소를 추출하기 위해서는 1컵 추출 필터홀더가 장착된 1컵 스파웃 포터필터에 분쇄된 원두 6~7g을 넣고 탬핑한 다음 그룹헤드에 장착해서 On 버튼을 누른다.

③ 에스프레소 머신의 외부 명칭 및 기타

명칭	특징
노크 박스 (Knock Box)	에스프레소 추출 후 발생한 케이크를 버리는 통
패킹 매트 (Packing Mat)	탬핑작업 시 포터필터 밑에 까는 매트
탬퍼 (Tamper)	커피가루를 다지는 데 사용하는 도구로 탬퍼의 재질은 알루미늄, 스테인리스, 플라스틱 등이다. ※ 탬퍼의 베이스는 포터필터의 사이즈와 같아야 한다(일반적으로 58mm를 사용).
블라인드 필터 (Blind Filter)	구멍이 없이 막힌 필터로 그룹헤드를 청소할 때 사용
밀크 피처 (Milk Pitcher)	우유를 담아 데우거나 거품을 내는 도구
스팀 파이프 (Steam Pipe)	스팀 작동 시 스팀이 나오는 노즐
스팀 밸브 (Steam Valve)	• 스팀을 열어주는 밸브 • 손잡이를 위아래 또는 시계 방향으로 돌려 작동
온수 디스펜서 (Hot Water Dispenser)	커피 머신 내부에서 데워진 뜨거운 물을 추출하는 장치

명칭	특징
펌프압력계 (Water Pressure Manometer)	• 커피 추출 시 펌프의 압력을 표시해 주는 펌프압력 게이지 • '0~15'의 숫자로 표시 • 압력이 높아 바늘이 적색으로 갈 때는 펌프를 점검해야 함 • 적정 범위의 펌프압력 : 8~10bar 정도

보일러압력계
(Boiler
Pressure
Manometer)
	• 스팀온수 보일러의 압력을 표시하는
	스팀압력 게이지
	• 보통 '0~3'단계의 숫자로 표시
	  – 기계가 'Off' 상태인 경우 바늘이 '0'
	    에 위치
	  – 기계가 정상적으로 가동하면 '1~
	    1.5bar' 사이 유지
	• 매일 압력상태를 확인해야 하며, 바늘
	이 적색에 오면 압력이 너무 높다는
	표시이므로 즉시 점검 필요

(7) 에스프레소 추출

에스프레소 추출은 90~95℃의 물로 9기압의 압력을 이용해 20~30초 사이에 25~30mL 정도의 커피를 추출해 내는 것을 말한다.

① 에스프레소 그라인더

  ㉠ 플랫형 커팅방식 구조로 그라인더 날은 두 개가 한 쌍으로 되어 있다.

  ㉡ 커피 입자를 작게 분쇄할 수 있으나 열 발생이 많아 그라인더 날의 주기가 짧아진다.

  ㉢ 분쇄 시 열이 많이 발생하기 때문에 사용한 시간의 2배 이상의 휴식시간을 가져야 한다.

② 에스프레소 추출의 특징

  ㉠ 필터에 담긴 커피 케이크(Coffee Cake)에 고압의 물이 통과되면서 향미 성분이 용해된다.

  ㉡ 분쇄 입도와 압축 정도에 따라 공극률이 변하며 추출속도가 조절된다.

  ㉢ 미세한 섬유소와 불용성 커피 오일이 유화 상태로 함께 추출된다.

  ㉣ 중력이 아니라 고압(9bar)의 압력으로 추출되는 원리다.

③ 에스프레소 추출 동작 순서

추출 동작	내용

잔 점검/
머신 점검
	• 잔의 파손 및 청결 유무를 확인한다.
	• 잔이 뜨거운지 확인한다.
	• 에스프레소 머신의 보일러 압력과 펌프
	압력이 정상 범위에 있는지 확인한다.
	  ※ 스팀압력 게이지는 1.2~1.4bar 사
	    이, 추출수 압력 게이지는 8~10bar
	    사이

포터필터 분리	머신을 바라보고 왼손으로 포터필터 손 잡이를 잡고 왼쪽으로 45° 돌리면 그룹헤 드에서 분리된다.
물 흘리기	그룹헤드 부위에 묻어 있는 찌꺼기를 청 소하고 과열된 물을 흘려버리는 동작으 로 3~4초 정도면 충분하다. ※ 추출 버튼을 눌러 펌프압력 게이지가 9기압이 되는지 확인
포터필터 바스켓(필터 홀더) 닦기	물기나 찌꺼기의 제거 및 청결을 위해 마른행주로 닦는다.
그라인더 작동	그라인더 거치대에 포터필터를 올리고 그라인더를 작동한다.

도징(Dosing)
/커피 파우더
담기
	레버를 규칙적으로 뒤에서 앞쪽으로 끝
	까지 당기며 바스켓에 커피 파우더를 담
	는다.
	※ 도징(Dosing) : 커피 그라인더에 적
	   절한 굵기의 커피를 분쇄한 다음 배출
	   레버의 작동으로 일정한 양의 분쇄
	   커피가 배출되도록 하는 동작을 말
	   한다.

1차 태핑 (Tapping)	포터필터 가장자리 부분의 가루를 털어 내고 평평하게 파우더가 담기도록 탬퍼 의 뒷부분이나 손바닥으로 가볍게 친다.
탬핑 (Tamping)	엄지와 검지로 가장자리 수평을 맞추면 서 고르게 눌러준다. 1차 혹은 2차 고르게 눌러준다.
2차 태핑 및 가장자리 청소	• 가장자리에 커피가루가 없거나 커피가 루가 골고루 수평이 잘 유지되어 있다 면 생략해도 된다. • 가스켓과 접촉하는 면을 손으로 쓸어서 청소한다. • 노크 박스 위에서 실시한다.
그룹 장착	• 탬핑이 끝난 원두는 그룹헤드에 신속하 게 장착한다. • 45°에서 몸쪽으로 수직이 되도록 눌 린다. • 뒤쪽을 먼저 접촉시킨 뒤 앞쪽을 밀어 올리면 쉽다.

추출 동작	내용
추출 버튼 누르기 – 커피잔 놓기	• 장착 후 즉시 추출 버튼을 누른다. • 워머기 위에 있는 커피잔을 포터 스파웃 아래에 놓는다.
포터필터 분리	커피 서빙이 끝난 후 앞선 포터필터 분리 동작과 같이 뽑는다.
물 흘리기	• 물 추출 버튼을 눌러 물 흘려버리기를 하여 찌꺼기를 제거한다. • 물 흘리기로 물의 온도와 추출 온도를 조절한다.
쿠키 버리기	노크 박스 고무봉 부분에 부딪혀 털어 낸다.
필터홀더 닦기	포터필터(필터홀더) 안의 찌꺼기를 린넨(Linen)을 얇게 잡고 닦아 낸다.
필터홀더 채우기	홀더는 항상 그룹헤드에 장착시켜 두어야 온도가 유지되면서 다음 커피 추출에 좋은 영향을 준다.

(8) 에스프레소 추출 결과

① 에스프레소 추출 속도에 영향을 미치는 요인
  ㉠ 커피의 신선도
  ㉡ 원두의 분쇄도(커피 입자의 굵기)
    ※ 그라인더 칼날의 간격이나 칼날의 모양에 따라 분쇄도에 차이가 있음
  ㉢ 공기 중의 습도
  ㉣ 로스팅 정도
  ㉤ 탬핑을 하는 힘의 강도
  ㉥ 추출압력
  ㉦ 필터 안에 담긴 커피의 양

② 에스프레소 추출의 결과와 원인

구분	과소 추출 (Under Extraction)	과다 추출 (Over Extraction)
입자의 크기	분쇄입자가 너무 크다(굵다).	분쇄입자가 너무 가늘다(곱다).
원두의 사용량	기준보다 적게 사용했다.	기준보다 많이 사용했다.
물의 온도	기준보다 낮다.	기준보다 높다.
추출시간	너무 짧았다.	너무 길었다.
탬핑의 강도	강도가 약하게 되었다.	강도가 너무 강했다.

핵심예제

01 다음 중 에스프레소 추출 속도에 영향을 미치는 요인이 아닌 것은?

① 커피 입자의 분쇄도
② 필터 안에 담긴 커피의 양
❸ 커피의 원산지
④ 추출압력
⑤ 로스팅 정도

02 커피가루를 다지는 데 사용하는 도구로 재질은 알루미늄, 스테인리스, 플라스틱이 있으며 포터필터의 사이즈와 같아야 한다. 이것은 무엇인가?

정답 탬퍼(Tamper)

03 에스프레소 머신의 부품 중 물의 흐름을 통제하는 것으로 보일러에 유입되는 찬물과 데워진 온수의 추출을 조절하는 역할을 하는 것은 무엇인가?

정답 솔레노이드 밸브(Solenoid Valve)

(1) 우유의 종류

① **시유** : 목장에서 생산된 생유(Raw Milk)를 식품위생상 안전하게 가공 처리한 후 판매되는 일반적인 흰 우유로, 유제품 중 가장 기본이 되는 제품이다.

㉠ 살균과 멸균
  - 원유가 가지고 있는 영양소의 손실을 최소화하는 범위 내에 각종 미생물을 사멸시키고 효소를 파괴하여 위생적으로 완전하게 하며 저장성을 높이기 위해 실시한다.
  - 원유 중 유해병원균인 우결핵균(*Mycobacterium bovis*), 브루셀라균(*Brucella abortus*), Q열병균(*Coxiella burnetii*) 등이 사멸되는 최소 온도 61.1℃에서 30분간을 기준으로 가열, 사멸한다.

[살균법 및 효과]

살균법	방법 및 효과
저온 장시간 살균법 (LTLT ; Low Temperature Long Time Pasteurization)	• 61~63℃에서 30분 유지 • 우유, 크림, 주스 살균에 이용 • 소규모 처리에 적당하고, 원유의 풍미와 세균류(젖산균)의 잔존율을 높일 경우 효과적
고온 단시간 살균법 (HTST ; High Temperature Short Time Pasteurization)	• 72~75℃에서 15~17초 유지 • 평판 열교환기(Plate Heat Exchanger)에서 가열, 열교환, 냉각이 동시에 이루어지기 때문에 단시간 살균으로 효과적
초고온 순간 살균법 (UHT ; Ultra High Temperature Pasteurization)	• 132~150℃에서 2~7초 유지 • 우유의 이화학적인 성질의 변화를 최소화하면서 미생물을 거의 사멸시킬 수 있는 방법
초고온 멸균법 (Ultra High Temperature Sterilization)	• 우유를 장기간 보존하기 위하여 135~150℃에서 2~5초간 가열, 멸균한 것 • 우유의 미생물이 완전히 사멸하게 되므로 가상 이상적인 멸균법

※ 초고온 순간 살균법은 성질의 변화를 최소화하는 것이고, 초고온 멸균법은 모든 미생물을 완전히 사멸시킨다는 차이가 있다.

㉡ 살균우유는 우유의 거품을 만들기에 가장 적당한 우유다.

② **가공유** : 시유에 다른 성분이 첨가되거나 여러 가지 형태로 가공한 제품이다.

구분	제품	특징
강화우유	• 칼슘 강화우유 • 비타민 D 강화우유	우유에 무기질 및 비타민 성분을 첨가한 제품
유음료	• 바나나 우유 • 초코 우유	우유 및 유제품을 주요 원료로 하여 과일즙, 색소 또는 향료 등을 첨가하여 맛을 개선시킨 제품
특별우유	• 저지방 우유 • 유당 분해 우유(저유당 우유) • 멸균우유	웰빙 및 특별한 목적에 맞게 생산되는 제품

㉠ 저지방 우유 : 우유의 유지방을 부분 제거한 우유로 살이 찌는 것을 방지한다.

㉡ 유당 분해 우유(저유당 우유) : 우유의 유당을 분해한 우유로, 유당 분해효소가 없는 사람(락타아제라는 소화효소가 적은 사람)을 위해 만든 우유이다. 즉, 유당불내증이 있는 사람을 위한 락토프리(Lactose Free) 우유이다.

(2) 우유의 성분

① **수분(물)** : 우유 전체의 약 88%를 차지한다.

② **단백질(Protein)** : 우유의 약 3%가 유단백질이며, 단백질의 82%를 차지하는 것은 카세인(Casein)이고, 나머지 18%에 해당하는 것은 대부분 유청 단백질(Whey Protein)로 구성되어 있다.

㉠ 카세인
  - 우유에 산을 가해서 pH 4.6으로 하면 등전점에 도달하여 침전하므로, 쉽게 조제할 수 있다.
  - 인을 함유하는 단백질로 칼슘과 결합되었다.
  - 카세인미셀 : 우유를 하얗게 만드는 것이다.
  - 오래된 우유는 알코올을 소량 첨가해도 카세인이 쉽게 응고되므로 시서도의 판정법에 응용된다.
  - 카세인은 균일한 단백질이 아니라 여러 종류의 단백질이 혼합된 혼합물이다.

㉡ 베타 락토글로불린
  - 우유의 성분 가운데 가장 많은 비율을 차지하는 글로불린이다.

- 알레르기의 주요 원인이 되기 때문에 함량이 높을 경우 주의가 필요하다.
- 카세인보다 영양가가 우수하다.
ⓒ 락토페린
- 사람과 젖소의 초유에 가장 많이 들어 있다.
- 우유, 혈액, 점액분비물, 침, 눈물 등에 함유된 항바이러스, 항균성을 띤 물질이다.
- 세균의 번식에는 철분이 필요한데 이러한 철분을 세균이 공급받기 전 락토페린이 차단해 세균의 증식을 억제하며 사멸시키는 항균작용을 한다.
- 인체 내 철분 양을 조절해 빈혈을 예방한다.
ⓒ 우유거품을 만들 때 거품 형성에 가장 중요한 역할을 한다.

더 알아보기 ●━━━

우유거품
- 차가운 우유에 스팀노즐로 수증기를 내뿜으면 우유 속 단백질이 공기를 감싸면서 응고되어 만들어진다.
- 부드러운 맛을 더해주고 커피 위에 막이 생기는 것을 막아준다.
- 열을 차단하고 커피가 오랫동안 따뜻하게 유지되도록 만들어 준다.

③ 지방(Milk Fat) : 유지방은 우유의 약 3.5%를 차지하며 주로 에너지원으로 이용된다. 일반적으로 저지방 우유는 지방이 약 1%이다.
※ 밀크 스티밍(Milk Steaming) 과정에서 우유의 단백질 외에 거품의 안정성에 중요한 역할을 하는 성분이다.
④ 탄수화물(유당 : Lactose)
㉠ 유당은 우유에 약 4.6% 함유되어 있다.
㉡ 유당은 포도당과 갈락토스가 결합된 2당류로 주로 에너지 공급원으로 작용한다.
※ 갈락토스는 칼슘 흡수에 중요한 역할을 한다.
⑤ 비타민
㉠ 비타민은 인간의 영양을 위한 필수 물질이며, 우유에는 비타민의 거의 모든 종류가 함유되어 있다.
㉡ 비타민 C와 D를 제외한 각종 비타민이 많다.
㉢ 성장촉진 비타민인 비타민 B_2(리보플라빈)이 우유에 많이 함유되어 있다.

⑥ 무기질
㉠ 칼슘, 인, 나트륨, 철분, 구리 등 체내에 분포되어 있는 미량원소를 말한다.
㉡ 우유는 비교적 높은 양의 무기질을 함유하고 있다. 특히 칼슘의 함량이 높으며, 성장과 신진대사에 중요한 역할을 한다.
㉢ 칼슘과 인은 성장기 어린이의 골격과 치아 형성, 임산부 및 수유부의 칼슘 공급 그리고 뼈의 손실과 골다공증 예방에 좋다.

핵심예제

01 다음 중 우유에 대한 설명으로 잘못된 것은?
① 시유란 목장에서 생산된 생유(Raw Milk)를 식품위생상 안전하게 가공 처리한 후 판매되는 일반적인 흰 우유를 말하며 유제품 중 가장 기본이 되는 제품이다.
② 우유의 거품을 만들기에 가장 적당한 우유는 유제품을 주요 원료로 하여 과일즙, 색소 또는 향료 등을 첨가하여 맛을 개선시킨 가공유이다.
③ 저지방 우유는 우유의 유지방을 부분 제거한 우유로 살이 찌는 것을 방지한다.
④ 유당 분해 우유(저유당 우유)는 우유의 유당을 분해한 우유로 유당 분해효소가 없는 사람을 위해 만든 우유이다.
⑤ 초고온 멸균법은 우유를 장기간 보호하기 위하여 135~150℃에서 2~5초 가열, 멸균하는 것이다.

해설 ② 우유의 거품을 만들기에 가장 적당한 우유는 살균우유이다.

02 다음에서 설명하고 있는 것은 무엇인가?

단백질의 82%를 차지하고 있으며 우유를 하얗게 만든다. 인을 함유하는 단백질로 칼슘과 결합되었다.

정답 카세인(Casein)

03 우유의 성분 중 약 88%를 차지하고 있는 것은 무엇인가?

정답 수분(물)

(1) 스티밍의 의미

① 보일러에서 생성된 수증기로 우유를 데우고 거품을 만든다는 의미로 사용된다.

　※ 우유를 가열하는 데 품질에 작용하는 요소는 유단백질과 유지방이다.

② 라떼아트를 위한 벨벳 밀크(Velvet Milk)이다.

③ 우유가 들어가는 모든 커피 메뉴에서 중요한 기술의 한 부분이다.

(2) 스팀 피처(Steam Pitcher)

① 한 번에 만들어야 하는 잔 수에 따라 적당한 스팀 피처의 크기를 선택할 수 있어야 한다.

② 열전도율이 높고 우유의 온도를 제어하기 용이하고, 재질이 단단한 스테인리스 제품을 많이 사용한다.

③ 스팀 피처의 크기

　㉠ 300mL, 350mL, 600mL, 750mL, 900mL, 1,000mL 외에 대형 스팀 피처가 있다.

　㉡ 일반적으로 350mL는 한 잔용, 600mL는 두 잔용으로 사용된다.

(3) 거품 생성의 원리

① 우유는 88% 정도의 수분과 단백질, 지방, 당질, 칼슘 등으로 구성되어 있다.

② 우유의 성분 중 스티밍과 관련된 것은 지방과 단백질이다. 지방과 단백질은 뜨거운 열에 응고되는데, 이때 표면에서 빨아들인 공기가 이를 감싸면서 거품이 만들어진다.

　㉠ 지방 : 우유는 순수한 물보다 표면장력이 낮으며, 일정 온도(약 30℃) 이상으로 가열하면 표면장력이 더 낮아지고 이때 기포가 발생하게 된다. 이 기포들은 지방과 결합하게 된다.

　㉡ 단백질 : 우유를 스티밍할 때에 40℃ 정도에서 수분이 증발하면서 우유 성분이 농축됨과 동시에 우유 표면에 단백질이 응고되어 끼고 스팀이 나오면서 지방과 단백질의 막에 기포들이 붙게 된다.

③ 우유에 수증기를 불어 넣어 우유의 온도를 높이면서 우유 표면의 공기를 빨아들여 거품을 만든다.

　㉠ 소리가 크면 굵은 거품이 만들어진다.

　㉡ 소리가 날카롭고 거칠게 나면 거품이 만들어지지 않는다.

　㉢ 미세한 소리로 공기가 들어가는 소리가 나면 아주 고운 거품이 만들어진다.

　　• 스팀 노즐을 우유 표면에 조금만 담가 공기를 유입시켜 거품을 낸다.

　　• 거품을 만들 때 거친 거품이 나지 않도록 스팀 노즐의 위치를 세밀하게 조절한다.

　　• 스팀 노즐의 두께, 노즐의 모양, 스팀이 나오는 구멍 숫자 및 위치 등에 따라 스티밍이 조금씩 달라질 수 있다.

　㉣ 적절한 거품 양이 되면 노즐을 피처의 벽 쪽으로 이동시켜 혼합한다.

　㉤ 우유의 온도는 60~70℃가 되게 한다.

　　• 적당한 온도(약 70℃ 전후)까지는 고소함과 바디감을 준다.

　　• 과도한 온도는 우유의 신선함을 잃게 하고 좋지 않은 비린내를 발생시킨다.

④ 스티밍이 잘된 우유

　㉠ 결과물이 균일한 지방구와 거품 층을 지니고 있어 부드럽고 윤기 나는 거품 층을 형성하고, 이러한 거품이 상당히 오랫동안 지속된다. 점성이 있고 거품이 부드럽고 고우며, 음료의 균질성을 높일 수 있다.

　㉡ 스팀 노즐을 적당히 담가 스티밍했을 때 대류가 일어난다.

　　➤ 지방과 단백질을 고루 섞어 맛있고 품질 좋은 스팀 우유를 만들 수 있다.

⑤ 스티밍이 잘못된 우유

　㉠ 지방구들이 분리되면서 다시 큰 지방구와 작은 지방구로 분리되고, 스팀으로 생성된 거품은 위쪽으로 떠오르고 아래쪽은 끓기만 한 우유로 분리된다.

ⓛ 스팀 노즐을 깊게 담가 스티밍했을 때는 스팀 피처의 바닥 면의 온도를 빠르게 상승시킴과 동시에 우유의 온도도 빠르게 올라가기 때문에 단백질과 지방성 피막이 그에 따라 빠르게 형성되어서 좋은 품질의 스팀 우유가 만들어지지 않는다.

(4) 우유 스티밍 순서(카푸치노 스티밍)

① 신선한 냉장 우유를 차가운 스팀 피처에 담는다.
　ㄱ 상온에 보관된 우유를 사용할 경우 부패 위험이 높으며 우유를 데우는 시간이 짧아서 양질의 우유 데우기를 어렵게 한다.
　ㄴ 스팀 피처는 서늘한 곳에 보관하거나 냉장 보관하여 사용하는 것이 좋다.
　ㄷ 스팀 피처의 온도가 높으면 우유가 빨리 데워지는 현상이 일어나 양질의 우유 데우기를 어렵게 한다.
　ㄹ 스팀 피처의 코 아랫부분(꺾어진 부분)까지 담아서 사용하는 것이 일반적이다.
　ㅁ 600cc 스팀 피처에 약 200mL를 담아 스티밍하면 카푸치노 두 잔의 양이 나온다.
② 스팀 밸브를 열어 스팀을 짧게 분사한 후 닫는다.
　ㄱ 스팀 막대는 스팀 노즐과 끝부분의 스팀 팁으로 구성되어 있다.
　　※ 전체를 스팀 막대라고 부르며 스팀 완드(Wand)라고 부르기도 한다.
　ㄴ 스팀 노즐 구멍이 많은 것이 스팀에 용이하며 구멍이 서너 개 있는 것이 주로 사용된다.
　ㄷ 스팀 노즐은 우유를 데우는 역할을 하므로 청결이 무엇보다 중요하다.
　ㄹ 스팀 사용 후 남아 있는 수증기가 식어서 스팀 파이프 안에 물로 응집되어 있기 때문에 스팀 밸브를 열면 수증기와 더불어 소량의 물이 같이 나오게 되며, 이는 우유를 데울 때 우유를 묽게 하는 원인이 되어 좋지 않다. 따라서 이를 뽑아내기 위해 스팀을 짧게 분사하여 물을 제거한다.

③ 스팀 막대를 스팀 피처에 담겨 있는 우유의 한가운데에 위치시킨다.
　ㄱ 스팀 노즐의 팁 부분(스팀 완드)이 완전히 잠긴 상태여야 한다.
　ㄴ 스팀 막대를 너무 깊이 집어넣으면 스팀 피처의 온도를 빨리 상승시켜 우유 온도도 빨리 올라가기 때문에 스팀 완드가 잠길 정도(1~2cm 깊이)로 집어넣는 것이 중요하다.
　ㄷ 우유 표면과 스팀 완드의 각도는 대각선 방향(30~45°)으로 한다.
　　▶ 노즐 구멍에서 나오는 스팀의 세기는 똑같기 때문에 비스듬하게 하거나 중앙이 아닌 한쪽으로 치우쳐 사용하게 되면, 우유가 골고루 데워지지 않고 스팀 피처의 벽면에 스팀이 닿을 수 있으며, 이로 인해 스팀이 우유를 데우는 것보다 스팀 피처를 가열하게 되어 우유가 빨리 데워진다.
④ 스팀 밸브를 열어 가열을 시작한다.
　ㄱ 65℃에서 70℃까지 온도를 높여 사용한다. 과도하게 온도를 높일 경우, 우유의 피막현상 및 영양소의 파괴, 비릿한 냄새 등이 발생하게 된다.
　ㄴ 스티밍 시 피처 바닥이 아닌 피처 벽에 손을 대어 감으로 온도를 잴 수 있을 때까지 연습해야 하고, 그 전까지는 온도계를 이용하여 체크한다.
　ㄷ 스팀 밸브를 끝까지 돌려 빠른 시간 안에 '치익 치익' 하는 소리와 함께 공기 주입을 시작한다.
　　• 스팀 막대를 너무 깊이 집어넣으면 공기가 우유 속에 빨려 들어가지 않는다.
　　• 우유의 표면에서 너무 가깝게 작업하면 거친 거품이 일어나게 된다.
　　• 스팀 막대의 각도 및 담그는 깊이에 따라 고운 거품(벨벳 밀크) 또는 거친 거품이 나오게 된다.
　ㄹ 우유의 높이가 피처의 7~8부 정도까지 찰 때까지 계속 공기를 주입한다.
　　• 40℃가 넘어가기 전에 공기 주입을 완료해야 한다.

- 자신이 원하는 거품의 양(80%) 정도가 차면 스팀 노즐을 살짝 안으로 넣어서 더 이상 공기가 들어가지 않게 하고 안에서 우유를 회전시킨다.

ⓜ 우유가 롤링되는 포인트를 찾아 롤링을 시켜 준다.
- 큰 거품을 제거함과 동시에 우유의 온도를 맞추어 주는 작업이다.
- 스팀 팁만 잠길 정도로 하여 롤링을 하면 우유의 회전이 잘되고 전체적으로 균일하게 혼합된 스팀 우유가 만들어진다.

⑤ 60℃에서 70℃ 사이의 원하는 온도가 되면 스팀 손잡이를 오른쪽으로 돌려 스팀을 잠근 후 피처를 내린다. 한두 번 정도 가볍게 바닥에 스팀 피처를 쳐서 큰 거품을 깨 주고 손목의 스냅을 이용해 스팀 피처를 돌려 우유를 혼합시켜 주면, 균일한 스팀 밀크가 완성된다.

⑥ 스팀 막대에 남아 있는 우유를 제거한다.
➤ 우유 데우기를 마치고 밸브를 잠그면 기압 차로 인해 우유가 스팀 막대 안으로 빨려 올라가 잔여물로 남는다. 이는 위생과 기계 수명과 관련이 있으니 트레이 방향으로 스팀 막대를 돌리고 행주로 감싼 다음 스팀을 틀어 잔여물을 빼 준다.

⑦ 스팀 막대와 스팀 팁에 묻어 있는 우유를 깨끗한 헝겊으로 닦아 마무리한다.

⑧ 두 잔 이상의 우유 데우기를 하였을 경우 보조 피처로 나누어 사용함으로써 균일한 음료의 맛을 추구하는 경우가 있다. 이때 보조 피처는 반드시 뜨거운 물로 데워 사용해야 한다.

핵심예제

01 다음 설명 중 잘못된 것은?

❶ 스티밍이란 보일러에서 추출한 뜨거운 물로 우유를 데우고 거품을 만든다는 의미로 사용된다.
② 스팀 피처(Steam Pitcher)는 온도를 제어하기 용이하고, 재질이 단단한 스테인리스 제품을 많이 사용한다.
③ 스티밍과 관련된 우유의 성분은 지방과 단백질이다.
④ 스팀 피처는 서늘한 곳에 보관하거나 냉장 보관하여 사용하는 것이 좋다.
⑤ 보조 피처는 반드시 뜨거운 물로 데워 사용해야 한다.

해설 ① 스티밍이란 보일러에서 생성된 수증기로 우유를 데우고 거품을 만든다는 의미로 사용된다.

02 밀크 스티밍(Milk Steaming) 과정에서 우유의 단백질 외에 거품의 안정성에 중요한 역할을 하는 성분은 무엇인가?

정답 지방

03 균일한 지방구와 거품 층을 지니고 있어 부드럽고 윤기 나는 거품 층을 형성하고, 이러한 거품이 상당히 오랫동안 지속된다. 또한 점성이 있고 거품이 부드럽고 고우며, 음료의 균질성을 높일 수 있어 라떼 아트에 사용되는 것은 무엇인가?

정답 벨벳 밀크(Velvet Milk)

(1) 에스프레소 따뜻한 메뉴

① 에스프레소(Espresso)

　㉠ 데미타세 잔에 제공되며 양은 25~30mL 정도 추출된다.

　㉡ 데미타세(Demitasse)

　　• 에스프레소 전용 잔으로 일반 커피잔의 1/2 크기이며, 용량은 60~70mL 정도이다.

　　• 재질은 도기이며 일반 컵에 비해 두꺼워 커피가 빨리 식지 않는다.

　　• 안쪽은 둥근 U자 형태로 에스프레소를 직접 받을 때 튀어나가지 않도록 설계되었다.

　　• 잔 외부의 색깔은 다양하지만 내부는 보통 흰색이다.

② 도피오(Doppio)

　㉠ 2잔의 에스프레소로 더블 에스프레소(Double Espresso)라고도 한다.

　㉡ Two Shot이나 Double Shot이라고도 한다.

③ 리스트레토(Ristretto)

　㉠ 추출시간을 짧게 하여 양이 적고 진한 에스프레소를 추출한다.

　㉡ 이탈리아 사람들이 즐겨 마시는 적은 양의 에스프레소이다.

　㉢ 추출시간은 10~15초 정도이다.

　㉣ 추출량은 15~20mL 정도이다.

④ 룽고(Lungo)

　㉠ 에스프레소보다 추출시간을 길게 하여 양을 많게 추출한다.

　㉡ 40~50mL 정도를 추출한다.

⑤ 아메리카노(Americano)

　㉠ 에스프레소에 뜨거운 물을 추가하여 희석한 메뉴이다.

　㉡ 연한 커피를 즐겨 마시는 미국인이라는 뜻을 지녔다.

더 알아보기

롱 블랙(Long Black)

• 아메리카노 만드는 순서를 바꿔서 만든 음료이다.

• 뜨거운 물을 먼저 받고 그 위에 에스프레소를 받는 방식으로 크레마가 그대로 남아 있다.

---

(2) 베리에이션 메뉴(Variation Menu)

우유나 크림이 첨가된 메뉴를 말한다.

① 에스프레소 마끼아또(Espresso Macchiato)

　㉠ 에스프레소 잔(데미타세)에 에스프레소를 추출한 다음 우유거품을 2~3스푼 올려 제공하는 메뉴이다.

　㉡ Macchiato는 '점', '얼룩'을 의미한다.

　　• 거품을 올릴 때 카푸치노처럼 가장자리 원이 유지되도록 중앙에 올린다.

　　• 크레마가 사라지기 전에 우유거품을 올린다.

② 라떼 마끼아또(Latte Macchiato)

　㉠ 아이리시 커피잔(240mL)에 우유와 커피와 거품이 층을 이루는 레이어(Layer) 기법으로 만든다. 시각적 우수성이 뛰어나며 우유의 농도를 높여 만드는 메뉴이다.

　㉡ 아이리시 커피잔에 설탕 시럽을 넣는다.

　㉢ 100mL 정도의 우유를 스티밍한다.

　㉣ 시럽이 들어 있는 잔에 스티밍한 우유를 넣고 잘 저어 준다.

　　• 스티밍한 우유 30mL 정도를 먼저 넣고 잘 섞이도록 저어 준다.

　　• 나머지 스티밍한 우유를 넣는다.

　㉤ 에스프레소 1잔을 추출하여 스티밍한 우유가 들어 있는 아이리시 커피잔의 중앙에 천천히 부어주면 자연스럽게 층(Layer)이 생긴다.

　　➤ 우유(시럽) 1 : 에스프레소 1 : 거품 1

　㉥ 설탕 시럽 대신 캐러멜 시럽을 넣으면 캐러멜 마끼아또가 된다.

　　➤ 바닐라 시럽을 넣으면 바닐라 마끼아또가 된다.

③ 카페 콘 파냐(Cafe con Panna)
  ㉠ 에스프레소에 휘핑크림을 얹어 부드럽게 즐기는 메뉴이다.
  ㉡ 콘(Con)은 이탈리어어로 '~을 넣은'이라는 접속사이고, 파냐(Panna)는 '생크림'을 뜻한다. 즉, Coffee with Cream이라는 뜻이다.

④ 카페라떼(Caffe Latte)
  ㉠ 에스프레소에 스팀한 우유와 우유거품을 배합해 만드는 음료이다.
  ㉡ 에스프레소를 기준으로 '에스프레소 : 우유 : 거품'의 비율은 '1 : 5 : 1' 정도이다.
  ㉢ 카푸치노보다 우유는 좀 더 많고 거품은 거의 없거나 조금만 넣는다.
  ㉣ 이탈리아어로 '우유커피'를 뜻한다.
    ※ 이탈리아에서는 아침에만 먹는 음료이다.
  ㉤ 프랑스에서는 카페오레(Cafe au Lait) 또는 밀크 커피(Milk Coffee), 스페인에서는 카페 콘 레체(Cafe Con Leche)라고 한다.
  ㉥ 기호에 따라 시럽을 첨가한다.

⑤ 카푸치노(Cappuccino)
  ㉠ 에스프레소에 우유와 거품이 조화를 이루어 만들어진 메뉴이다.
    ※ '에스프레소 : 우유 : 거품'의 비율이 '1 : 2 : 2' 정도로 구성된다.
  ㉡ 카페라떼와 동일하지만 카페라떼에 비해 진한 음료이다.
  ㉢ 150~200mL 크기의 잔에 제공된다.
  ㉣ 우유를 섞은 커피에 계피가루를 뿌린 이탈리아식 커피이다.
  ㉤ 기호에 따라 계피가루나 초콜릿 가루, 레몬이나 오렌지의 껍질을 갈아서 얹는다.
  ㉥ 실키 폼(Silky Foam)이 가장 많이 들어간다.
  ㉦ 이탈리아 카푸친 수도회 수도사들에게서 유래되었다.
  ㉧ 독일 토스카나 지방에서는 캅푸쵸(Cappuccio)라고도 한다.
  ㉨ 커피 위에 우유거품 대신 휘핑크림을 올리거나 기호에 따라 시럽을 첨가하기도 한다.

  ㉩ 계피막대를 이용해 커피를 저으면 향이 더욱 좋다.

⑥ 카페모카(Cafe Mocha)
  ㉠ 에스프레소에 초콜릿 시럽과 데운 우유를 넣어 섞은 후 그 위에 휘핑크림을 얹어 초콜릿 소스나 초콜릿 파우더를 장식하는 메뉴이다.
  ㉡ 카페라떼에 초콜릿을 더한 음료이다.

⑦ 카페 로마노(Cafe Romano)
  ㉠ 에스프레소 위에 레몬을 한 조각 올린 메뉴이다.
  ㉡ 로마인들이 즐겨 마시는 방식이다.

⑧ 아인슈패너(Einspanner)
  ㉠ 아메리카노 위에 하얀 휘핑크림을 듬뿍 얹은 커피이다.
  ㉡ '한 마리 말이 끄는 마차'라는 뜻으로 우리에게는 '비엔나 커피(Vienna Coffee)'로 더 알려져 있다.
  ㉢ 차가운 생크림의 부드러운 맛, 커피의 쓴맛과 시간이 지날수록 차츰 진해지는 단맛이 어우러진 커피로, 여러 맛을 즐기기 위해 크림을 스푼으로 젓지 않고 마신다.
  ㉣ 오스트리아에서 마차에서 내리기 힘들었던 마부들이 한 손으로 말 고삐를 잡고 다른 한 손으로 설탕과 생크림을 듬뿍 얹은 커피를 마신 것이 시초가 되었다.
  ㉤ 기호에 따라 설탕을 넣는다.

⑨ 고구마라떼 : 고구마 파우더를 따뜻한 우유에 풀어서 만든다.

⑩ 녹차라떼 : 녹차 파우더를 따뜻한 우유에 풀어서 만든다.

⑪ 밀크티(Milk Tea)
  ㉠ 대만에서는 찻잎을 끓여 우유를 넣은 후 타피오카 펄을 넣어 밀크티를 만든다.
  ㉡ 인도에서는 찻잎을 끓여 탈지분유나 우유를 넣고 '마살라 차이'라 하여 아침 식사 대용으로 마신다.
  ㉢ 유럽에서는 찻잎을 끓인 잔에 우유를 넣어 티나페을 즐긴다.

(3) 에스프레소 차가운 메뉴

① **카페 프레도(Cafe Freddo)**
  ㉠ 프레도는 차갑다는 의미의 이탈리아어로 아이스 커피를 말한다.
  ㉡ 에스프레소를 얼음이 담긴 잔에 부어 만든 메뉴이다.

② **샤케라토(Shakerato)**
  ㉠ 에스프레소를 시럽과 얼음이 든 셰이커에 넣고 흔들어 만든 아이스커피이다.
  ㉡ 풍부한 거품으로 부드러움을 동시에 즐길 수 있다.

③ **카페 젤라또(Cafe Gelato)** : 에스프레소에 젤라또 아이스크림을 넣은 음료이다.

④ **프라페치노**
  ㉠ 프라페와 카푸치노의 합성어로 얼음을 넣어 만든 부드러운 음료라는 뜻이다.
  ※ 프라페(Frappe) : 얼음을 넣어 차갑게 만든 음료수
  ㉡ 스무디처럼 부드러운 단맛과 고소한 맛이 특징이다.

⑤ **버터크림 라떼(Butter Cream Latte)**
  ㉠ 무가염 버터, 동물성 생크림, 흑설탕, 바닐라 익스트랙, 약간의 소금 등이 들어간 음료이다.
  ㉡ 제조방법
   • 버터를 넣고 중불로 녹인다.
   • 흑설탕, 생크림, 소금을 넣고 잘 저어 주면서 끓인다.
   • 바닐라 익스트랙을 약간 넣고 약간 묽어진 점성의 액기스를 냉장 보관한다.
   • 아이리시 커피잔에 버터 액기스를 넣고 에스프레소를 넣어 잘 섞어 준다.
   • 생크림과 우유를 넣고 휘핑한 다음 액기스를 넣는다.
   • 컵에 연유와 우유를 넣고 잘 저은 다음 얼음을 넣는다.
   • 마지막에 버터크림 액기스를 부어준다.

⑥ **아몬드크림 라떼**
  ㉠ 우유, 아몬드, 시럽, 휘핑크림, 설탕, 캐러멜소스를 넣고 휘핑한다.
  ㉡ 아이리시 커피잔에 얼음과 우유를 넣고 휘핑한 소스를 얹어 준다.

⑦ **아몬드 더블크림 커피**
  ㉠ 우유에 아몬드 시럽을 넣고 잘 저어준다.
  ㉡ 휘핑크림에 아몬드 시럽, 설탕을 넣고 휘핑하여 액기스를 만든다.
  ㉢ 에스프레소를 추가한 다음 액기스를 넣는다.
  ㉣ 아몬드 파우더로 장식한다.

⑧ **크림모카**
  ㉠ 초코소스, 에스프레소를 넣어 모카 베이스를 만든다.
  ㉡ 아이리시 커피잔에 초코시럽을 한 바퀴 돌려 묻힌다.
  ㉢ 얼음을 넣고 우유를 채운다.
  ㉣ 만들어 둔 모카 베이스를 부어준다.
  ㉤ 휘핑크림을 채운 다음 코코아 가루로 장식한다.

⑨ **바닐라말차샷**
  ㉠ 녹차분말과 그린티 파우더에 뜨거운 물을 붓는다.
  ㉡ 차선으로 잘 풀어준다.
  ㉢ 바닐라 시럽을 넣고 다시 한번 잘 풀어준다.
  ㉣ 아이리시 커피잔에 말차 베이스를 넣고 얼음을 넣는다.
  ㉤ 우유를 조심히 따르고 우유 위에 에스프레소를 따른다.

(4) 알코올이 들어간 메뉴

① **카페 코레토(Cafe Corretto)** : 코냑 등의 알코올이 들어간 에스프레소 메뉴이다.

② **카페로열(Cafe Royal)** : 나폴레옹이 즐겨 마셨던 커피 메뉴로 브랜디가 들어간 음료이다.

③ **깔루아(Kahlua)** : 멕시코산 커피에 코코아, 바닐라 향을 첨가해 만든 리큐어를 말한다.

④ **아이리시 커피(Irish Coffee)** : 커피에 아이리시 위스키를 넣고 휘핑크림을 첨가해 만든 음료이다.

01 다음에서 설명하는 메뉴는 무엇인가?

- 추출시간이 짧아 양이 적고 진한 에스프레소를 추출한다.
- 이탈리아 사람들이 즐겨 마신다.
- 추출시간은 10~15초 정도이다.
- 추출량은 15~20mL 정도이다.

❶ 리스트레토(Ristretto)
② 룽고(Lungo)
③ 에스프레소(Espresso)
④ 아메리카노(Americano)
⑤ 롱 블랙(Long Black)

02 에스프레소에 스팀한 우유와 우유거품을 배합해 만드는 음료로 이탈리아어로 '우유커피'를 뜻하며, 프랑스에서는 카페오레(Cafe au Lait) 또는 밀크 커피(Milk Coffee), 스페인에서는 카페 콘 레체(Cafe Con Leche)라고 부르는 메뉴는 무엇인가?

정답 카페라떼(Caffe Latte)

03 에스프레소를 시럽과 얼음이 든 셰이커에 넣고 흔들어 만든 아이스커피이다. 풍부한 거품으로 부드러움을 동시에 즐길 수 있는 이 메뉴는 무엇인가?

정답 샤케라토(Shakerato)

핵심이론 09 | 고객 관리

(1) 서비스 직원의 기본 자세

① 머리는 단정하고 깔끔하게 유지한다. 긴 머리의 경우 묶는 것이 좋다.
② 매니큐어는 색깔이 있는 것보다 투명한 것으로 하며, 손톱은 짧게 한다.
③ 유니폼은 정해진 것으로 깨끗하게 착용한다.
④ 명찰은 지정된 위치에 달아야 한다.
⑤ 강한 향수나 짙은 화장, 화려한 장신구는 피하는 것이 좋다.
⑥ 굽이 낮은 검은색 구두를 착용하며 항상 깨끗하게 관리한다.

(2) 카페 종사원의 인사 예절법

① 고객 인사는 45° 정중례나 보통례로 한다.
② 항상 얼굴에 미소를 지으며 고객과 눈을 맞추고 인사한다.
③ 밝은 목소리 톤인 솔(Sol) 톤으로 인사를 한다.
④ 허리를 숙여 정중하게 인사한다.
⑤ 밝은 얼굴로 "어서 오십시오."라고 인사하고 반갑게 맞이한다.
⑥ 고객이 입장하면 가장 먼저 예약 여부와 인원수를 확인한다.
⑦ 입장한 순서대로 자리를 안내한다.
⑧ 단골 고객일 경우 이름이나 직함을 불러 줌으로써 친밀감을 갖도록 한다.
⑨ 예약 손님일 경우 예약 테이블로 안내한다.
⑩ 테이블이 없을 경우 대기석에서 대기하도록 정중하게 말씀드린다. 예상 시간을 안내한 후 순서에 따라 좌석을 배정한다.
⑪ 젊은 남녀 고객인 경우 벽 쪽의 조용한 테이블로 안내한다.
⑫ 1인 고객은 전망이 좋은 곳으로 안내한다.
⑬ 멋있고 호화로운 고객은 영업장 중앙 테이블로 안내하여 영업장 분위기를 밝게 한다.

(3) 주문 받는 자세 및 주문 요령

① 메뉴를 제공하고 고객의 곁에서 대기하고 있다가 손님이 준비가 되면 주문을 받는다.
② 커피 주문을 먼저 받고 음식 주문을 받는다.
③ 커피는 쟁반에 들고 운반하여 고객의 오른쪽에서 오른손으로 서비스한다.
　　※ 서비스 쟁반은 한 손으로 받치고 안전하게 서비스하여야 한다.
④ 매장 안에서 음료를 마시는 경우 일회용 컵보다는 재사용이 가능한 컵으로 서빙한다.
⑤ 판매하는 메뉴 내용을 완전히 숙지하여 판매를 리드해 나간다.
⑥ 주문이 끝나면 주문 내용을 복창·확인한다.

(4) 카페 종사원의 직무

① 각 식재료의 위생상태를 확인한다.
② 각 식재료의 재고량을 파악하고 주문한다.
③ 영업 전 부재료를 파악하고 재료를 준비한다.
　　※ 매출 분석 : 경영자의 업무 영역에 해당한다.
　　　예 월간/분기별/연간 매출 분석을 통한 경영 분석

(5) 바리스타의 근무 자세

① 바리스타는 '바 안에 있는 사람'이라는 뜻으로 바맨(Bar Man)을 의미한다.
② 손님이 없는 시간에도 항상 바른 자세를 유지한다.
③ 자주 방문하는 손님인 경우 취향에 맞게 서비스를 제공한다.
④ 손님 간의 대화에 끼어들지 않는다.
⑤ 모든 손님을 공평하게 접대하며 항상 손님의 입장에서 생각하고 근무한다.
⑥ 완벽한 에스프레소 추출과 좋은 원두의 선택, 커피 머신의 완벽한 활용, 고객의 입맛에 최대한 만족을 주기 위한 능력을 겸비해야 한다.
⑦ 오너십(Ownership)
　　㉠ 자신의 인생을 개척해 나간다는 의미로 주인의 마음이라는 뜻이다.
　　㉡ 회사의 이익은 곧 나의 이익이라는 생각으로 적극적인 자세로 일한다.

(6) 고객 응대 시 태도

① 최고의 응대가 최고의 서비스를 만든다.
② 고객으로부터 호감을 받을 수 있는 고객 응대 기술이 필요하다.
　　㉠ 친절한 미소와 친근한 인사로 예의 바르게 행동한다.
　　㉡ 항상 용모나 복장을 단정히 한다.
　　㉢ 자신감 있는 응대를 위해 평소 업무 지식과 기술을 충분히 갖춘다.
　　㉣ 고객이 요구하기 전에 미리 서비스한다.
　　㉤ 즐거운 마음으로 고객에게 도움이 되는 작은 친절을 베푼다.
③ 고객을 최우선으로 고객의 입장에서 생각하고 판단한다.
　　㉠ 항상 고객의 목소리에 귀 기울이고 입장을 바꿔 생각해 보는 것이야말로 고객 응대의 기본이다.
　　㉡ 고객이 원하는 서비스가 무엇인지 그리고 고객이 원하지 않는 서비스는 무엇인지 생각해 본다.
④ 고객 개개인에게 정성을 다한다.
　　㉠ 고객 개개인의 개성과 취향을 존중하는 차별화된 서비스를 제공한다.
　　㉡ 고객의 욕구 및 감성까지 염두에 둔 다양한 서비스를 제공한다.
　　㉢ 고객 한명 한명을 특별하게 대한다.
　　㉣ 고객을 차별하지 않고 공평하게 응대한다.
⑤ 고객에게 즉각 반응한다.
　　㉠ 고객을 돕고 즉각적으로 신속한 서비스를 제공하려는 자세, 고객의 욕구에 대한 반응은 서비스 직원의 중요한 자질이다.
　　㉡ 고객에게 응대하는 속도는 고객의 중요성에 대한 표현이다.
⑥ 고객을 기억하여 호칭한다.
　　㉠ 고객 관리의 첫걸음이다.
　　㉡ 고객에 대한 관심과 노력이 필요하며 사람을 잘 기억하는 능력은 서비스 직원에게 필수불가결하다.
　　㉢ 고객과의 관계를 친밀하게 하는 좋은 방법이며 서비스 직원의 의지가 있어야 한다.

(7) 유형별 고객 응대

① 까다로운 고객
  ㄱ 고객의 현재의 상황 및 감정 상태가 어떤지 파악하는 것이 중요하다. 고객이 예보하는 징후들을 감지하고 응대하면 쉽게 친해질 수 있다.
  ㄴ 고객의 욕구를 만족시키기 위해서는 상대방에 맞춘 응대방법이 필요하다.
    • 각각의 고객을 한 개인으로 다루어야 한다.
    • 고객을 일정한 유형으로 분류해서 동일한 방법으로 다루지 말아야 한다.
    • 긍정적인 태도, 인내심, 고객을 이해하고 돕고자 하는 마음을 통해 성공적인 고객서비스를 할 수 있다.
  ㄷ 사람에 초점을 맞추기보다 상황과 문제 자체에 집중할 수 있는 능력이 중요하다.
  ㄹ 고객을 알아야 문제를 해결할 수 있다. 침착하게 전문가다운 모습을 보이도록 한다.
  ㅁ 화내고 짜증 내고 목소리를 높이며 감정적으로 행동하는 고객 응대
    • 대부분 담당자가 해결할 수 없는 구조, 과정, 상황에 화가 난 경우이다.
    • 상황을 잘 듣고 고객의 입장에서 말과 행동을 하며 이해해야 한다.
    • 고객의 감정 상태를 배려하는 것이 가장 중요하다.

② 화가 난 고객
  ㄱ 지적 받은 사항에 대해 일단 사과하고 고객의 불만을 귀 기울여 경청한다.
  ㄴ 긍정적인 태도로 서비스가 불가능한 것보다 가능한 것을 제시한다.
  ㄷ 고객의 감정을 파악하고 안심시킨다.
  ㄹ 객관성을 유지하여 원인을 해결한다.

③ 예민한 고객
  ㄱ 영업장 밖에서부터 좋지 않은 일이 있었거나, 사소한 일에 대단히 불쾌해하고 짜증을 내는 고객이다.
  ㄴ 행동에 주의해서 상대를 자극하지 않는다.
  ㄷ 불필요한 대화를 줄이고 고객의 요구에 대해 신속히 조치한다.

④ 무리한 요구사항이 많거나 거만한 고객
  ㄱ 고객의 의견을 경청한 후에 영업장의 상황을 있는 그대로 설명한다.
  ㄴ 목소리를 높이거나 말대꾸하지 말고, 고객을 존중한다.
  ㄷ 고객의 요구에 초점을 맞추고 확고하고 공정한 태도를 유지한다. 그리고 가능하고 할 수 있는 것을 말한다.
  ㄹ 융통성 있게 고객의 요구를 적극적으로 들어주는 자세가 필요하다.

⑤ 무례한 고객
  ㄱ 침착하고 단호하게 대처하고 전문가답게 행동한다.
  ㄴ 고객의 높은 음성, 무례한 태도에 대해 차분히 응대한다.
  ㄷ 다른 고객 앞에서 고객을 무안하게 만드는 행위는 고객을 더욱 화나게 만든다. 고객과 논쟁이 일어나지 않도록 말 한마디라도 주의해야 한다.

핵심예제

01 다음 중 고객 응대 방법에 대한 설명으로 적절하지 않은 것은?

① 항상 얼굴에 미소를 지으며 고객과 눈을 맞추고 인사한다.
② 유니폼은 정해진 것으로 깨끗하게 착용한다.
❸ 낮은 목소리로 인사를 한다.
④ 고객을 최우선으로 고객의 입장에서 생각하고 판단한다.
⑤ 머리는 단정하고 깔끔하게 유지한다. 긴 머리의 경우 묶는 것이 좋다.

해설 ③ 밝은 목소리 톤인 솔(Sol) 톤으로 인사를 한다.

02 내가 영업장 사장인 것처럼, 내가 주인이라는 마음으로 고객에게 친절하며 최선을 다하는 마음가짐을 무엇이라 하는가?

정답 오너십(Ownership)

(1) 감염병 관리

① 세균은 다소 높은 온도인 25~37℃에서 가장 많이 번식한다.

② **경구감염병**

    ㉠ 병원체가 음식물, 음료수, 식기, 손 등을 통하여 경구로 침입하여 감염된다.

    ㉡ 극히 미량의 균으로도 감염이 이루어지고, 2차 감염이 발생할 수 있다.

③ **파라티푸스** : 파라티푸스균(*Salmonella paraty-phi*)에 감염되어 발생하며 전신의 감염증 또는 위장염의 형태로 나타나는 감염성 질환이다. 격리가 필요한 질병이기 때문에 영업에 종사하지 못한다.

(2) 냉장 및 냉동 보관

① 구입한 재료 및 식품은 특성에 따라 냉장고, 냉동고, 식품창고 등에 정리하여 보관한다.

② **냉장·냉동고의 관리 및 사용**

    ㉠ 냉장·냉동고는 주 1회 이상 청소와 소독을 한다.

    ㉡ 식품별로 분류, 보관하여 교차오염을 예방한다.

    ㉢ 냉장고는 5℃ 이하, 냉동고는 −18℃ 이하의 온도를 유지하도록 주기적으로 점검한다.

    ㉣ 내부 용적의 70% 이하일 때 식재료를 위생적으로 관리할 수 있다.

(3) 자외선 살균소독

① 공기와 물 등 투명한 물질만 투과하는 속성이 있어 피조사물의 표면 살균에 효과적이다.

② 살균력이 강한 2,537Å의 자외선을 인공적으로 방출시켜 소독하는 것으로 거의 모든 균종에 대해 효과가 있다.

③ 살균력은 균 종류에 따라 다르고 같은 세균이라 하더라도 조도, 습도, 거리에 따라 효과에 차이가 있다.

④ 살균등은 2,000~3,000Å 범위의 자외선을 사용하며, 2,600Å 부근이 살균력이 가장 높다.

(4) 식품안전관리인증기준(HACCP)

① 해썹(HACCP ; Hazard Analysis Critical Control Point)인증을 말하며, 위해요소 분석과 중요관리점을 표현하는 용어이다.

② 식품의 원재료부터 제조, 가공, 보존, 유통, 조리 단계를 거쳐 최종 소비자가 섭취하기 전까지의 과정을 포함한다.

③ 각 단계에서 발생할 우려가 있는 위해요소를 규명한 것이다.

④ 위해요소를 중점적으로 관리하기 위한 중요관리점을 결정한다.

⑤ 자율적이며 체계적이고 효율적인 관리로 식품의 안전성을 확보하기 위한 과학적인 위생관리 체계이다.

⑥ 미생물 등 생물학적, 화학적, 물리적 위해요소 분석을 의미하는 것으로 원료와 공정에서 발생 가능한 위해요소 분석을 일컫는 것이다.

(5) 식중독 예방의 3대 원칙

① **청결의 원칙** : 식품을 위생적으로 취급하여 세균 오염을 방지하여야 하며 손을 자주 씻어 청결을 유지하는 것이 중요하다.

② **신속의 원칙** : 세균 증식을 방지하기 위하여 식품은 오랫동안 보관하지 않도록 하며 조리된 음식은 가능한 바로 섭취하는 것이 안전하다.

③ **냉각 또는 가열의 원칙** : 조리된 음식은 5℃ 이하 또는 60℃ 이상에서 보관해야 하며 가열 조리가 필요한 식품은 중심부 온도가 75℃ 이상 되도록 조리해야 한다.

(6) 카페의 식재료 보관방법

① 가능한 낮은 온도에 보관한다.

② 햇볕 노출을 최소화한다.

③ 진공포장해서 보관한다.

④ 우유는 냉장 보관(5℃ 이하)이 적당하다.

⑤ 차가운 음료는 4℃ 또는 더 낮게 보관한다.

⑥ 뜨거운 음료는 60℃ 또는 더 높게 보관한다.

⑦ 유제품은 냉장 보관하고 제조일로부터 5일 이내에 사용한다.

⑧ 식음료를 만들기 전에 손을 청결히 한다.

⑨ 작업 공간에는 깨끗한 행주나 물수건을 준비해 둔다.

⑩ 식자재 보관 시 선입선출법(FIFO)을 기본으로 한다.

   ※ 선입선출법(FIFO ; First In First Out) : 먼저 구입한 물건을 항상 선반 앞쪽에 진열하고 먼저 사용하는 방법이다.

⑪ 식품의 효소는 활성화되면 안 된다(부패의 위험).

(7) 식품온도계를 사용하는 방법

① 온도계를 식품에 삽입하고 15초 후에 측정값을 읽어야 한다.

② 온도계는 한 번 쓰고 소독해야 한다.

③ 감지 부분이 용기의 바닥에 닿지 않아야 한다.

④ 수은 온도계는 얼음의 온도를 측정하지 못한다.

(8) 식품첨가물

① 식품을 제조 · 가공 또는 보존하는 과정에서 식품에 넣거나 섞는 물질을 말한다.

② 식품첨가물이란 식품을 제조 · 가공 · 조리 또는 보존하는 과정에서 감미, 착색, 표백 또는 산화 방지 등을 목적으로 식품에 사용되는 물질을 말한다. 이 경우 기구 · 용기 · 포장을 살균 · 소독하는 데에 사용되어 간접적으로 식품으로 옮아갈 수 있는 물질을 포함한다(식품위생법 제2조제2호).

(9) 카페의 식재료 저장방법

① 식재료별 분류 저장, 저장장소 표시, 저장일자 표시를 원칙으로 한다.

② 카페 식재료의 저장은 분류 저장, 품질 보전 등을 위해 시행한다.

(10) 해피아워(Happy Hour, 가격 할인 시간대)

① 일정한 시간을 정해 놓고 가격을 할인해 주는 것을 말한다.

② 카페의 매출 증대를 위한 마케팅 방법이다.

(11) 인벤토리(Inventory) 조사

재고량 조사는 매월 월말에 실시한다.

(12) 파 스톡(Par Stock)

① 카페에서 하루 영업에 필요한 식재료량만큼만 준비해 두는 것이다.

② 물품 공급을 원활하게 하고 신속한 서비스를 도모하기 위한 목적으로 일정 수량의 식료 재고를 저장고에서 인출해서 영업장의 진열대나 기타의 장소에 보관하고 필요할 때 사용하는 재고를 지칭한다. 즉, 저장되어 있는 '적정 재고량'을 말한다.

(13) 식기 세척

① 식기세정제로 씻고 잘 헹궈 준다.

   ㉠ 도자기류 : 찬물과 더운물 순으로

   ㉡ 유리 글라스류 : 더운물과 찬물 순으로

② 사용한 기물은 그때그때 즉시 세척한다(사용 즉시 세척하는 것을 원칙으로 함).

핵심예제

01 식자재 관리를 위한 내용과 거리가 먼 것은?

① 먼저 구입한 물건을 항상 선반 앞쪽에 진열하고 먼저 사용한다.

❷ 냉장고는 10℃ 이하, 냉동고는 −18℃ 이하의 온도를 유지하도록 주기적으로 점검한다.

③ 식품별로 분류, 보관하여 교차오염을 예방한다.

④ 격리가 필요한 질병이 있는 경우 영업에 종사하지 않는다.

⑤ 냉장 · 냉동고는 내부 용적의 70% 이하일 때 식재료를 위생적으로 관리할 수 있다.

해설 ② 냉장고는 5℃ 이하, 냉동고는 −18℃ 이하의 온도를 유지하도록 주기적으로 점검한다.

02 위해요소 분석과 중요관리점을 표현하는 용어로, 자율적이며 체계적이고 효율적인 관리로 식품의 안전성을 확보하기 위한 과학적인 위생관리 체계를 무엇이라 하는가?

정답 식품안전관리인증기준 또는 해썹(HACCP)

(1) 안전사고 대응 요령

① 안전관리에 관한 기준을 확립하여 사고의 예방에 만전을 기한다.

② 안전사고 발생 시 신속하고 적절한 초기대응을 가능하게 하여야 한다.

③ 감전사고의 경우 사고자를 안전장소로 구출하고 의식·화상·출혈 상태 등을 확인한다.

④ 전기화재의 경우 물을 뿌리면 감전의 위험이 있으므로 분말소화기를 사용하여 화재를 진압한다.

⑤ 화재가 발생하면 건물 내 소화전의 비상버튼을 눌러 화재 상황을 건물 내 모든 사람에게 알린다. 최초 발견자는 비상벨을 눌러 상황을 전파한다.

⑥ 건물 내 비상전화 혹은 휴대전화를 이용하여 119 소방본부에 신고하여 상황을 알린다.

⑦ 초기 화재장소를 목격한 사람은 화재 시 건물 내에 비치된 소화기와 소화전을 사용하여 초기 진화를 한다.

⑧ 화재장소에서 진화가 안 될 경우 안내에 따라 외부로 질서 있게 대피한다.

⑨ 화재가 발생한 곳의 반대 방향으로 대피한다.

⑩ 대피 시 옷이나 수건 등으로 호흡기를 막고 최대한 낮은 자세로 비상등을 보며 대피해야 한다.

(2) 화재로 인한 화상을 입었을 경우 조치 요령

① 옷을 입은 상태로 차가운 물에 상처 부위를 충분히 식힌 다음 가위로 옷을 잘라서 제거한다.

② 상처 부위나 물집은 세균 감염성이 높기 때문에 건드리지 않도록 한다.

③ 2차 감염 예방을 위해 상처 부위를 살균된 거즈로 덮어 준다.

④ 아무 연고나 바르지 말고 상처를 깨끗한 거즈나 살균 붕대로 감싼 상태로 병원에 내원하여 의사에게 치료받는다.

(3) 지진 발생 시 행동 요령

① 벽면 혹은 책상 아래로 몸을 숙여서 대피한다.

② 충격에 대비해 기둥 및 손잡이 등의 고정물을 꽉 잡는다.

③ 휴대폰이나 사무실 전화로 침착하게 본인의 위치를 119에 알린다.

④ 정전이 발생하면 상황이 진정되고 나서 밖으로 탈출하는 것이 좋다.

⑤ 엘리베이터는 더 큰 사고를 초래할 수 있으므로 사용을 삼간다.

⑥ 엘리베이터 내에 있을 때 지진이 발생하면 엘리베이터 정지 후 안전하고 신속하게 내려 대피해야 한다.

⑦ 엘리베이터 안에 갇혔을 경우 엘리베이터 내 인터폰으로 상황을 전파하며 구조 요청을 하고 안에 있는 손잡이를 잡고 구조될 때까지 기다린다.

(4) 중동호흡기증후군(MERS)

① 병원체는 메르스 코로나바이러스(MERS-CoV)이다.

② 일부는 무증상이거나 가벼운 폐렴 증세를 나타내는 경우도 있다. 주증상은 발열, 기침, 호흡곤란으로 그 외에도 두통, 오한, 인후통, 콧물, 근육통뿐만 아니라 식욕부진, 오심, 구토, 복통, 설사 등이 나타난다. 잠복기는 5일이다.

③ 손 씻기 등 개인위생 수칙을 준수한다.

④ 발열 및 기침, 호흡곤란 등 호흡기 증상이 있을 경우에는 즉시 병원을 방문해야 한다.

⑤ 기침, 재채기 시 휴지로 입과 코를 가리고 휴지는 반드시 쓰레기통에 버린다.

⑥ 발열이나 호흡기 증상이 있는 사람과 접촉을 피한다.

⑦ 자가 격리기간은 증상이 발생한 환자와 접촉한 날로부터 14일이다.

(5) 코로나바이러스감염증-19(COVID-19)

① 코로나바이러스와 에볼라바이러스는 동물의 세계에 분포하는 바이러스의 종류이다. 드물게 변종이 나타나거나 알지 못하는 이유로 동물로부터 인간에게 전염되고 있다.

② 2019년 12월 중국 우한에서 발생한 신종 코로나바이러스감염증은 인체 감염 7개 코로나바이러스 중 하나이다.

③ 코로나바이러스는 감염자의 비말(침방울)이 호흡기나 눈, 코, 입의 점막으로 침투될 때 감염된다.

④ 잠복기 : 약 2~14일

⑤ 증상 : 가장 흔한 증상은 발열, 마른 기침, 피로이며 그 외에 후각 및 미각 소실, 근육통, 인후통, 콧물, 코막힘, 두통, 결막염, 설사, 피부 증상 등 다양한 증상이 나타날 수 있다.

⑥ 감염 예방

    ㉠ 예방접종 : 코로나19의 감염과 전파위험을 낮출 수 있으며, 중증질환과 사망을 예방하는 데 도움이 된다.

    ㉡ 마스크 착용 : 침방울(비말)을 통한 감염 전파를 차단할 수 있다. 입과 코를 완전히 가리고 얼굴과 마스크 사이에 틈이 없도록 밀착시켜 착용한다.

    ㉢ 청소와 소독 : 세제(비누 등)와 물을 사용하여 청소하는 것은 표면에 있는 병원체를 제거하는 데에 효과적이다.

    ㉣ 환기 : 하루에 최소 3회, 10분 이상 창문을 열어 자연환기해야 하며 냉·난방 중에도 주기적으로 환기해야 한다.

핵심예제

01 매장의 안전관리 기준으로 적합하지 않은 것은?

① 안전사고 발생 시 신속하고 적절한 초기대응을 가능하게 하여야 한다.

② 초기 화재장소를 목격한 사람은 화재 시 건물 내에 비치된 소화기와 소화전을 사용하여 초기 진화를 한다.

③ 발열이나 호흡기 증상이 있는 사람과 접촉을 피한다.

④ 화재로 인한 화상을 입었을 경우 옷을 입은 상태로 차가운 물에 상처 부위를 충분히 식힌 다음 가위로 옷을 잘라서 제거한다.

❺ 화상으로 인한 상처 부위나 물집은 비상연고를 바르는 응급조치를 한다.

해설 ⑤ 화상으로 인한 상처 부위나 물집은 세균 감염성이 높기 때문에 건드리지 않도록 한다.

02 질병관리청 전화번호는 무엇인가?

정답 1339

(1) 카페 창업

① 임대차 계약서

  ㉠ 영업 허가가 날 수 있는 정화조 용량 확인

  ㉡ 추가적인 전기 증설 필요 유무 확인

② 보건증(건강진단결과서) 발급 : 사업장 관할 보건소

③ 위생교육 수료증 발급

  ㉠ 음식점협동조합중앙회

  ㉡ 한국외식업중앙회(주류 판매 시)

④ 영업신고증 발급

  ※ 영업신고 : 보건증, 위생교육필증, 임대차 계약서, 신분증, 식품영업신고서, 양도자의 기존 영업신고증, 양도자의 신분증 사본

⑤ 사업자 등록

  ㉠ 허가증을 받고 세무서에서 사업자 등록

  ㉡ 사업 개시일 이전 20일 이내 진행

  ㉢ 인테리어 기간이 길어질 경우(6개월 이상) 가능한 빨리 진행하며 관련 서류에 대해 부가세 공제

  ㉣ 초기 인테리어 자금이 크다면 일반 과세자로 등록하는 편이 유리

⑥ 카드 단말기 등록 : 사업 개시일 5일 전까지 신청

(2) 다중이용업소법 등

① 다중이용업 및 안전시설 등(법 제2조)

  ㉠ 다중이용업 : 불특정 다수인이 이용하는 영업 중 화재 등 재난 발생 시 생명·신체·재산상의 피해가 발생할 우려가 높은 것으로서 대통령령으로 정하는 영업을 말한다.

  ㉡ 안전시설 등 : 소방시설, 비상구, 영업장 내부 피난통로, 그 밖의 안전시설로서 대통령령으로 정하는 것을 말한다.

➕ 알아보기 ●

다중이용업(영 제2조제1호)

• 휴게음식점영업·제과점영업 또는 일반음식점영업으로서 영업장으로 사용하는 바닥 면적의 합계가 100㎡(영업장이 지하층에 설치된 경우에는 그 영업장의 바닥 면적 합계가 66㎡) 이상인 것

• 다만, 영업장(내부계단으로 연결된 복층구조의 영업장 제외)이 지상 1층이나 지상과 직접 접하는 층에 설치되고 그 영업장의 주된 출입구가 건축물 외부의 지면과 직접 연결되는 곳에서 하는 영업을 제외한다.

② 다중이용업주의 안전시설 등에 대한 정기점검 등(법 제13조제1항)

다중이용업주는 다중이용업소의 안전관리를 위하여 정기적으로 안전시설 등을 점검하고 그 점검결과서를 1년간 보관하여야 한다. 이 경우 다중이용업소에 설치된 안전시설 등이 건축물의 다른 시설·장비와 연계되어 작동되는 경우에는 해당 건축물의 관계인 및 소방안전관리자는 다중이용업주의 안전점검에 협조하여야 한다.

③ 다중이용업소의 소방안전관리(법 제14조)

  ㉠ 피난시설, 방화구획 및 방화시설의 관리

  ㉡ 소방시설이나 그 밖의 소방 관련 시설의 관리

  ㉢ 화기(火氣) 취급의 감독

  ㉣ 그 밖에 소방안전관리에 필요한 업무

④ 안전점검의 대상 등(규칙 제14조)

  ㉠ 점검주기 : 매 분기별 1회 이상 점검. 다만, 「소방시설 설치 및 관리에 관한 법률」에 따라 자체점검을 실시한 경우에는 자체점검을 실시한 그 분기에는 점검을 실시하지 아니할 수 있다.

  ㉡ 점검방법 : 안전시설 등의 작동 및 유지·관리 상태를 점검한다.

⑤ 식품접객업(식품위생법 시행령 제21조제8호)

  ㉠ 휴게음식점영업

    • 주로 다류, 아이스크림류 등을 조리·판매하거나 패스트푸드점, 분식점 형태의 영업 등 음식류를 조리·판매하는 영업으로서 음주행위가 허용되지 아니하는 영업을 말한다.

• 다만, 편의점, 슈퍼마켓, 휴게소, 그 밖에 음식류를 판매하는 장소(만화가게 및 인터넷컴퓨터게임시설제공업을 하는 영업소 등 음식류를 부수적으로 판매하는 장소를 포함)에서 컵라면, 일회용 다류 또는 그 밖의 음식류에 물을 부어 주는 경우는 제외한다.

 ⓒ 일반음식점영업 : 음식류를 조리·판매하는 영업으로서 식사와 함께 부수적으로 음주행위가 허용되는 영업

 ⓒ 제과점영업 : 주로 빵, 떡, 과자 등을 제조·판매하는 영업으로서 음주행위가 허용되지 아니하는 영업

(3) 창업 절차

① 창업 유형 선택

유형	사업 성향	
프랜차이즈 창업	체계적인 시스템의 운영을 원할 경우	Two Job 또는 편하게 오토운영 매장을 원하는 경우
개인 창업	열정적으로 내 브랜드로 성장시키고자 하는 경우	비전을 갖고 투지가 높은 경우

※ 공정거래위원회 가맹사업거래 홈페이지를 통해 인근 가맹점 현황 문서, 예상 매출액 산정서 등을 확인할 수 있다(정보 공개 의무화 조치).

② 상권 분석

상권	장점	단점
번화가	• 유동인구가 많음 • 직원 및 아르바이트 채용 유리 • 신규 고객 확보 용이	경쟁업체 및 유사 업종이 많음
골목상권	경쟁업체 및 유사 업종이 적음	• 유동인구가 적음 • 직원 및 아르바이트 채용 불리

③ 메뉴 구성 : 사이드메뉴, 냉장·냉동류, 시그니처 메뉴, 컨셉, 로고 등 선정 및 구성요소 파악

④ 점포 계약

⑤ 인테리어

 ㉠ 장비 및 비품(머신, 그라인더, 블렌더, 제빙기 등) 구입을 위한 절차 및 일정 확인

• 커피머신, 제빙기(100kg) 등은 신제품으로 구입하는 것이 좋다.

• 중고머신의 경우 잔고장이 잦고 수리비용이 많이 든다. 특히 커피머신의 경우 보일러 내부의 상태를 신뢰 및 검증할 수 없다.

 ㉡ 작업 일정을 순차적으로 진행한다.

• 영업장 운영 시 작업 동선을 정확히 파악하고 커피머신의 위치를 정확하게 잡고 진행한다.

• 도장, 설비, 전기, 목공, 경비, 금속, 유통팀의 순서로 진행한다.

 – 일정이 얽히지 않게 작업이 진행되어 체계적으로 오픈 일정을 맞출 수 있도록 한다.

 – 작업 일정이 겹치지 않아야 진행이 수월하며 A/S 및 동선 변경 등이 발생하더라도 일정 및 손실을 최소화할 수 있다.

더 알아보기

전기공사 (커피머신)	• 커피머신 종류를 결정한다. – 커피 기계는 종류에 따라 소비전력이 3~7kw로 다양하다. – 전기용량 승압공사 여부를 검토한다. – 커피기계의 전기용량이 작다면 플러그로 연결 가능하다. – 전기용량이 큰 커피기계의 경우 직접 연결한다. • 장기간 사용하면 보일러히터 코일에 스케일(Scale)이 흡착되어 과부하가 발생하고 이로 인해 화재 발생 위험이 높아진다. • 전기차단기 위치를 정확하게 파악한다.
배수시설	• 커피기계 1~2m 내에 배수시설을 만든다. • 배수 파이프, 배수관 위치를 잘 잡아야 누수나 막힘 없이 원활한 작업환경이 유지되고 청소하기 수월해야 청결한 매장 운영이 가능하다. • 포터필터 세척과정 시 커피 찌꺼기가 조금씩 배수구로 들어가 쌓이면 막힐 수 있으니 배수라인 청소 및 관리에 신경써야 한다.
급수시설	• 전처리필터나 정수필터 사용 – 수돗물 품질은 건물, 지역별로 수질 차이가 생길 수 있다. – 오래된 건물이나 노후된 상수도관에서 발생하는 녹물, 염소냄새는 커피 맛을 떨어뜨리는 원인이 된다. • 지하수 사용 – 지하수에 포함된 미네랄 성분이 커피기계에 스케일로 달라붙어 고장을 유발할 수 있다. – 연수기능이 있는 필터를 사용하고 주기적으로 교체한다.

⑥ 위생교육, 보건증, 영업허가증 사업자등록증 등록 및 절차 수행

⑦ 포스 설치, CCTV 설치

⑧ 재료 선정 및 초두물량 발주

⑨ **직원, 아르바이트 채용 및 교육**

　㉠ 외식업체의 직원 수는 손익구조 산출의 핵심 요인 중 하나이다. 적절한 직원 및 아르바이트 인원 채용은 수익뿐만 아니라 고객만족도를 결정짓는 서비스 수준과 연결된다.

　㉡ 1인당 생산성을 파악한다.
- 하루 예상매출액 : 1,500,000원
- 예상 직원 및 아르바이트생 : 5명
- 월 매출 : 45,000,000원
- 월 평균급여 : 2,300,000원
- 인건비 코스트(Cost) : 25.5%

　㉢ 외식업소 손익구조 일반사례(한국외식경영학회)

항목		비율
고정비	임대비	8%
	감가상각비(금융이자 등)	5~8%
변동비	인건비	25%
	식자재비	32%
	제경비	8%
비용 합계		78~81%
수익률		19~22%

⑩ **가오픈**

　㉠ 임시로 영업을 시작하여 시설 및 기물, 물품 등의 준비가 부족하거나 미비한 부분을 확인하고 보충한다.

　㉡ 손님을 맞이하면서 불편한 점이나 경험 부족에서 오는 실수와 개선사항을 확인한다.

　㉢ 수정 및 보완할 부분을 점검하고 마무리 작업을 수행한다.

　㉣ 그랜드 오픈과의 격차는 3~7일 정도가 좋다.

⑪ **그랜드 오픈**

⑫ 단골고객 확보 및 관리(재방문 유도 및 마케팅관리 및 이벤트 등)

(4) 영업허가증

① 주소지의 영업신고 가능 여부를 확인한다.

② 영업신고는 영업 준비가 거의 다 되었을 때 진행한다. 신고 후 2주~한 달 이내에 시설조사가 나오기 때문이다.

③ 사업장 소재지의 관할 구청 또는 보건소 위생과에 방문해서 접수한다.

※ 신분증, 필요 서류, 수수료

④ **영업허가를 승계하는 경우** : 구청이나 시청에 양수인과 양도인이 함께 방문한다.

　㉠ 신규 임차인(양수인) : 신분증, 위생교육수료증, 건강진단서(보건증), 수수료

　㉡ 기존 임차인(양도인) : 신분증, 영업허가증 원본

⑤ **영업허가증 발급 절차**

　㉠ 건강진단서(보건증) : 보건소나 병원에서 발급받을 수 있다.

　㉡ 상가 임대차계약서
- 등기부등본과 건축물대장 확인
- 일반음식점이나 휴게음식점을 할 수 있는 근린생활시설인지 확인
- 추가적인 전기 증설 필요 유무 확인
- 정화조 용량 및 위반 건축물이 없는지, 계약 전략, 가스, 소방허가, 영업허가증 승계 여부, 철거, 간판 등 다양한 요소를 꼼꼼하게 검토 후 계약(정화조 용량의 경우 계약 당시 공인중개사를 통해 구청 청소과에 확인)
- 기존 임차인이 있는 경우
  - 미납된 전기세, 수도세 등 각종 세금 확인
  - 영업허가증을 승계받을 것인지, 폐업신고가 되어 있는지 등을 확인
- 권리금을 주고 임대 계약하는 경우 : 권리금에 해당하는 시설물 및 급배수, 누수, 냉난방(에어컨) 등을 확인

　㉢ 위생교육필증

　㉣ 식품영업신고서 작성 후 영업신고

　㉤ 신청접수를 마치고 대기 후 수수료 납부

　㉥ 사업장 소재지 관할 세무서 방문 후 사업자등록증 신청

⑥ 해당 대상 시 확인사항
  ㉠ 소방시설 완비증명서(소방필증) 발급
    • 방염 인테리어, 피난 시설 완비
      – 지하 : 바닥 면적의 합계 66m^2(약 20평)
      – 2층 이상 : 바닥 면적의 합계 100m^2(약 30평)
  ㉡ 액화석유가스 사용시설 검사필증(가스필증) 발급 : LPG가스 사용 시 한국가스안전공사에 문의하여 가스필증 발급
  ㉢ 재난배상책임보험 가입
    • 1층 100m^2 이상
    • 인허가 30일 이내나 사용 개시 전까지 가입해야 한다(미가입 시 30~300만원 과태료 부과).
  ㉣ 수질검사성적표 발급 : 지하수 사용 시 필요
  ㉤ 동업계약서 제출 : 1인 이상 동업 시

알아보기

선택사항
• 일반음식점 또는 휴게음식점 선택
  – 일반음식점 : (사)한국외식업중앙회
    알코올 음료 판매 및 음식류를 조리·가열·판매하여 식사를 함께 제공할 수 있다.
  – 휴게음식점 : (사)한국휴게음식업중앙회
    ⓐ 주로 다류, 아이스크림류 등을 조리·판매하거나 패스트푸드점, 분식점 형태의 영업 등 음식류를 조리·판매하는 영업으로서 음주행위(알코올 음료는 판매 불가)가 허용되지 아니하는 영업을 말한다.
    ⓑ 제조된 빵, 떡, 쿠키, 과자를 판매할 수 있다.
• 즉석판매 제조가공
  – 로스팅 장소와 카페가 파티션 등으로 공간이 분리되어야 한다.
  – 판매자가 식품을 즉석에서 만들어 최종 소비자에게 직접 판매할 수 있다(인터넷판매 가능).
    ⓐ 고객에게 원두 판매 가능
    ⓑ 카페에 납품할 때는 소비기한을 찍어 납품
  – 2차 판매가 안 된다(마트 납품, 유통업체 납품 불가).
  – 납품한 카페에서 에스프레소로 내려서 판매하는 것은 가능하지만 여기서 원두 판매는 안 된다(500g, 1kg 단위 원두 포장판매 불가)
• 식품제조가공업
  – 로스터리 공장
  – 유통사, 도매사업자, 개인사업자 납품 가능
  – 카페 납품이나 유통이 가능(500g, 1kg 단위 원두 포장 판매 가능)
  – 규모가 가장 크며 시설기준도 까다롭고 관리도 엄격함

(5) 사업자등록증
① 영업허가증 발급 후 사업장 관할 소재지 세무서에서 사업 개시일로부터 20일 이내에 등록한다.
② 필요 서류 : 영업허가증, 임대차계약서, 신분증

핵심예제

01 카페 창업 개시를 위한 행정서류 절차에서 필요하지 않은 것은?
① 임대차 계약서
❷ 메뉴 및 레시피
③ 영업신고증 발급
④ 위생교육 수료증 발급
⑤ 보건증(건강진단결과서) 발급

02 영업 준비 중인 영업장이 지상 2층에 위치하며 바닥 면적의 합계 100m^2(약 30평) 이상이다. 오픈 전 필수 확인사항이 아닌 것은?
① 방염 인테리어, 피난 시설을 완비하고 소방필증을 발급받아야 한다.
② LPG가스 사용 시 한국가스안전공사에 문의하여 가스필증을 발급받아야 한다.
③ 재난배상책임보험을 영업장 인허가 30일 이내나 사용 개시 전까지 가입해야 한다.
④ 지하수를 사용하는 경우 수질검사성적표를 발급받아야 한다.
❺ 동업의 경우 1인 대표자를 선정하여 계약서를 작성하고 영업신고를 한다.

해설 ⑤ 1인 이상 동업 시 동업계약서를 제출해야 한다.

PART 2

최종모의고사

제1회~제10회 최종모의고사

회독체크

			Check!
제1회	최종모의고사		☐
제2회	최종모의고사		☐
제3회	최종모의고사		☐
제4회	최종모의고사		☐
제5회	최종모의고사		☐
제6회	최종모의고사		☐
제7회	최종모의고사		☐
제8회	최종모의고사		☐
제9회	최종모의고사		☐
제10회	최종모의고사		☐

☐ 칸에 학습진도를 체크하세요.

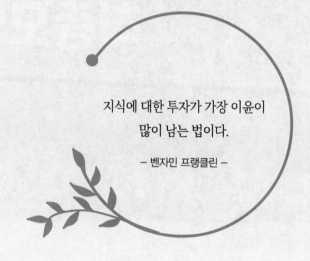

지식에 대한 투자가 가장 이윤이
많이 남는 법이다.

– 벤자민 프랭클린 –

최종모의고사

제 **1** 회

01 커피의 고향 에티오피아에서도 최초로 커피가 발견된 지역으로, 짐마(Djimmah)의 옛 명칭이기도 한 것은 무엇인가?

① Kahwa

② Kahve

③ **Kaffa**

④ Qahwah

⑤ Kaldi

해설

카파(Kaffa)는 아랍어로 '힘'을 뜻한다.

02 다음에서 설명하고 있는 것으로 올바른 것은?

- 이탈리아에서 가장 오래된 카페이다.
- 베네치아의 상징 중 하나로 산마르코 광장에 위치하고 있다.
- 1720년 개업했다.

① **플로리안(Florian)**

② 카페 드 프로코프(Cafe de Procope)

③ 니느그지 기피하우스

④ 푸른병 아래의 집

⑤ 더 킹스 암스(The King's Arms)

03 다음 커피나무에 대한 설명 중 ( )에 들어갈 단어를 올바르게 나열한 것은?

- 커피나무는 식물학적 관목으로 꼭두서니과 코페아속에 속하는 다년생 (㉠)이다.
- 열매가 맺기 전에는 (㉡)가, 꽃이 피고 열매를 맺은 후에는 짧은 기간의 (㉢)가 필요하다.

① ㉠ 쌍떡잎식물, ㉡ 우기, ㉢ 우기

② ㉠ 외떡잎식물, ㉡ 우기, ㉢ 우기

③ ㉠ 외떡잎식물, ㉡ 우기, ㉢ 건기

④ ㉠ 쌍떡잎식물, ㉡ 건기, ㉢ 건기

⑤ **㉠ 쌍떡잎식물, ㉡ 우기, ㉢ 건기**

04 다음에서 설명하고 있는 품종은 무엇인가?

- 아라비카 원종에 가장 가깝고 현존하는 품종들의 모태가 된다.
- 콩은 긴 타원형으로 끝이 뾰족하고 좁다.
- 고지대에서도 잘 자라서 밀도가 강하고 상큼한 레몬 향, 꽃 향 등의 뛰어난 향이 나며 신맛을 가지고 있다.
- 블루마운틴, 하와이 코나가 대표적이다.

① **티피카(Typica)**

② 버번(Bourbon)

③ 카투라(Caturra)

④ 카티모르(Catimor)

⑤ 카투아이(Catuai)

05 다음에서 설명하고 있는 커피는 무엇인가?

> • 농약이나 화학비료를 전혀 사용하지 않고
>   재배한 커피이다.
> • 바나나 나무같이 잎이 넓은 나무를 심어
>   그늘 아래(Shade Grown)에서 재배한다.

① ✓ 유기농 커피(Organic Coffee)
② 버드 프렌들리 커피(Bird-friendly Coffee)
③ 공정무역 커피(Fair Trade Coffee)
④ 디카페인 커피(Decaffeinated Coffee)
⑤ 그린커피(Green Coffee)

07 생두가 거치는 마지막 단계는 무엇인가?

① 탈곡(Milling)
② 돌 제거(Destoning)
③ ✓ 선별(Grading)
④ 프리클리닝 과정(Pre-cleaning)
⑤ 헐링(Hulling)

> **해설**
> 선별(Grading)
> • 탈곡과정이 끝난 생두가 마지막으로 거치는 단계이다.
> • 생두의 균일한 품질의 보장과 보관의 용이성 때문에 꼭
>   필요한 과정이다.

06 다음에서 설명하고 있는 커피 가공방법은?

> • 체리 수확 후 물에 가볍게 씻고 펄핑한
>   다음 점액질이 묻어 있는 파치먼트 상태
>   로 건조한다.
> • 점액질이 생두에 흡수되어 풍부한 단맛과
>   향을 얻을 수 있다.
> • 브라질에서 주로 사용한다.

① 건식법(Dry Method)
② 내추럴 커피(Natural Coffee)
③ 습식법(Wet Method)
④ 세미 워시드법(Semi Washed Processing)
⑤ ✓ 펄프드 내추럴법(Pulped Natural Proce-
   ssing)

08 다음에서 설명하는 커피 생산국은 어디인가?

> • 커피 생산은 소규모로 이루어져 영세하지
>   만, 맛과 향은 세계 최고의 수준이다.
> • 습식법과 건식법을 병행한다.
> • 생두 300g 중 결점두 수에 따라 G1, G2
>   등 총 1~8등급으로 나눈다.
> • 야생에서 커피를 채취하여 커피의 전통과
>   자연이 그대로 담긴다.

① ✓ 에티오피아(Ethiopia)
② 탄자니아(Tanzania)
③ 케냐(Kenya)
④ 하와이(Hawaii)
⑤ 인도네시아(Indonesia)

09 다음에서 생두의 분류 기준을 모두 고른 것은?

> ㄱ. 생두의 크기에 따른 분류
> ㄴ. 결점두에 의한 분류
> ㄷ. 생두의 계절에 따른 분류
> ㄹ. 생두의 재배고도에 의한 분류

① ㄱ, ㄴ 　　　　 ✓ ㄱ, ㄴ, ㄹ
③ ㄴ, ㄷ 　　　　 ④ ㄴ, ㄷ, ㄹ
⑤ ㄷ, ㄹ

10 다음 중 로스팅과 관련된 설명으로 올바른 것을 모두 고른 것은?

> ㄱ. 로스팅은 '볶는다', '굽는다'라는 뜻이다.
> ㄴ. 로스팅은 기계작업으로 진행되기에 간단하면서도 원두에 미치는 영향이 적다.
> ㄷ. 로스팅을 전문적으로 수행하는 사람을 커퍼(Cupper)라 하며 커피의 맛과 향을 체계적으로 감별하는 사람이다.
> ㄹ. 커피 생두에 열을 가해 흡열반응과 발열반응으로 팽창시킴으로써 물리적·화학적 변화를 일으켜 원두로 변화시키는 것이다.
> ㅁ. 배전(Roasting), 분쇄(Grinding), 추출(Brewing)의 세 가지 공정을 꼭 거쳐야 한다.

① ㄱ, ㄴ, ㄷ 　　　 ② ㄱ, ㄷ, ㄹ
③ ㄱ, ㄷ, ㅁ 　　　 ✓ ㄱ, ㄹ, ㅁ
⑤ ㄴ, ㄷ, ㄹ

해설
ㄴ. 커피의 고유한 향미가 생성되는 유일한 공정으로, 배전에 의해 600여 가지 이상의 화학물질이 생성되기에 매우 중요한 과정이다.
ㄷ. 커피의 맛과 향 등 특성을 체계적으로 감별하는 것을 커핑(Cupping)이라고 하며, 커퍼(Cupper)는 이런 작업을 전문적으로 수행하는 사람이다. 로스팅하는 전문가는 로스터라 한다.

11 다음은 각 국가의 커피문화를 설명한 것이다. 올바르지 않은 것은?

① 에티오피아 – 귀한 손님에게 커피를 대접하는 '분나 마프라트(Bunna Maffrate)'라는 문화가 있다.

② 네덜란드 – 필터커피와 우유를 1 : 1 비율로 섞은 커피를 주로 마신다.

③ 러시아 – 혹한의 추운 환경 때문에 코코아가루에 커피를 붓고 설탕을 넣어 마신다.

④ 아이슬란드 – 신선한 우유를 쉽게 구할 수 있는 산업적인 특성으로 우유와 커피 메뉴가 매우 발달되어 있다.

✓ 미국 – 노예제를 둘러싼 갈등으로 시작된 남북전쟁으로 커피를 마시게 됐으며 세계에서 가장 큰 커피 소비국이 되었다.

해설
1773년 보스턴 티 사건은 1776년 미국 독립전쟁의 직접적인 발단이 되었다. 이후 미국에서는 차를 마시는 문화가 서서히 커피로 옮겨갔다. 그렇지만 여전히 미국은 차를 많이 마시는 국가다.

12 다음 중 카페인의 효능이 아닌 것은?

① 신경전달물질 분비를 자극해 각성효과와 피로회복 효과가 있다.

② 체지방의 분해를 증가시키고 기초대사율을 높이며, 근육활동 능력을 증가시킨다.

✓ 카페인은 공복에 커피 음용 시 긍정적인 효과가 나타난다.

④ 카페인 500mg 이상 섭취 시 카페인 중독 및 금단현상이 나타날 수 있다.

⑤ 위염, 위궤양 증세가 있을 때는 커피 음용을 자제하는 것이 좋다.

해설
카페인은 신속하게 위장관에 흡수·대사되므로 공복에는 커피 음용을 자제한다.

13 커피를 산패시키는 요인으로 가장 거리가 먼 것은?

① 압력   ② 산소
③ 습도   ④ 온도
⑤ 분쇄도

해설
햇빛은 온도를 상승시켜 산소의 결합을 가속화시키기 때문에 피한다.

14 다음 중 원두의 올바른 보관방법에 해당하는 것을 모두 고른 것은?

> ㄱ. 25℃ 이하에서 실온 보관한다.
> ㄴ. 볕이 들지 않는 서늘한 곳에 보관한다.
> ㄷ. 개봉된 커피 봉투는 안쪽의 공기를 최대한 빼낸 뒤 개봉된 부위를 테이프로 막고 접어서 햇빛이 잘 드는 창가에 보관한다.
> ㄹ. 지퍼백의 경우 공기를 최대한 빼낸 뒤 지퍼를 닫고 접어서 보관한다.
> ㅁ. 포장용기 내에 이산화탄소를 삽입하고 공기를 차단해 포장하는 방법이 보관기간이 가장 길다.

① ㄱ, ㄴ, ㄹ
② ㄱ, ㄴ, ㄹ, ㅁ
③ ㄴ, ㄷ, ㄹ
④ ㄴ, ㄷ, ㄹ, ㅁ
⑤ ㄷ, ㄹ, ㅁ

해설
ㄷ. 개봉된 커피 봉투는 안쪽의 공기를 최대한 빼낸 뒤 개봉된 부위를 테이프로 막고 접어서 보관한다.
ㅁ. 포장용기 내에 질소를 삽입하고 공기를 차단해 포장하는 방법이 보관기간이 가장 길다.

15 다음 ( ) 안에 들어갈 단어를 순서대로 나열한 것은?

> • 커피의 가공방법 중 내추럴 프로세스의 맛은 ( )이 강하다.
> • 워시드 커피는 내추럴 커피와 비교하면 ( )과 좋은 향이 특징이다.

① 떫은맛, 단맛
② 신맛, 단맛
③ 단맛, 신맛
④ 짠맛, 단맛
⑤ 짠맛, 떫은맛

해설
• 내추럴 커피(Natural Coffee)는 과육이 그대로 생두에 흡수되면서 단맛과 바디가 더 강하다.
• 워시드 커피(Washed Coffee)는 신맛과 좋은 향이 특징이다.

16 커피를 마시고 남은 찌꺼기로 앞날을 예측하는 커피점으로 유명한 나라는?

① 이탈리아
② 에티오피아
③ 스웨덴
④ 네덜란드
⑤ 그리스

17 다음에서 설명하고 있는 커피 품종은 무엇인가?

> • 1937년 브라질에서 발견된 버번나무의 꺾꽂이로 개발한 돌연변이종이다.
> • 녹병에 강해 비교적 생산성이 높다.
> • 레몬과 같은 신맛과 약간 떫은맛을 지니고 있다.
> • 나무의 키가 작으며 마디 사이가 짧다.

① 카티모르(Catimor)
② **카투라(Caturra)** ✔
③ 카투아이(Catuai)
④ 문도노보(Mundo Novo)
⑤ 마라고지페(Maragogype)

> **해설**
> 약 1,000m 이하의 고도에서 잘 자라며 땅에 붙어 자라기 때문에 열매 수확이 쉽다.

18 보일러에 물을 공급시키고 동시에 커피를 추출할 때 정상적인 압력(9bar)을 걸어주는 역할을 하는 것은 무엇인가?

① 디퓨저(Diffuser)
② 가스켓(Gasket)
③ 샤워 스크린(Shower Screen)
④ **로터리 펌프(Rotary Pump)** ✔
⑤ 솔레노이드 밸브(Solenoid Valve)

> **해설**
> 일반 급수는 1~2bar 정도의 에스프레소를 추출하기에는 너무 약한 압력이다. 이때 로터리 펌프(Rotary Pump)가 7~9bar의 압력을 승압시켜 주는 역할을 한다.

19 에스프레소 머신 설치 시 접지 공사(Grounding)를 제대로 해야 하는 이유를 모두 고르시오.

> ㄱ. 전기의 잔류 전류를 흘려보내기 위해서
> ㄴ. 물건을 직접 만질 때 감전사고를 예방하기 위해서
> ㄷ. 에스프레소 머신과 테이블 냉장고를 함께 만졌을 때 쇼크가 오는 걸 방지하기 위해서
> ㄹ. 에스프레소 기계의 고장 원인을 제거하여 수명을 늘려주기 위해서
> ㅁ. 기계의 소음 방지를 위해서

① **ㄱ, ㄴ, ㄷ, ㄹ** ✔
② ㄱ, ㄴ, ㄷ, ㅁ
③ ㄴ, ㄷ, ㄹ, ㅁ
④ ㄱ, ㄷ, ㄹ, ㅁ
⑤ ㄱ, ㄴ, ㄹ, ㅁ

20 그라인더의 올바른 사용방법만 선택한 것은?

> ㄱ. 분쇄입자를 곱게 할수록 추출시간은 짧아진다.
> ㄴ. 그라인딩 단계는 미분, 가늘게, 중간 굵기, 굵게로 조절할 수 있다.
> ㄷ. 분쇄 시 열이 많이 발생하기 때문에 사용한 시간의 2배 이상의 휴식시간을 가져야 한다.
> ㄹ. 커피 입자를 작게 분쇄할 수 있으나 열 발생이 많아 그라인더 날의 주기가 짧아진다.

① ㄱ, ㄴ
② ㄴ, ㄷ
③ ㄱ, ㄷ
④ ㄱ, ㄴ, ㄷ
⑤ **ㄴ, ㄷ, ㄹ** ✔

> **해설**
> ㄱ. 분쇄입자를 곱게 할수록 추출시간은 길어진다.

21 다음 중 크레마(Crema)에 대해 올바르게 설명한 것을 모두 고르시오.

> ㄱ. 크레마의 두께는 일반적으로 1mm 정도가 있어야 한다.
> ㄴ. 커피의 지방 성분, 탄산가스, 향 성분이 결합하여 생성된 미세한 거품이다.
> ㄷ. 크레마 색상은 밝은 연노란색을 띠어야 한다.
> ㄹ. 에스프레소 평가에 있어 중요한 요소이다.
> ㅁ. 크레마는 지속력과 복원력이 높을수록 좋게 평가한다.

① ㄱ, ㄴ, ㄹ
② ㄱ, ㄴ, ㅁ
③ ㄴ, ㄷ, ㄹ
④ ㄴ, ㄹ, ㅁ ✓
⑤ ㄷ, ㄹ, ㅁ

해설
ㄱ. 크레마의 두께는 일반적으로 3~4mm 정도가 있어야 한다.
ㄷ. 크레마 색상이 밝은 연노란색을 띠면 과소 추출에 해당한다. 크레마 색상은 밝은 갈색이나 붉은빛이 도는 황금색을 띠어야 한다.

22 커피를 마실 때 느낄 수 있는 향기와 맛의 전체적인 느낌을 무엇이라 하는가?

① Flavor ✓
② Mouthfeel
③ Gustation
④ Viscosity
⑤ Body

해설
커피를 마실 때 느낄 수 있는 향기와 맛의 전체적인 느낌을 플레이버(Flavor, 향미)라고 한다.

23 다음 중 에스프레소 추출 동작 순서를 올바르게 나열한 것은?

> ㄱ. 에스프레소 머신의 보일러 압력과 펌프압력이 정상 범위에 있는지 확인하고 포터필터를 분리한다.
> ㄴ. 그룹헤드에 장착 후 추출 버튼을 누른다.
> ㄷ. 탬핑(Tamping) : 엄지와 검지로 가장자리 수평을 맞추면서 고르게 눌러준다. 1차 혹은 2차 고르게 눌러준다.
> ㄹ. 도징(Dosing) : 커피 파우더를 담는다.
> ㅁ. 태핑(Tapping) : 포터필터 가장자리 부분의 가루를 털어내고 평평하게 파우더가 담기도록 탬퍼의 뒷부분이나 손바닥으로 가볍게 친다.

① ㄱ → ㄴ → ㄷ → ㄹ → ㅁ
② ㄱ → ㄷ → ㄹ → ㅁ → ㄴ
③ ㄱ → ㄹ → ㅁ → ㄷ → ㄴ ✓
④ ㄴ → ㄷ → ㄹ → ㅁ → ㄱ
⑤ ㄹ → ㅁ → ㄷ → ㄴ → ㄱ

24 에스프레소를 추출하기 위해 원두를 분쇄하는 이유는 무엇인가?

① 원두의 좋지 않은 휘발성분을 분리하기 위해서
② 물과 접촉하는 커피의 표면적을 넓게 하기 위해서 ✓
③ 시각, 청각의 효과를 극대화하기 위해서
④ 코스트 절감을 위해서
⑤ 커피의 양을 정확하게 담기 위해서

해설
커피 분쇄(Grinding)의 목적
원두의 고체상태 물질을 파괴해 물과 접촉하는 표면적을 넓게 하여 커피의 유효성분이 쉽게 용해되어 나오도록 하기 위함이다.

25 다음 중 로스팅 방법에 대해 올바르게 설명한 것을 모두 고르시오.

> ㄱ. 생두의 원산지를 파악하여 로스팅 포인트를 찾는다.
> ㄴ. 로스팅 진행의 중요한 에너지의 변수는 온도와 시간이다.
> ㄷ. 로스팅의 진행 속도는 생두의 무게에 따라 한 번 측정 후 냉각까지 일정한 시간으로 진행된다.
> ㄹ. 초기 투입온도의 설정과 가스압력의 정도(공급 화력의 세기) 등을 고려하여야 한다.
> ㅁ. 생두의 특징에 따라서 투입온도를 세팅한다.

① ㄱ, ㄷ, ㄹ
② ㄱ, ㄴ, ㅁ
③ ㄴ, ㄹ, ㅁ ✔
④ ㄴ, ㄷ, ㄹ
⑤ ㄷ, ㄹ, ㅁ

해설
ㄱ. 생두의 수분 함유량과 밀도의 차이를 분석하여 로스팅 포인트를 찾는다.
ㄷ. 로스팅의 진행 속도에 따라 내부의 수분 증발이나 부피 팽창의 정도가 달라진다.

26 전체 커피의 맛과 향을 결정짓는 중요한 시점으로 가열된 드럼통에 생두를 투입했을 때 드럼통 온도가 떨어지기 시작하다가 다시 온도가 올라가는 시점을 무엇이라 하는가?

① 체크 포인트
② 로스팅 포인트
③ 생두 포인트
④ 터닝 포인트 ✔
⑤ 열 포인트

27 다음은 생두의 특징에 따른 투입온도 세팅을 정리한 표이다. ( ) 안에 들어갈 단어를 순서대로 잘 나열한 것은?

투입온도 낮음	투입온도 중간	투입온도 높음
(㉠)	(㉡)	(㉢)
(㉣)	조밀도 중	(㉤)

① ㉠ 뉴 크롭, ㉡ 패스트 크롭, ㉢ 올드 크롭, ㉣ 조밀도 약, ㉤ 조밀도 강
② ㉠ 올드 크롭, ㉡ 패스트 크롭, ㉢ 뉴 크롭, ㉣ 조밀도 약, ㉤ 조밀도 강 ✔
③ ㉠ 올드 크롭, ㉡ 뉴 크롭, ㉢ 패스트 크롭, ㉣ 조밀도 약, ㉤ 조밀도 강
④ ㉠ 패스트 크롭, ㉡ 뉴 크롭, ㉢ 올드 크롭, ㉣ 조밀도 강, ㉤ 조밀도 강
⑤ ㉠ 올드 크롭, ㉡ 패스트 크롭, ㉢ 뉴 크롭, ㉣ 조밀도 강, ㉤ 조밀도 약

28 다음 중 블렌딩(배합) 방식을 적절하게 표현하지 못한 것은?

① 특성이 서로 다른 커피를 혼합하여 새로운 맛과 향을 지닌 커피를 만들기 위한 작업이다.
② 원두의 성격을 잘 파악하고 있어야 하다
③ 재고관리가 힘든 원두를 적절하게 분배하여 소비하는 방법이다. ✔
④ 각각의 생두를 따로 로스팅한 후 블렌딩하는 방법을 단종배전이리 힌다.
⑤ 정해진 블렌딩 비율에 따라 생두를 미리 혼합한 후 로스팅하는 방법을 혼합배전이라 한다.

29 커피 향의 강도에 따른 분류가 적절하게 연결된 것을 모두 고르시오.

> ㄱ. Rich - 풍부하면서 강한 향기
> ㄴ. Full - 풍부하지만 강도가 약한 향기
> ㄷ. Heavy - 고형성분의 양이 많음
> ㄹ. Flat - 향기가 일정할 때
> ㅁ. Rounded - 풍부하지도 않고 강하지도 않은 향기

① ㄴ, ㄷ, ㄹ
② ㄱ, ㄴ, ㄷ
③ ㄱ, ㄴ, ㅁ
④ ㄴ, ㄹ, ㅁ
⑤ ㄷ, ㄹ, ㅁ

해설
ㄹ. Flat - 향기가 없을 때

30 에스프레소 추출 시 커피의 지방 성분, 탄산가스, 향 성분이 결합하여 생성된 거품을 지칭하는 단어는 무엇인가?

① 바디(Body)
② 버블(Bubble)
③ 프래그런스(Fragrance)
④ 오일(Oil)
⑤ 크레마(Crema)

해설
크레마(Crema)는 커피의 지방 성분, 탄산가스, 향 성분이 결합하여 생성된 미세한 거품으로 커피 양의 10% 이상은 되어야 한다.

31 로스팅이 진행됨에 따라 생두의 색이 갈색으로 변화되는 갈변화 현상과 관련이 없는 성분은?

① 단백질   ② 자당
③ 아미노산   ④ 카페인
⑤ 클로로겐산

32 다음 중 도징(Dosing)에 대해 올바르게 설명하고 있는 것은?

① 커피 그라인더로 적절한 굵기의 커피를 분쇄한 다음 일정한 양의 분쇄된 원두를 포터필터에 담는 동작을 말한다.
② 호퍼에 원두를 담아 그라인딩을 준비하는 동작을 말한다.
③ 분쇄된 커피를 포터필터에 채우고 다지는 행위를 말한다.
④ 포터필터에 담긴 원두를 정돈하는 작업을 말한다.
⑤ 온수 버튼을 눌러 뜨거운 물을 추출하는 동작을 말한다.

33 다음 중 댐퍼(Damper)의 역할을 올바르게 설명하고 있는 것을 모두 고르시오.

> ㄱ. 드럼 내부 공기의 흐름을 조절하는 역할을 한다.
> ㄴ. 드럼 내부의 수분을 일정하게 유지시키는 역할을 한다.
> ㄷ. 드럼 내부의 온도와 열량을 조절하는 역할을 한다.
> ㄹ. 드럼 내부의 생두를 골고루 섞어 주는 역할을 한다.
> ㅁ. 드럼 내부의 연기, 채프, 먼지 등을 날려 보내는 배기기능 역할을 한다.

① ㄱ, ㄴ, ㄷ
② ㄱ, ㄷ, ㅁ
③ ㄴ, ㄷ, ㄹ
④ ㄴ, ㄹ, ㅁ
⑤ ㄷ, ㄹ, ㅁ

해설
댐퍼의 기능 : 배기기능, 드럼 내 산소 공급, 드럼 내 온도·열량 조절

34 핸드드립 추출방법 중 커피 오일 성분이 그대로 추출되어 매끄러운 촉감의 바디감이 있으며 여과법의 제왕으로 불리는 것은 무엇인가?

① 칼리타 드립 추출법
② 고노 드립 추출법
③ **융 드립 추출법**
④ 여과식 드립 추출법
⑤ 침지식 드립 추출법

> **해설**
> 융 드립이 페이퍼 드립보다 지용성 물질이 많이 통과되어 부드러운 맛을 느낄 수 있다.

35 다음 중 로스팅 방식에 따른 분류가 아닌 것은?

① 열풍식
② **수세식**
③ 직화식
④ 원적외선
⑤ 마이크로파

> **해설**
> 로스팅 방식은 직화식, 열풍식, 반열풍식, 원적외선, 마이크로파, 고압을 이용한 방법 등이 있다. 수세식은 커피가공법이다.

36 벨벳 밀크를 올바르게 설명한 것을 모두 고르시오.

> ㄱ. 미국 등지에서 창조적인 예술표현으로 벨벳 밀크라는 용어를 사용했다.
> ㄴ. 거친 우유거품을 말한다.
> ㄷ. 우유를 데우는 과정 중 미세한 스팀과 우유 수면에서의 공기가 우유 내부에 삽입되어 눈에 보이지 않을 정도의 무수한 기포가 함유된 우유를 말한다.
> ㄹ. 이탈리아 벨루티가(Velluti Family)의 발명에서 유래되어 벨루토(Velluto)라 불린다.
> ㅁ. 벨벳 밀크를 만드는 방법과 과정 그리고 맛은 바리스타만의 기술이다.

① ㄱ, ㄴ, ㄷ
② ㄱ, ㄷ, ㄹ, ㅁ
③ ㄴ, ㄷ, ㄹ
④ ㄴ, ㄷ, ㄹ, ㅁ
⑤ **ㄷ, ㄹ, ㅁ**

> **해설**
> 벨벳 밀크 : 이탈리아에서는 창조적인 예술표현으로 벨벳 밀크라는 용어를 사용했다. 이는 미국 등지에서 불리는 폼 밀크(Foam-milk)나 마이크로 버블과 같은 의미이다. 벨벳 밀크는 기포가 눈에 보이지 않을 정도의 매끄러움을 지니므로 마치 벨벳의 반짝임과 같다고 할 수 있다.

37 다음 커피의 성분 중 갈변반응을 통해 원두가 갈색을 띠게 하고, 플레이버와 아로마 물질을 형성하게 만드는 물질은 무엇인가?

① 지방
② 카페인
③ 탄수화물
④ **자당**
⑤ 칼륨

> **해설**
> 당류 중 가장 많은 자당(Sucrose)은 갈변반응을 통해 원두가 갈색을 띠게 하고, 플레이버와 아로마 물질을 형성하며 로스팅 후 대부분 소실된다.

38 커피의 맛과 향을 내는 아로마와 깊은 관계가 있으면서 로부스타보다 아라비카에 더 많이 들어 있는 성분은?

① 카페인
② 지방산
③ 인
④ 탄수화물
☑ **지질**

해설
지질은 아라비카에는 15.5% 정도, 로부스타에는 9.1% 정도 함유되어 있다.

39 다음 중 우유에 함유되어 있는 수분의 비율은?

☑ **88%**
② 99%
③ 65%
④ 76%
⑤ 50%

40 다음에서 설명하고 있는 카페 메뉴는 무엇인가?

- 에스프레소를 시럽과 얼음이 든 셰이커에 넣고 흔들어 만든 아이스커피이다.
- 풍부한 거품으로 부드러움을 동시에 즐길 수 있다.

① 카페 젤라또(Cafe Gelato)
② 밀크티(Milk Tea)
☑ **샤케라토(Shakerato)**
④ 비엔나 커피(Vienna Coffee)
⑤ 버블티(Bubble Tea)

41 카페 음료 중 **카페오레(Cafe au Lait)**를 올바르게 설명한 것은?

ㄱ. 에스프레소에 휘핑크림을 얹어 부드럽게 즐기는 메뉴 중 하나이다.
ㄴ. 초콜릿이 첨가된 음료이다.
ㄷ. 맛이 부드러워 프랑스에서는 주로 아침에 마신다.
ㄹ. 이탈리아에서는 카페라떼(Caffe Latte)라고 한다.
ㅁ. 프렌치 로스트한 원두를 드립으로 추출하여 데운 우유와 함께 전용 볼(Bowl)에 동시에 부어 만든 음료이다.

① ㄱ, ㄷ, ㄹ
② ㄱ, ㄹ, ㅁ
③ ㄴ, ㄷ, ㄹ
④ ㄴ, ㄷ, ㅁ
☑ **ㄷ, ㄹ, ㅁ**

42 원두를 신선하게 보존하는 데 있어 고려해야 할 사항이 아닌 것은?

① 온도
☑ **생두의 원산지**
③ 수분과의 접촉
④ 산소와의 접촉
⑤ 햇빛

해설
원두가 산소, 열기, 습기, 빛 등과 결합되면 산패된다.

43 커피의 무기질 성분 중 가장 높은 비율을 차지하는 것은?

① 칼륨(K) ✓

② 인(P)

③ 나트륨(Na)

④ 칼슘(Ca)

⑤ 지방

44 다음 중 페이퍼 드립 추출에 대해 올바르게 설명한 것을 모두 고르시오.

> ㄱ. 독일의 멜리타 벤츠가 페이퍼 필터를 최초로 만들었다.
> ㄴ. 드리퍼의 리브가 짧을수록 추출시간이 빨라진다.
> ㄷ. 드립포트는 스파웃(Spout)의 모양을 고려해서 선택한다.
> ㄹ. 융 드립이 페이퍼 드립보다 지용성 물질이 많이 통과된다.
> ㅁ. 분쇄입자를 굵게 조절해야 고형성분이 제대로 추출된다.

① ㄱ, ㄷ, ㄹ ✓   ② ㄱ, ㄷ, ㅁ

③ ㄴ, ㄷ, ㄹ   ④ ㄴ, ㄹ, ㅁ

⑤ ㄷ, ㄹ, ㅁ

해설
ㄴ. 드리퍼의 리브가 길고 많을수록 추출시간이 빨라진다.
ㅁ. 분쇄입자가 굵을수록 고형성분이 덜 추출된다.

45 라떼아트의 설명으로 적절한 것을 모두 고르시오.

> ㄱ. 에스프레소와 물과의 접촉을 통해 만들어진다.
> ㄴ. 우유라는 뜻의 이탈리아어 '라떼(Latte)'와 예술이라는 뜻의 '아트(Art)'가 합쳐진 단어이다.
> ㄷ. 커피에 우유거품을 넣는 방법과 방향, 속도에 따라 여러 가지 모양을 연출할 수 있다.
> ㄹ. 커피 한 잔을 만드는 데 소요되는 시간이 매우 길다.
> ㅁ. 우유거품의 질에 따라 맛과 모양의 차이가 있다.

① ㄱ, ㄷ, ㄹ   ② ㄱ, ㄹ, ㅁ

③ ㄴ, ㄷ, ㄹ   ④ ㄴ, ㄷ, ㅁ ✓

⑤ ㄷ, ㄹ, ㅁ

해설
라떼아트를 신속하게 만드는 방법과 과정 그리고 맛은 바리스타만의 기술이다.

46 커피 샘플의 향과 맛의 특성을 체계적으로 평가하는 것을 무엇이라 하는가?

커핑(Cupping)

47 원두의 특성이 서로 다른 커피를 혼합하여 새로운 맛과 향을 가진 커피로 만드는 작업을 무엇이라 하는가?

블렌딩(Blending)

48 원두의 포장방법에서 가장 보관기간이 긴 것으로 원두의 산패가 진행되는 것을 늦추기 위해 사용하는 성분은?

질소

49 융 드립에 가까운 감칠맛이 나는 커피를 추출하기 위한 목적으로 개발된 드리퍼는 무엇인가?

고노(Kono) 드리퍼

고노는 다른 드리퍼에 비해 강한 맛의 커피를 추출할 수도 있고, 부드러운 맛의 커피를 추출할 수도 있다.

50 카페에서 하루 영업에 필요한 식재료량만큼만 준비해 두는 것을 무엇이라 부르는가?

파 스톡(Par Stock)

제 2 회 최종모의고사

01 유럽 각지로 커피가 전파되면서 다양한 명칭으로 커피를 부르게 되었다. 이때 ( ) 안에 들어갈 단어는 무엇인가?

> 튀르키예(터키) – Kahve
> 독일 – Kaffee
> 프랑스 – Cafe
> 이탈리아 – ( )

① Coffee ② Kahwa
③ **Caffe** ④ Qahwa
⑤ Kappa

02 다음은 유명한 커피 애호가들의 일화이다. ( ) 안에 들어갈 인물은 누구인가?

> • 바흐는 커피에 대한 사랑으로 '커피 칸타타'를 작곡했다.
> • 베토벤은 매일 60알의 원두를 세어 아침으로 직접 커피를 내려 마셨다.
> • ( )는 하루에 50잔 이상의 커피를 마시며 커피는 내 삶의 위대한 원동력이라고 했다.

① 나폴레옹
② 칸트
③ 슈베르트
④ 클레멘트 8세
⑤ **발자크**

[해설]
프랑스의 대문호 발자크(Balzac)는 생전에 "커피는 내 삶의 위대한 원동력"이라고 극찬했다.

03 커피나무의 설명으로 올바른 것을 모두 고르시오.

> 가. 연평균 기온이 15~24℃로, 30℃를 넘거나 5℃ 이하로는 내려가지 않아야 한다.
> 나. 로부스타종이 아라비카종보다 가뭄을 더 잘 견디는 편이다.
> 다. 배수능력이 좋고 뿌리를 쉽게 내릴 수 있는 다공성 토양이 적합하다.
> 라. 꽃잎은 흰색이고 재스민 향이 난다.
> 마. 꽃잎의 수는 아라비카는 7~9장, 로부스타와 리베리카는 5장이다.

① **가, 다, 라** ② 나, 다, 라
③ 가, 나, 다 ④ 다, 라, 마
⑤ 가, 나, 마

[해설]
나. 아라비카종이 로부스타종보다 가뭄을 더 잘 견딘다.
마. 꽃잎의 수는 아라비카와 로부스타는 5장, 리베리카는 7~9장이다.

04 다음에서 설명하고 있는 품종은 무엇인가?

> • 아프리카 동부 레위니옹(Reunion) 섬에서 발견된 티피카의 돌연변이종이다.
> • 생두는 작고 둥글며 센터 컷이 S자형이다.

① 티피카(Typica)
② **버번(Bourbon)**
③ 카투라(Caturra)
④ 카티모르(Catimor)
⑤ 카투아이(Catuai)

05 다음에서 설명하고 있는 커피는 무엇인가?

> • 다른 식물들과 함께 공생하는 환경에서 자라난 커피이다.
> • 새들도 날아와 쉴 수 있는 친환경적인 재배로 이루어진다.
> • 유기농법을 사용하는 셰이드 그로운 커피 농장에서 생산되는 커피이다.

① 그린커피(Green Coffee)
② 디카페인 커피(Decaffeinated Coffee)
③ 공정무역 커피(Fair Trade Coffee)
✔ 버드 프렌들리 커피(Bird-friendly Coffee)
⑤ 유기농 커피(Organic Coffee)

06 중남미 지역에서 아라비카 커피를 생산할 때 주로 이용되며 콜롬비아를 비롯한 마일드 커피(Mild Coffee)가 대표적으로, 일정한 설비와 물이 풍부한 상태에서 가능한 가공법은 무엇인가?

① 건식법(Dry Method)
② 내추럴 커피(Natural Coffee)
✔ 습식법(Wet Method)
④ 세미 워시드법(Semi Washed Processing)
⑤ 펄프드 내추럴법(Pulped Natural Processing)

07 다음 중 ( ) 안에 들어갈 단어는 무엇인가?

> 생두를 건조하는 과정에서 미생물의 번식을 막기 위해 수분 함량을 약 12%로 낮추는 ( )가 일반적이며, 건물이나 기계에서 열을 가해 말리는 방식도 있다.

① Artificial Dry
✔ Sun Dry
③ Wash Dry
④ Pulp Dry
⑤ Wet Dry

해설
펄핑하고 잘 씻어낸 뒤 건조시키는 과정으로 햇빛에 널어서 뒤집어 가면서 말린다.

08 다음 ( ) 안에 들어갈 단어를 순서대로 나열한 것은?

> • 생두의 크기에 의한 분류에서 생두의 크기는 스크린 사이즈로 결정된다.
> • 1스크린 사이즈는 ( )로 약 ( )이다.

① 1인치, 2.54cm
② 1/8인치, 0.32cm
③ 1/16인치, 1.6mm
④ 1/32인치, 0.8mm
✔ 1/64인치, 0.4mm

09 다음에서 브라질 커피 산지의 특성만 모두 고른 것은?

> ㄱ. 커피 생산량 세계 1위이다.
> ㄴ. 품질 면에서 세계 1위 커피이다.
> ㄷ. 대부분 기계수확이며 생산고도가 낮아 생두의 밀도가 낮은 편이다.
> ㄹ. 비옥한 화산재 토양, 온화한 기후와 적절한 강수량으로 최고의 재배조건을 갖추었다.
> ㅁ. 결점두에 의해 생두를 분류하며 가장 좋은 등급은 NY.2이다.

① ㄱ, ㄴ, ㄷ   ② ㄱ, ㄷ, ㅁ
③ ㄴ, ㄷ, ㄹ   ④ ㄴ, ㄹ, ㅁ
⑤ ㄷ, ㄹ, ㅁ

해설
ㄴ, ㄹ은 콜롬비아(Colombia) 산지의 특성이다.

10 다음은 습식법으로 가공한 커피의 단계별 명칭이다. ( ) 안에 들어갈 적정한 단어는?

> Fresh Cherry → Pulped Coffee →
> ( ) → Green Coffee

① Parchment Coffee
② Fermentation Coffee
③ Natural Coffee
④ Honey Coffee
⑤ Clean Coffee

11 다음 ( ) 안에 들어갈 단어는 무엇인가?

> 생두의 표면을 감싸고 있는 얇은 막을 ( ) 이라 하며, 생두의 가운데 나 있는 S자로 파인 부분을 ( )이라 부른다.

① Pulp, Outer Skin
② Center Cut, Green Coffee
③ Plat Bean, Center Cut
④ Silver Skin, Center Cut
⑤ Silver Skin, Plat Bean

해설
• 실버스킨(Silver Skin)/은피 : 파치먼트 내부에 있는 생두를 감싸고 있는 얇은 막이다.
• 센터 컷(Center Cut) : 생두 가운데 나 있는 S자 형태의 홈을 말한다.

12 커피가 인체에 미치는 영향으로 올바른 것을 모두 고르시오.

> ㄱ. 과다 섭취 시 불면증, 두통, 신경과민, 불안감 등의 증세가 발생한다.
> ㄴ. 변비의 원인이 되기도 한다.
> ㄷ. 커피는 공복에 마시는 것이 좋다.
> ㄹ. 체지방의 분해를 증가시키고 기초대사율을 높이며, 근육활동 능력을 증가시킨다.
> ㅁ. 이뇨작용을 촉진시킨다.

① ㄱ, ㄴ, ㄷ
② ㄱ, ㄷ, ㄹ
③ ㄱ, ㄹ, ㅁ
④ ㄴ, ㄷ, ㄹ
⑤ ㄴ, ㄹ, ㅁ

해설
카페인은 신속하게 위장관에 흡수·대사되므로 공복 시 커피 음용을 자제한다.

13 좋은 생두의 조건으로 가장 적절한 것은?

① 생두의 색깔은 연노란색으로 밀도가 높고 수분 함량이 15% 이상인 것이 좋다.

② 생두의 색깔은 어두운 갈색으로 밀도가 높고 수분 함량이 12~13%에 가까운 것이 좋다.

③ 생두의 색깔은 밝은 청록색으로 밀도가 높고 수분 함량이 12~13%에 가까운 것이 좋다.

④ 생두의 색깔은 밝은 청록색으로 밀도가 낮고 수분 함량이 6~8%에 가까운 것이 좋다.

⑤ 생두의 색깔은 어두운 갈색으로 밀도가 낮고 수분 함량이 6~8%에 가까운 것이 좋다.

14 다음 생두 가공방법의 설명에서 ( ) 안에 들어갈 내용이 순서대로 나열된 것은?

> 체리 상태로 가공되는 방식을 ( )이라 하고, 파치먼트 상태로 가공되는 방식을 ( )이라 한다.

① 건식법, 습식법

② 건식법, 내추럴법

③ 습식법, 세미 워시드법

④ 습식법, 건식법

⑤ 세미 워시드법, 습식법

[해설]
• 건식법 : 수확한 후 펄프를 제거하지 않고 체리를 그대로 건조시키는 방법이다.
• 습식법 : 점액질을 제거하는 발효과정을 거치며 파치먼트 상태로 건조시킨다.

15 다음 생두 가공방법에서 습식법의 공정 순서가 올바르게 나열된 것은?

① 수확 → 과육 제거 → 발효 → 세척 → 건조 → 헐링 → 선별작업 → 포장

② 수확 → 발효 → 세척 → 건조 → 탈곡 → 선별작업 → 과육 제거 → 포장

③ 수확 → 세척 → 발효 → 과육 제거 → 건조 → 탈곡 → 선별작업 → 포장

④ 수확 → 세척 → 건조 → 과육 제거 → 발효 → 탈곡 → 선별작업 → 포장

⑤ 수확 → 탈곡 → 발효 → 건조 → 과육 제거 → 세척 → 선별작업 → 포장

16 다음은 커피 적정 추출 수율과 커피 농도에 대한 설명이다. ( ) 안에 들어갈 내용으로 알맞은 것은?

> 추출 수율이 ( )보다 낮으면 과소 추출이 일어나 풋내가 난다.

① 11%   ② 15%

③ 18%   ④ 22%

⑤ 25%

[해설]
적정 추출 수율은 18~22%이며, 추출 수율이 22%를 초과할 경우 과다 추출이 일어나 쓰고 떫은맛이 난다.

17 추출 분쇄도에 대한 설명으로 옳지 않은 것은?

① 원두의 분쇄도가 굵을수록 커피의 맛이 연해진다.

② 핸드드립은 프렌치 프레스보다 작게 분쇄한다.

③ 원두의 분쇄도와 물이 커피 맛에 중요한 작용을 한다.

④ 분쇄도를 가장 가늘게 쓰는 추출방법 중 하나가 에스프레소이다.

⑤ **사이펀은 핸드드립보다 크게 분쇄한다.**

[해설]

적정 분쇄도

에스프레소(0.2~0.3mm) < 사이펀(0.5~0.7mm) < 핸드드립(0.7~1.0mm) < 프렌치 프레스(1.0mm 이상)

18 다음과 같은 이상 증세가 있을 때 살펴봐야 힐 부품은 무엇인가?

> • 커피 추출 시 심한 소음이 난다.
> • 커피 추출 시 펌프압력 게이지가 움직이지 않고 '웅' 소리만 난다.

① **펌프모터(Pump Motor)**

② 가스켓(Gasket)

③ 샤워 스크린(Shower Screen)

④ 디퓨저(Diffuser)

⑤ 솔레노이드 밸브(Solenoid Valve)

[해설]

• 커피 추출 시 심한 소음이 나는 것은 물 공급이 부족하기 때문이다. 수도 밸브 개폐 여부를 확인한 후 연수기와 정수기를 확인하고 펌프모터 앞부분에 있는 필터를 점검해야 한다.

• 압력이 올라가지 않는 것은 펌프 헤드 내부에 있는 카본 로우터와 카본 실린더가 파손되어 일어나는 증상이다. 펌프 헤드를 교체해야 한다.

19 다음 중 에스프레소 추출시간이 길어질 때 나오는 맛의 변화로 맞는 것은?

① 향기가 강해진다.

② 바디감이 풍부해진다.

③ 짠맛이 강해진다.

④ **쓴맛이 강해진다.**

⑤ 단맛이 풍부해진다.

20 다음 중 일체형 보일러와 독립형 보일러의 차이점을 올바르게 설명한 것은?

> ㄱ. 일체형과 독립형 보일러는 70%의 물과 30%의 수증기로 나뉘어 온수 추출 시 사용한다.
> ㄴ. 일체형 보일러는 에스프레소 추출, 온수 추출 시 70%의 온수를 사용하며, 우유의 거품을 만들 때 사용하는 스팀 압력은 30%의 수증기 압력을 이용한다.
> ㄷ. 독립형 보일러 중 작은 보일러는 연속 추출 시 커피 맛에 영향을 준다.
> ㄹ. 일체형 보일러는 보일러 자체적인 고장이 나면 매장 운영에 큰 차질이 생길 수 있다.
> ㅁ. 독립형 보일러는 각각의 추출 그룹보일러에 원하는 온도를 설정하여, 커피의 맛을 변화시킬 수 있는 장점이 있다.

① ㄱ, ㄴ, ㄷ

② ㄴ, ㄷ, ㄹ

③ **ㄴ, ㄹ, ㅁ**

④ ㄱ, ㄷ, ㄹ

⑤ ㄷ, ㄹ, ㅁ

[해설]

ㄱ. 일체형 보일러는 70%의 물과 30%의 수증기로 나뉘어 에스프레소 추출, 온수 추출 시 70%의 온수를 사용한다. 독립형 보일러의 70%의 물은 추출과 상관없다.

ㄷ. 작은 보일러는 순간적으로 히팅하는 시간이 짧기 때문에 연속추출을 하더라도 추출 온도에는 변화가 없으므로 커피 맛에 큰 영향을 주지 않는다.

21 에스프레소 추출 시 끊기지 않고 계속 추출되는 문제로 물량이 조절되지 않고 추출램프가 점멸되는 경우 문제의 원인은?

☑ 플로 미터(Flow Meter)
② 솔레노이드 밸브(Solenoid Valve)
③ 로터리 펌프(Rotary Pump)
④ 가스켓(Gasket)
⑤ 보일러(Boiler)

[해설]
플로 미터는 커피 추출물 양을 감지해 주는 부품이다.

22 커피 품질평가 기준 용어 중 입안에서 느껴지는 물리적 감각을 일컫는 것은?

① 아로마(Aroma)
☑ 바디(Body)
③ 프래그런스(Fragrance)
④ 플레이버(Flavor)
⑤ 후각(Olfaction)

23 분쇄된 커피에 고온·고압의 물을 통과시켜 추출할 때 압력을 가하는 커피 추출방법은 무엇인가?

① 여과법(Brewing)
② 우려내기(Infusion)
③ 달임법(Decoction)
☑ 가압추출법(Pressed Extraction)
⑤ 반침지 반침출법

24 다음과 같은 커피문화를 가지고 있는 나라는 어디인가?

> 커피가루를 물과 함께 넣은 다음 반복적으로 끓여내는 방식으로 커피 성분을 계속 추출한다. 3~5회 반복해서 끓인 뒤 찌꺼기가 가라앉으면 맑은 부분만 따라 마신 후 컵 받침에 커피잔을 올려놓고 기다린 뒤 생기는 모양(커피 찌꺼기)을 보고 커피점을 친다.

① 이탈리아
② 네덜란드
③ 스웨덴
④ 에티오피아
☑ 튀르키예(터키)

25 다음에서 설명하는 인물은?

> 커피는 원두를 갈아 끓여 마시는 형태가 가장 오래된 음용 방식이다. 19세기에 들어서며 산업화가 진행되면서 커피를 추출하는 데 걸리는 시간을 줄이기 위해 여러 방법을 찾던 중, 1901년 이탈리아 밀라노에서 증기압을 이용하여 처음으로 에스프레소 머신을 개발하고 특허를 출원하였다. 커피 머신의 효시가 되었던 이 인물은 누구인가?

① 달라 코르테(Dalla Corte)
② 아킬레 가지아(Achille Gaggia)
☑ 루이지 베제라(Luigi Bezzera)
④ 안젤로 모리온드(Angello Morionde)
⑤ 프레드 울프(Frederick Wolf)

[해설]
이탈리아의 루이지 베제라(Luigi Bezzera)는 증기압을 이용하여 커피를 추출하는 에스프레소 머신의 특허를 출원하였다.

26 커피의 쓴맛에 대한 설명으로 적절한 것을 모두 고르시오.

> ㄱ. 카페인이 체내에 흡수되면 중추신경계를 파괴하여 해로운 영향을 준다.
> ㄴ. 로스팅을 강하게 하면 새로운 쓴맛 성분이 생성되므로 쓴맛이 점차 강해진다.
> ㄷ. 쓴맛을 내는 물질로 카페인, 트라이고넬린, 카페산, 퀸산, 페놀화합물 등이 있다.
> ㄹ. 지방산은 커피에서 쓴맛을 내는 유일한 성분이다.
> ㅁ. 온도가 10℃ 상승할 때마다 2.3제곱씩 성분이 빨리 추출된다.

① ㄱ, ㄷ
② ㄱ, ㅁ
③ ㄴ, ㄷ ✓
④ ㄴ, ㄹ
⑤ ㄹ, ㅁ

27 다음 중 커피 포장 재료가 갖추어야 할 조건이 아닌 것은?

① 빛이 관통할 수 있도록 투명해야 한다. ✓
② 습도를 방지해야 한다.
③ 산소가 침투하지 않도록 해야 한다.
④ 향기가 보존되는 장치가 있어야 한다.
⑤ 물이 스며들지 않아야 한다.

> **해설**
> ① 빛이 침투되지 않도록 해야 한다.

28 다음 중 특성이 서로 다른 커피를 혼합하거나 로스팅 정도를 달리해서 커피의 특성을 조절하는 등으로 새로운 맛과 향을 가진 커피를 만드는 작업을 무엇이라 하는가?

① 로스팅(Roasting)
② 스트레이트(Straight)
③ 에이징(Aging)
④ 컴바인(Combine)
⑤ **블렌딩(Blending)** ✓

29 커피 샘플의 향과 맛의 특성을 체계적으로 평가하는 것을 무엇이라 하는가?

① Doping
② Blending
③ **Cupping** ✓
④ Blowing
⑤ Surfing

30 원활한 에스프레소 추출을 위해 바리스타가 숙지해야 할 내용이 아닌 것은?

① 에스프레소 머신의 보일러 압력과 펌프압력이 정상 범위에 있는지 확인한다.
② 그라인더의 분쇄입자가 적정한 추출시간에 맞게 맞추어져 있는지 확인한다.
③ 포터필터는 사용 후 항상 그룹헤드에 장착해 두어야 한다.
④ **메인 보일러의 물 온도가 높으면 열수를 많이 빼 주어 과다 추출이 이루어지도록 한다.** ✓
⑤ 추출 전후로 위생 및 정리정돈에 신경 써야 한다.

> **해설**
> ④ 열수를 많이 빼 주면 물의 온도가 낮아져 과소 추출이 일어날 수 있다.

31 다음 중 원두의 산패가 진행될수록 같이 증가하는 성분은?

① 카페인
② 유리지방산
③ 미세섬유
④ 식이섬유질
⑤ 단백질

[해설]
원두가 산패되면 유리지방산이 점차 증가한다.

32 다음에서 설명하고 있는 추출기구의 이름은?

> • 독일의 화학자 슐룸봄(Schlumbohm)에 의해 탄생한 커피 추출도구이다.
> • 드리퍼와 서버가 하나로 연결된 일체형 구성이다.
> • 리브가 없어 이 역할을 하는 공기 통로를 설치하였다.

① 프렌치 프레스(French Press)
② 튀르키예(터키식) 커피(Turkish Coffee)
③ 케멕스 커피메이커(Chemex Coffee Maker)
④ 에어로프레스(Aeropress)
⑤ 콜드브루(Cold Brew)

[해설]
물 빠짐이 페이퍼 드립에 비해 좋지 않다.

33 에스프레소 머신 보일러 안의 물이 80% 이상 가득 차 있을 때 나타나는 현상으로 가장 가까운 것은?

① 정수필터 교체주기가 지났을 때 나타나는 현상이다.
② 스케일(Scale)로 인해 수면계를 이어주는 배관이 막혀 있을 때 나타나는 현상이다.
③ 급수밸브, 믹싱밸브에 이상이 있음을 알려주는 현상이다.
④ 수면계 센서의 오작동 현상이다.
⑤ 스팀을 틀 때 스팀에서 물이 많이 나오는 현상이 발생한다.

[해설]
보일러 물이 80% 이상 가득 차 있을 때 스팀을 틀면 스팀에서 물이 많이 나오는 현상이 발생한다. 커피머신의 고장 원인은 70~80%가 보일러 내부와 배관 속에 생긴 스케일 때문이다. 정수필터 용량에 따라 6~12개월에 한 번씩 꼭 교체해 주어야 한다.

34 도저(Doser)에 대한 설명으로 잘못된 것은?

① 분쇄된 원두를 보관하고 계량하여 필터홀더에 담아주는 역할을 한다.
② 6개의 칸으로 나누어져 있다.
③ 일반적으로 1칸은 3.5~8g까지 조절이 가능하다.
④ 스프링에 의해 간격을 유지하고 계량판을 통해 일정한 양을 유지한다.
⑤ 원두 투입 조절레버는 시계 방향으로 돌리면 양이 늘어나고, 반시계 방향으로 돌리면 양이 줄어든다.

[해설]
⑤ 원두 투입 조절레버는 시계 방향으로 돌리면 양이 줄어들고, 반시계 방향으로 돌리면 양이 늘어난다.

35 우유 스티밍에 대한 설명으로 옳지 않은 것은?

①✔ 우유의 성분 중 스티밍과 관련된 주요 성분은 수분과 단백질이다.

② 우유를 스티밍할 때 40℃ 정도에서 수분이 증발하면서 우유 성분이 농축됨과 동시에 우유 표면에 단백질이 응고하게 된다.

③ 우유에 수증기를 불어 넣어 우유의 온도를 높이면서 우유 표면의 공기를 빨아들여 거품을 만든다.

④ 스팀 노즐을 적당히 담가 스티밍했을 때 대류가 일어난다.

⑤ 과도하게 온도를 높일 경우, 우유의 피막현상 및 영양소의 파괴, 비릿한 냄새 등이 발생하게 된다.

> **해설**
> ① 우유의 성분 중 스티밍과 관련된 주요 성분은 지방과 단백질이다.

36 매장 운영 시 기초 재고량에 대한 설명으로 옳지 않은 것은?

① 회계 용어상 기초 재고량은 '기초에 존재하는 재고자산의 재고량'을 말한다.

②✔ 커피매장을 운용하기 위한 커피머신 등의 고정 자산과 비품 및 사무용품은 적정 재고량을 산정하여 가지고 있는 것이 좋다.

③ 기초 재고량이 정해졌다면 적정 재고량을 유지하는 것에 초점을 맞추는 것이 좋다.

④ 재고 보유량을 최적화하여 필요한 수량만큼 구비하면 공간 활용을 최적화할 수 있다.

⑤ 적정 재고량을 바탕으로 대량 주문 시 비용 절감, 재고 운반·정리에 드는 시간과 인건비 절약 등을 할 수 있다.

> **해설**
> ② 커피매장을 운용하기 위한 커피머신 등의 고정 자산과 비품 및 사무용품 외에 소모품과 식음료 재료는 기초 재고량, 적정 재고량을 산정하여 가지고 있는 것이 좋다.

37 커피는 각각 특유의 향기를 가지고 있다. 분쇄된 커피에서 느껴지는 향기를 무엇이라 하는가?

①✔ Fragrance

② Cup Aroma

③ Nose

④ Aftertaste

⑤ Body

> **해설**
> 로스팅된 커피를 분쇄하면 향기가 나는데, 일반적으로 꽃향기와 같은 단 향이 난다. 때로는 달콤한 향신료의 톡 쏘는 향도 느껴진다. 이 향기를 Dry Aroma(분쇄된 원두에서 나는 향기), Fragrance(분쇄 향기)라고 한다.

38 다음 중 커피 테이스팅에 관련한 설명으로 잘못된 것은?

① 커피 테이스팅의 평가는 향을 맡는 후각, 맛을 보는 미각, 입안에서 느끼는 촉각의 세 단계로 나누어지기 때문에 이를 구분한다.

② 후각에서 느껴지는 향미는 Aroma, Aftertaste, Nose 등 다양하다.

③ 커피 테이스팅은 기본적으로 단맛, 짠맛, 신맛, 쓴맛 네 가지로 구성되어 있다.

④ 커피는 온도에 따라 맛도 달라진다. 여러 온도에서의 맛을 평가하고, 전체적으로 적합한 맛의 느낌을 인지해야 한다.

⑤✔ 커피를 마실 때 또는 마신 후 입안에서 커피의 점도(Viscosity)와 미끈함(Oiliness)을 감지할 수 있다. 이 두 가지가 합쳐진 느낌을 프래그런스(Fragrance)라고 한다.

> **해설**
> ⑤ 커피의 점도(Viscosity)와 미끈함(Oiliness) 두 가지가 합쳐진 느낌을 바디(Body)감이라고 한다.

39 다음 (   ) 안에 들어갈 단어를 순서대로 나열한 것은?

> 커피기계로부터 뜨거운 물이 커피 입자 사이로 고르게 통과되게 하기 위한 동작이다. (   )이란 포터필터에 담긴 분쇄된 커피를 평평하게 고른 후 (   )로 눌러 다지는 작업을 말한다.

① 도징(Dosing), 탬핑(Tamping)
② 탬핑(Tamping), 탬퍼(Tamper)
③ 탬퍼(Tamper), 고르기(Leveling)
④ 고르기(Leveling), 도징(Dosing)
⑤ 패킹(Packing), 도징(Dosing)

40 커피 추출방법 중 핸드드립에 관한 설명으로 적절하지 않은 것은?

① 핸드드립의 경우 90~95℃ 정도의 물이 좋다.
② 커피 추출에 사용되는 물은 신선해야 하고 냄새가 나지 않아야 한다.
③ 추출시간이 길어지면 맛에 안 좋은 영향을 주는 성분들이 많이 나오기 때문에 적정한 추출시간 안에 커피를 뽑는 것이 좋다.
④ Turkish Coffee는 우려내기(Infusion) 추출방법이다.
⑤ 커피의 추출 원리는 침투 → 용해 → 분리과정을 거친다.

> **해설**
> ④ Turkish Coffee는 침지식 또는 달임법(Decoction) 추출방법이다.

41 다음 설명 중 적절하지 않은 것은?

① 에스프레소(Espresso)는 이탈리아어로 '빠르다' 혹은 '신속하다'에서 유래되었다.
② 리스트레토(Ristretto)는 짧게, 제한적으로 추출한 에스프레소를 말한다.
③ 분쇄도에 따라 리스트레토(Ristretto), 에스프레소(Espresso), 룽고(Lungo)로 분류된다.
④ 에스프레소 추출은 1초에 약 1mL 정도로 추출되는 것이 바람직하고, 분쇄도에 따라 다양한 에스프레소를 추출할 수 있다.
⑤ 에스프레소보다 더 많은 40~50mL를 추출한 에스프레소를 룽고(Lungo)라고 한다.

> **해설**
> ③ 추출시간에 따라 리스트레토(Ristretto), 에스프레소(Espresso), 룽고(Lungo)로 분류된다.

42 다음은 커피매장에 필요한 인사업무에 관한 내용이다. 적절하지 않은 것은?

① 심신이 피로하면 업무 효율이 떨어지는 것은 당연하다. 적절한 일의 배분은 일의 효율성을 높이고, 사업의 운영도 원활하게 한다.
② 출퇴근 스케줄은 업무 분장과 관계되어 있고 이는 곧 인건비와 연결되어 있다.
③ 경영자는 최소의 임금과 복지 수준으로 매장을 운영하고 출퇴근 관리를 엄격히 해야 한다.
④ 직원들의 업무 체계가 명확해야 하고 필요한 최적의 노동량을 계산하여 출퇴근 스케줄표를 작성한다.
⑤ 출퇴근 스케줄을 작성하는 경영자와 관리자는 매장의 특성을 정확히 알고 있어야 한다.

> **해설**
> 직원들의 업무 체계가 명확하고 필요한 최적의 노동량을 계산하여 출퇴근 스케줄표를 작성한다면 회사에는 큰 부담이 없으면서 인력 자원을 낭비하지 않고, 수익률을 높일 수 있다. 또 직원들은 우수한 근무 환경에서 의욕적으로 일할 수 있다.

43 보건소 위생검열 대상이 아닌 것은?

① 보건증(건강검진) 검사

② 휴일 직원 스케줄 확인

③ 식자재 관리

④ 냉장고·냉동고 온도 점검

⑤ 소비기한 확인

② 직원 스케줄 확인은 아무 상관 없다.

44 다음 중 영업일지에 대한 설명으로 적절하지 않은 것은?

① 영업일지는 영업과 판매 활동에 대한 일일 보고서이다.

② 회사의 수익과 비용을 따져 회사가 이익을 내고 있는지, 아닌지를 파악하고 경영 활동을 계획·관리하는 것이 주된 업무이다.

③ 영업일지를 한 장의 보고서로 요약, 정리한 것이 손익 계산서이다.

④ 보통 회사의 회계 연도는 분기 단위이므로 손익 계산서는 4분기로 보고된다.

⑤ 영업일지는 손익 계산서를 위한 일일의 데이터이며, 작은 손익 계산서라고 볼 수 있다.

④ 보통 회사의 회계 연도는 1년 단위이므로 손익 계산서는 연간으로 보고된다.

45 다음 중 알코올이 들어가지 않는 커피 메뉴는?

① 아인슈패너(Einspanner)

② 베일리스 커피(Bailey's Coffee)

③ 깔루아 커피(Kahlua Coffee)

④ 카페로열(Cafe Royal)

⑤ 아이리시 커피(Irish Coffee)

① 아인슈패너 : 아메리카노 위에 하얀 휘핑크림을 듬뿍 얹은 커피이다.

② 베일리스 커피 : 아이리시 위스키와 크림, 벨기에 초콜릿이 함유된 혼성주 베일리스가 들어간 커피이다.

③ 깔루아 커피 : 멕시코산 커피가 함유된 혼성주 깔루아가 들어간 커피이다.

④ 카페로열 : 브랜디가 들어간 커피이다.

⑤ 아이리시 커피 : 아이리시 위스키가 들어간 커피이다.

46 로스터기에서 드럼 내부의 열량, 향, 공기의 흐름을 조절하는 장치로 실버스킨 배출 기능이 있는 깃의 명칭은 무엇인가?

댐퍼(Damper)

47 생두의 구조 중 식이섬유 성분을 가장 많이 함유하고 있는 것은 무엇인가?

실버스킨(Silver Skin, 은피)

49 에스프레소가 제공되는 잔으로 재질은 도기이며 두께가 두꺼워 커피가 빨리 식지 않는 형태의 잔은 무엇인가?

데미타세(Demitasse)

48 원두의 포장방법 중 다른 포장방법보다 보관기간이 3배 이상 길다는 장점이 있지만, 비용이 많이 드는 단점이 있는 포장방법은 무엇인가?

질소가스(불활성가스) 포장

50 커피 테이스팅에서 커피를 평가할 때 기준이 되는 컵 품질의 균일성을 체크하는 항목을 무엇이라 하는가?

유니포미티(Uniformity)

해설
균일성(Uniformity)은 각각의 컵이 균일한지 평가하는 항목이다.

제 **3** 회 # 최종모의고사

01 커피체리의 구조 중 생두를 감싸고 있는 딱딱한 껍질과 점액질로 둘러싸여 있는 것은 무엇인가?

① 외과피
② 중과피
③ **내과피**
④ 은피
⑤ 센터 컷

해설
내과피는 파치먼트라고도 한다.

해설
1600년경 이슬람 승려 바바 부단이 아라비아로 성지순례를 왔다가 커피 씨앗을 몰래 숨겨와 인도 남부 마이소르 지역에 재배하였다. 1714년 암스테르담 시장이 프랑스 루이 14세에게 커피나무를 선물하였고, 1723년 루이 14세는 안정적인 커피 공급을 위해 클리외에게 프랑스 식민지에 커피나무 묘목 이식을 명하였다. 클리외는 근무하던 카리브해의 마르티니크 섬에 이식을 성공하였고 1724년 마르티니크 섬 북쪽에 위치한 마리가란트 섬의 시장이 되었다. 이후 프랑스 자치령 가이아나에 재배하였고 네덜란드와 프랑스 사이 영토분쟁의 중재 임무를 맡았던 팔헤타가 커피 열매를 숨겨와 브라질 파라에 심었다.

02 다음에서 커피의 전파를 시대 순으로 올바르게 나열한 것은?

> 가. 이슬람 승려 바바 부단이 인도 남부 마이소르 지역에 재배하였다.
> 나. 클리외가 카리브해 마르티니크 섬에 커피 묘목을 이식하여 중남미 최초의 티피카종이 되었다.
> 다. 암스테르담 시장이 프랑스 루이 14세에게 커피나무를 선물하였다.
> 라. 팔헤타가 가이아나에서 커피 열매를 숨겨와 브라질 파라에 심으면서 오늘날 세계 최대의 커피 생산국이 되었다.

① 가 – 나 – 다 – 라
② **가 – 다 – 나 – 라**
③ 나 – 가 – 다 – 라
④ 라 – 가 – 나 – 다
⑤ 나 – 다 – 가 – 라

03 다음은 우리나라 초기의 커피에 대한 명칭이다. ( ) 안에 들어갈 단어는 무엇인가?

> 우리나라에 커피가 처음 알려질 당시 영문 표기를 가차(假借)하여 ( )라고 하였다.

① 카와
② **가배**
③ 양탕국
④ 고히
⑤ 카페

해설
가차(假借)란 어떤 뜻을 나타내는 한자가 없을 때, 그 단어의 발음에 부합하는 다른 문자를 빌려 쓰는 방법으로 의성어, 의태어, 외래어 표기에 많이 쓰인다.

04 다음에서 설명하고 있는 품종은 무엇인가?

> • 문도노보와 카투라의 교배종이다.
> • 브라질 재배 면적의 50%를 차지한다.
> • 생산기간이 10년 정도로 짧은 것이 단점이지만 품질 좋은 커피를 생산한다.

① 티피카(Typica)
② 카티모르(Catimor)
③ **카투아이(Catuai)**
④ 버번(Bourbon)
⑤ 마라고지페(Maragogype)

05 다음 중 커피나무 재배에 적합한 토양을 모두 고르시오.

> 가. 약알칼리성 토양
> 나. 투과성이 높아 배수능력이 좋은 토양
> 다. 뿌리를 쉽게 내릴 수 있는 다공성 토양
> 라. 유기물이 풍부한 토양
> 마. 고온다습한 저지대 진흙 토양

① 가, 나, 다
② 가, 다, 라
③ **나, 다, 라**
④ 가, 나, 라
⑤ 나, 다, 마

06 다음과 같은 작업과정을 거치는 방식은 무엇인가?

> 수확 → 과육 제거(Pulping) → 발효(Fermentation, 점액질 제거) → 세척(Washing) → 건조(Drying) → 헐링(Hulling) → 선별작업(Grading)

① 건식법(Dry Method)
② 내추럴 커피(Natural Coffee)
③ **습식법(Wet Method)**
④ 세미 워시드법(Semi Washed Processing)
⑤ 펄프드 내추럴법(Pulped Natural Processing)

07 다음 ( ) 안에 들어갈 단어는 무엇인가?

> 생두의 분류에서 수확 후 기간이 1년 이내로 수분 함량이 (㉠)인 생두를 뉴 크롭(New Crop), 수확 후 기간이 1~2년으로 수분 함량이 11% 이하인 것을 (㉡)이라 하며, (㉢)은 수확 후 기간이 2년 이상인 생두이다.

① ㉠ 10% 이하
 ㉡ 미들 크롭(Middle Crop)
 ㉢ 라스트 크롭(Last Crop)
② ㉠ 10% 이하
 ㉡ 미들 크롭(Middle Crop)
 ㉢ 하이 크롭(High Crop)
③ ㉠ 15% 이하
 ㉡ 미들 크롭(Middle Crop)
 ㉢ 하이 크롭(High Crop)
④ ㉠ 13% 이하
 ㉡ 패스트 크롭(Past Crop)
 ㉢ 라스트 크롭(Last Crop)
⑤ **㉠ 13% 이하**
 ㉡ 패스트 크롭(Past Crop)
 ㉢ 올드 크롭(Old Crop)

08 스크린 사이즈 분류에서 생두가 고르고 클수록 등급이 높다. 다음 중 생두 크기가 작은 것부터 나열한 것은?

① Medium Bean < Good Bean < Bold Bean < Large Bean < Extra Large Bean
② Good Bean < Medium Bean < Large Bean < Extra Large Bean < Bold Bean
③ Bold Bean < Good Bean < Medium Bean < Large Bean < Extra Large Bean
④ Medium Bean < Large Bean < Extra Large Bean < Bold Bean < Good Bean
⑤ Good Bean < Bold Bean < Medium Bean < Large Bean < Extra Large Bean

09 다음 중 콜롬비아 산지의 설명으로 올바른 것을 모두 고르시오.

> ㄱ. 마일드 커피(Mild Coffee)의 대명사로 워시드 가공으로 생산한다.
> ㄴ. 향기와 신맛, 단맛이 풍부해서 스트레이트 커피(Straight Coffee)로 사용한다.
> ㄷ. 마니살레스(Manizales), 아르메니아(Armenia), 메델린(Medellin)에서 70% 생산하며, 각 지역의 첫 글자를 딴 "MAM's"라는 브랜드로 수출한다.
> ㄹ. 후안 발데즈(Juan Valdez)라는 커피 상표도 유명하다(당나귀와 커피농부).
> ㅁ. 대표적인 커피로 '타라주(Tarrazu)'가 있다.

① ㄱ, ㄴ, ㄷ, ㄹ
② ㄱ, ㄴ, ㄹ, ㅁ
③ ㄱ, ㄴ, ㄹ, ㅁ
④ ㄴ, ㄷ, ㄹ, ㅁ
⑤ ㄷ, ㄹ, ㅁ

해설
ㅁ. '타라주(Tarrazu)'는 코스타리카(Costa Rica)의 대표적인 커피이다.

10 다음 중 커피 산패의 과정을 올바르게 나열한 것은?

① 건조 – 산화 – 증발
② 건조 – 증발 – 산화
③ 증발 – 반응 – 산화
④ 증발 – 발열 – 산화
⑤ 반응 – 증발 – 산화

11 원두를 포장하는 가장 보편적인 방식으로 포장지 내부의 기체는 외부로 빠져나가고 외부의 공기는 내부로 들어올 수 없는 구조 방식을 이용한 포장 기법은?

① 질소가스 포장
② 진공포장
③ 압착포장
④ 밸브포장
⑤ 압축포장

해설
밸브포장은 공기가 한 방향으로만 이동할 수 있다는 의미에서 원웨이 밸브(One Way Valve)라고 부르기도 한다.

12 다음 중 드립식 추출도구가 아닌 것은?

① 페이퍼 필터
② 드립포트
③ 서버
④ 셰이커
⑤ 드리퍼

해설
드립식 추출도구는 드리퍼, 여과지, 드립포트, 서버 등이다.

13 다음 중 커피 생산지역이 다른 한 곳은?

  ✔ 마이소르(Mysore)

② 하라(Harrar)

③ 예가체프(Yirgacheffe)

④ 시다모(Sidamo)

⑤ 짐마(Djimmah)

> **해설**
> 마이소르(Mysore)는 인도(India)의 생산지역이다. 나머지는 에티오피아(Ethiopia) 대표 커피이다.

14 커피의 가공방식에 대한 설명으로 틀린 것은?

① 건조기간은 습식법이 건식법보다 짧다.

② 아프리카 국가 중 습식법과 건식법을 동시에 하는 나라는 에티오피아이다.

③ 습식법은 건식법으로 가공한 생두에 비해 보관기간이 더 짧은 단점이 있다.

  ✔ 건식법은 습식법보다 비용이 많이 들지만 좋은 품질의 커피를 얻을 수 있다.

⑤ 건식법을 통해 얻은 커피를 내추럴 커피(Natural Coffee)라 한다.

> **해설**
> ④ 습식법은 일정한 설비와 물이 풍부한 상태에서 가능한 가공법으로 건식법보다 비용이 많이 든다.

15 다음 중 커피를 구성하고 있는 지방산에 대한 설명으로 잘못된 것은?

① 지방산은 향과 가장 깊은 관계가 있는 성분이다.

② 원두에 12~16% 정도 함유되어 있다.

③ 철분 흡수를 방해한다.

④ 대부분 불포화 지방산이다.

  ✔ 가장 많이 함유된 성분은 클로로겐산이다.

> **해설**
> ⑤ 팔미트산과 리놀레산을 많이 함유하고 있다.
> 클로로겐산(Chlorogenic Acid)은 유기산 중 가장 많은 성분이다. 폴리페놀 형태의 페놀화합물에 속하며 로스팅에 따라 클로로겐산의 양은 감소하는데, 분해되면 퀸산과 카페산으로 바뀌며 둘 다 떫은맛을 낸다.

16 다음 중 원두의 적정 분쇄도 굵기가 가는 것에서 굵은 순서대로 바르게 나열된 것은?

① 에스프레소 – 사이펀 – 핸드드립 – 프렌치 프레스 – 튀르키예(터키식) 커피

② 에스프레소 – 사이펀 – 핸드드립 – 모카포트 – 튀르키예(터키식) 커피

  ✔ 튀르키예(터키식) 커피 – 에스프레소 – 사이펀 – 핸드드립 – 프렌치 프레스

④ 튀르키예(터키식) 커피 – 에스프레소 – 사이펀 – 모카포트 – 프렌치 프레스

⑤ 사이펀 – 핸드드립 – 모카포트 – 튀르키예(터키식) 커피 – 에스프레소

> **해설**
> • 모카포트는 에스프레소(0.3mm)와 사이펀(0.5mm)의 중간 입자로 분쇄한다.
> • 튀르키예(터키식) 커피는 여과를 하지 않으므로 커피 입자를 에스프레소보다 더 가늘게 분쇄한다.

17 다음은 커피 적정 추출 수율에 대한 설명이다. ( ) 안에 들어갈 내용으로 올바른 것은?

> 물과 커피의 비율은 물 150mL당 커피 8.25g이며 이 비율로 추출하면 가용성 성분의 농도가 ( ) 정도가 된다.

① 0.8~1.3%
② 1.15~1.35%
③ 1.25~1.5%
④ 1.55~1.75%
⑤ 1.8~2.1%

18 펌프모터를 관리하기 위해 주의해야 할 사항을 모두 고른 것은?

> ㄱ. 규정에 맞는 전압을 일정하게 공급해야 한다.
> ㄴ. 물 공급이 어려울 때는 머신을 사용하지 않는다.
> ㄷ. 펌프모터에 물이 떨어지지 않도록 주의한다.
> ㄹ. 펌프모터에 이물질이 유입되지 않도록 정수필터를 자주 교환해 준다.
> ㅁ. 무리한 작동을 자제하고 기계의 용량에 맞게 사용한다.

① ㄱ, ㄴ, ㄷ
② ㄱ, ㄷ, ㄹ, ㅁ
③ ㄴ, ㄷ, ㅁ
④ ㄴ, ㄷ, ㄹ, ㅁ
⑤ ㄱ, ㄴ, ㄷ, ㄹ, ㅁ

해설
건조한 상태에서 작동 시 과열로 인해 압력 불균형을 초래한다.

19 에스프레소 머신의 장단점을 설명한 것으로 옳지 않은 것은?

① 전자동 에스프레소 머신 – 디지털 기술이 적용되어 비용이 비싸고 잔 고장이 많다.
② 전자동 에스프레소 머신 – 여러 사람이 추출해도 맛과 품질이 일관적인 커피를 내릴 수 있다.
③ 반자동 에스프레소 머신 – 장비가 간단해서 다루는 전문적인 기술이 필요 없다.
④ 반자동 에스프레소 머신 – 바리스타의 능력에 따라 다양한 커피의 맛을 추구할 수 있다.
⑤ 반자동 에스프레소 머신 – 그라인더와 추출기계가 분리되어 있어 원두가 열의 영향을 적게 받아 양질의 커피 추출이 가능하다.

해설
③ 반자동 에스프레소 머신은 장비에 대한 이해와 다루는 전문적인 기술이 절대적으로 필요하다.

20 세계 최초로 스팀 없이 커피를 내리며 현재까지 사용되는 에스프레소 추출방식인 '피스톤식 에스프레소 머신'을 개발한 사람은?

① 달라 코르테(Dalla Corte)
② 아킬레 가지아(Achille Gaggia)
③ 루이지 베제라(Luigi Bezzera)
④ 안젤로 모리온도(Angello Moriondo)
⑤ 프레드 울프(Frederick Wolf)

21 분쇄된 커피 또는 추출된 커피의 표면에서 맡을 수 있는 향기를 지칭하는 용어는?

① Aftertaste
② Body
③ Nose
✔ **Aroma**
⑤ Skimming

22 디카페인 커피에 대해 올바르게 설명한 것은?

> ㄱ. 미국에서는 97% 이상의 카페인이 제거된 커피를 말한다.
> ㄴ. 1819년 독일의 화학자 루이지 베제라 (Luigi Bezzera)에 의해 최초로 카페인 제거 기술이 개발되었다.
> ㄷ. 1903년 상업적 규모의 카페인 제거 기술은 로셀리우스(Roselius)에 의해 개발되었다.
> ㄹ. 카페인을 제거해도 트라이고넬린, 카페산, 퀸산, 페놀화합물 등에 의하여 쓴맛이 난다.
> ㅁ. 가장 많이 사용되는 제조과정은 용매 추출법이다.

① ㄱ, ㄴ, ㄷ
② ㄴ, ㄹ, ㅁ
✔ ㄱ, ㄷ, ㄹ
④ ㄴ, ㄷ, ㄹ
⑤ ㄷ, ㄹ, ㅁ

해설
ㄴ. 1819년 독일의 화학자 룽게(Runge)에 의해 최초로 카페인 제거 기술이 개발되었다. 루이지 베제라는 증기압을 이용하여 커피를 추출하는 에스프레소 머신의 특허를 출원하였다.
ㅁ. 가장 많이 사용되는 제조과정은 물 추출법이다.

23 다음 ( ) 안에 들어갈 단어를 순서대로 나열한 것은?

> 워시드 커피의 파치먼트 껍질을 벗겨 내는 것을 ( )이라 하고, 내추럴 커피의 체리 껍질을 벗겨내는 것을 ( )이라 한다.

✔ **헐링(Hulling), 허스킹(Husking)**
② 탈곡(Milling), 헐링(Hulling)
③ 허스킹(Husking), 폴리싱(Polishing)
④ 폴리싱(Polishing), 허스킹(Husking)
⑤ 탈곡(Milling), 폴리싱(Polishing)

해설
탈곡(Milling)은 생두를 싸고 있는 파치먼트나 껍질(Husk)을 제거하는 과정이다.
• 헐링(Hulling) : 워시드 커피의 파치먼트를 제거하는 작업
• 허스킹(Husking) : 내추럴 커피체리의 과육과 파치먼트를 한꺼번에 제거하는 작업

24 커피매장 운영 관리자가 매장에서 사용하는 상품과 제품에 대한 리스트와 거리가 먼 것은?

① 커피매장 품목의 적정 재고량과 최소 보유량
② 커피매장 품목의 소비기한과 가격
③ 커피매장 품목의 가격 변동 사항
✔ **거래처 발주 담당자의 직급**
⑤ 재고 관리에 필요한 제반 사항들과 유지비용

해설
이 외에 거래처의 발주와 배송 시기 등을 파악하고 있어야 한다.

25 커피 향미평가 방법에 대한 표현으로 적절하지 않은 것은?

① Fragrance/Aroma에서 Dry, Break, Wet Aroma 항목은 5점부터 강도(Intensity)를 기입한다.

② 신맛은 좋은 맛일 때는 Brightness라 하고, 반대의 경우는 Sour라 한다.

③ **Body는 커피를 마시고 뱉을 때 부정적인 요소가 있는지 평가한다.**

④ 커피를 마실 때 느낄 수 있는 커피의 향기(Aroma), 맛(Taste), 바디(Body)에 대한 복합적인 느낌을 플레이버(Flavor)라고 한다.

⑤ 플레이버(Flavor)에 대한 관능평가는 후각, 미각, 촉각의 세 단계로 나눈다.

> **해설**
> ③ Body는 입안에서 느껴지는 매끄러움과 점착성을 평가하는 표현이다. 커피를 마시고 뱉을 때 부정적인 요소가 있는지 평가하는 것은 Clean Cup이라고 한다.

26 다음 중 에스프레소에 대한 설명으로 적절하지 않은 것은?

① 중력의 8~10배의 압력을 가해 30초 안에 수용성 성분을 포함한 비수용성 성분 등 커피가 가지고 있는 모든 맛을 짧고 강하게 추출해 내는 방법이다.

② **1901년 이탈리아의 루이지 베제라는 상업적인 피스톤 방식의 머신을 개발하였다.**

③ 추출된 에스프레소의 pH는 5.2 정도다.

④ 크레마 색상은 밝은 갈색이나 붉은빛이 도는 황금색을 띠어야 한다.

⑤ 크레마는 지속력과 복원력이 높을수록 좋게 평가한다.

> **해설**
> ② 상업적인 피스톤 방식의 머신을 개발한 사람은 1946년 가지아(Gaggia)이다. 루이지 베제라(Luigi Bezzera)는 증기압을 이용하여 커피를 추출하는 에스프레소 머신의 특허를 출원하였다.

27 SCA 기준에서 가장 밝은 로스팅 단계와 애그트론 넘버(Agtron Number)가 바르게 짝지어진 것은?

① Medium – #85

② Italian – #35

③ Light – #25

④ **Very Light – #95**

⑤ Dark – #55

> **해설**
>
> | 타일 넘버 | SCA 단계별 명칭 | 로스팅 단계 |
> |---|---|---|
> | #95 | Very Light | Light |
> | #45 | Moderately Dark | Full City |
> | #25 | Very Dark | Italian |

28 다음 중 로스팅 과정의 물리적 변화로 옳지 않은 것은?

① 밀도가 점점 감소한다.

② **조직이 다공질로 바뀌어 부피가 감소한다.**

③ 수분이 증발하고 휘발성 물질이 방출되며 이산화탄소가 생성된다.

④ 유기물 손실이 발생하여 생두의 무게가 감소한다.

⑤ 온도의 상승으로 원두와 실버스킨이 분리된다.

> **해설**
> ② 조직이 다공질화되면 부피가 늘어나 증가한다.

29 다음 중 저온–장시간 로스팅에 대한 설명으로 틀린 것은?

① 드럼 로스터로 로스팅할 때 주로 사용하는 방법이다.
② 커피콩의 온도는 200~240℃ 정도다.
③ 15~20분 정도로 로스팅하면 중후함이 강하고 향기가 풍부한 커피가 된다.
✔ **로스팅된 커피는 상대적으로 팽창이 커서 밀도가 낮다.**
⑤ 가용성 성분이 적게 추출된다.

해설
고온–단시간 로스팅은 열을 많이 주어 짧게 볶아내는 방법으로 신맛이 강하고 뒷맛이 깨끗한 커피가 된다. 중후함과 향기는 저온–장시간 로스팅 커피에 비해 부족하며, 상대적으로 팽창이 커 밀도가 낮다.

30 다음에서 설명하는 커피 생산국가는 어디인가?

> • 캐러멜과 초콜릿 향, 너트 향이 잘 어우러져 적당한 신맛이 있다.
> • 생두 사이즈에 따라 6등급으로 분류 생산하며, 기후 특성상 생두가 회녹색을 띠는 경향이 있다.
> • 와일드하면서 날카로운 신맛을 가진 아프리카다운 커피인 킬리만자로(Kilimanjaro)가 유명하다.

① 브라질
② 온두라스
✔ **탄자니아**
④ 과테말라
⑤ 에티오피아

31 다음 멕시코 커피 산지에 대한 설명으로 바르지 않은 것은?

① 전 세계에서 10번째 커피 생산국가로 중남미 국가 중 브라질 다음으로 높은 소비량을 기록한다.
② 커피 생산 및 소비량의 단위는 보통 '자루(Bags)'를 사용한다.
③ 주요 생산지역은 치아파스(Chiapas)이다.
✔ **커피 등급은 생두 사이즈에 의해 분류한다.**
⑤ 알투라(Altura) SHB는 고지대에서 생산된 커피라는 뜻으로 최상급 커피이다.

해설
④ 고도에 의해 분류하며 최상 등급은 SHG이다.

32 다음 중 커피 포장단위가 다른 국가는?

✔ **하와이**
② 에티오피아
③ 케냐
④ 탄자니아
⑤ 브라질

해설
에티오피아, 케냐, 탄자니아, 브라질, 인도네시아 등은 60kg이고 하와이는 45kg이다.

33 다음 커피기계의 부품 중 보일러에 유입되는 찬물과 데워진 온수의 추출을 조절하는 역할을 하는 것은 무엇인가?

① 가스켓(Gasket)
② 보일러(Boiler)
✔ **솔레노이드 밸브(Solenoid Valve)**
④ 플로 미터(Flow Meter)
⑤ 샤워홀더(Shower Holder)

34 다음 중 패킹(Packing)작업을 올바르게 설명한 것은?

✔ ① 커피를 포터 바스켓에 담는 과정으로 도징, 태핑, 탬핑과정이 있다.
② 노크 박스 고무봉 부분에 부딪혀 털어내는 동작을 말한다.
③ 가스켓과 접촉하는 면을 손으로 쓸어서 청소하는 과정을 말한다.
④ 물기나 찌꺼기의 제거 및 청결을 위해 마른 행주로 포터필터를 닦는 과정을 말한다.
⑤ 그라인더 거치대에 포터필터를 올리고 그라인더를 작동시키는 것을 말한다.

35 다음은 로스팅의 열전달 방식에 대한 설명이다. ( ) 안에 들어갈 단어를 순서대로 나열한 것은?

> 로스터기에 들어간 생두끼리 서로 부딪히며 열을 흡수한 생두가 차가운 생두에 열을 전달하는 현상을 ( )라고 하며, 드럼에서 발생하는 ( )에 의해 로스팅이 이루어진다.

① 전도, 대류　　② 대류, 복사
✔ ③ 전도, 복사　　④ 복사, 대류
⑤ 대류, 전도

36 원두에 12~16% 정도 함유되어 있으며 커피의 향미에 가장 많은 영향을 주는 성분은 무엇인가?

① 트라이고넬린　　✔ ② 지방산
③ 유기산　　④ 탄수화물
⑤ 카페인

37 다음 중 로스팅 단계에 대한 설명으로 올바른 것은?

✔ ① 로스팅 단계는 타일 넘버나 명도(L값)로 표시한다.
② 로스팅이 강할수록 원두 표면의 색상이 어두워 명도값이 증가한다.
③ SCA의 로스팅 단계는 애그트론 넘버(Agtron Number) 01~27까지 표시한다.
④ 애그트론 넘버는 원두의 향기에 따라 구분한다.
⑤ 로스팅 단계는 가열 온도에 영향을 받지만, 시간은 상관관계가 없다.

<u>해설</u>
② 로스팅이 강할수록 원두 표면의 색상이 어두워 명도값이 감소한다.
③ SCA의 로스팅 단계는 애그트론 넘버(Agtron Number) 25~95까지 표시한다.
④ 애그트론 넘버는 원두의 밝기에 따라 구분한다.
⑤ 로스팅 단계는 가열 온도와 시간의 상관관계에 의해 결정된다.

38 로스팅 진행 과정에서 1차 크랙에서 2차 크랙 직전까지의 변화가 아닌 것은?

① 산뜻한 신맛, 바디감의 조화가 생기며 SCA 분류 기준으로 Light Medium의 단계이다.
② 갈변반응 계열의 향미가 나며 생두가 갈색에서 어두운 갈색으로 변하는 단계이다.
✔ ③ 커피 고유의 향기가 최고치가 되는 시점으로 탄 맛이 나기 시작하는 단계이다.
④ 생두가 점점 팽창하며 부피가 승가하는 단계이다.
⑤ 무게가 가벼워지고 알갱이가 쓸리는 듯한 소리가 난다.

<u>해설</u>
③ 2차 크랙의 정점에 오일이 생기고 중후한 맛과 바디감이 절정에 이르러 커피 고유의 향기가 최고치가 된다. 탄 맛은 Italian 로스팅 단계에서 나타난다.

39 다음 중 로스팅이 진행되면서 전과 후를 비교했을 때 구성비가 감소하는 성분을 모두 고르시오.

> ㄱ. 수분
> ㄴ. 당분
> ㄷ. 염기성 산
> ㄹ. 지방질
> ㅁ. 섬유소

① ㄱ, ㄴ, ㄷ
② ㄱ, ㄷ, ㄹ
③ ㄴ, ㄷ, ㄹ
④ ㄴ, ㄹ, ㅁ
⑤ ㄷ, ㄹ, ㅁ

해설
로스팅 이후 성분 구성비가 증가하는 것으로 지방질, 섬유소 등이 있다.

40 SCA에 따른 커핑 항목에 대한 설명으로 바르지 않은 것은?

① Flavor, Fragrance, Aftertaste가 있다.
② 향기 → 맛 → 촉감 순으로 평가한다.
③ 커피의 향을 인식하는 순서는 Aroma → Nose → Fragrance → Aftertaste이다.
④ 향기의 강도가 강한 순서는 Rich > Full > Rounded > Flat이다.
⑤ 쓴맛은 평가항목에 해당되지 않는다.

해설
③ 커피의 향을 인식하는 순서는 Fragrance → Aroma → Nose → Aftertaste이다.

41 일반적으로 커피를 마실 때 가장 향기롭고 맛있게 느껴지는 온도는?

① 35~40℃
② 45~50℃
③ 55~60℃
④ 65~70℃
⑤ 75~80℃

42 다음에서 설명하는 커피 메뉴는 무엇인가?

> • 아메리카노 위에 하얀 휘핑크림을 듬뿍 얹은 커피이다.
> • 여러 맛을 즐기기 위해 크림을 스푼으로 젓지 않고 마신다.
> • 오스트리아에서 마차에서 내리기 힘들었던 마부들이 한 손으로 말 고삐를 잡고 다른 한 손으로 설탕과 생크림을 듬뿍 얹은 커피를 마신 것이 시초가 되었다.

① 카페 로마노(Cafe Romano)
② 아인슈패너(Einspanner)
③ 밀크티(Milk Tea)
④ 카페모카(Cafe Mocha)
⑤ 카페오레(Cafe au Lait)

43 다음 중 레몬이 들어가는 메뉴는 무엇인가?

① 아인슈패너(Einspanner)
② 밀크티(Milk Tea)
③ 카페 프레도(Cafe Freddo)
④ **카페 로마노(Cafe Romano)**
⑤ 카페 콘 파냐(Cafe con Panna)

44 다음 중 세균이 번식하기 가장 쉬운 온도는?

① 18℃   ② 0~5℃
③ 3.5~8℃   ④ 13~18℃
⑤ **25~37℃**

해설
세균은 다소 높은 온도인 25~37℃에서 가장 많이 번식한다.

45 다음 중 식품 위해요소 분석과 중요관리점을 표현하는 용어는?

① **HACCP**   ② HICAP
③ HDCCP   ④ HTCCP
⑤ HPCAP

해설
해썹(HACCP ; Hazard Analysis Critical Control Point)은 위해요소를 중점적으로 관리하기 위한 중요관리점을 결정한다.

46 식재료 보관 시 먼저 구입한 물건을 선반 앞쪽에 진열하고 먼저 사용하는 방법을 무엇이라 하는가?

정답
선입선출법(FIFO ; First In First Out)

47 물품 공급을 원활하게 하고 신속한 서비스를 도모하기 위한 목적으로 영업에 필요한 적정한 식재료를 보관하는 것, 즉 '적정 재료량'을 무엇이라 하는가?

정답
파 스톡(Par Stock)

48 커피의 원종 로부스타(Robusta)종의 원산지는 어디인가?

정답
콩고

49 생두가 로스팅되면서 세포벽의 파괴와 함께 갇혀있던 내부의 오일이 흘러나와 표면으로 스며드는 현상을 무엇이라 하는가?

정답
원두의 스펀지화 현상

50 한 국가에서 생산되며 단종 커피로 하와이안 코나, 콜롬비아 수프리모, 케냐 AA 등 커피 본연의 맛과 향을 즐기는 목적으로 애용되는 커피를 무엇이라 부르는가?

정답
스트레이트 커피(Straight Coffee)

최종모의고사

제 **4** 회

01 아랍어로 '쿠와(Qahwah)'는 와인을 칭하며 커피는 '기운을 돋우는 것'이라는 뜻으로 ( )라 불렀다. 괄호 안에 들어갈 단어는 무엇인가?

① Kaffa
② Kahve
③ Cafe
✔④ Kahwa
⑤ Caffe

02 다음은 커피 전파에 대한 설명이다. ( ) 안에 들어갈 단어는 무엇인가?

> 1714년 암스테르담 시장이 프랑스 루이 14세에게 커피나무를 선물하였고, 1723년 루이 14세는 보병부대 장교였던 ( )에게 프랑스 식민지에 커피 묘목을 나누어 주는 임무를 맡겼다. 그는 자신이 근무하던 카리브해의 마르티니크 섬에 커피 묘목 이식에 성공하여 1724년 마르티니크 섬 북쪽에 위치한 마리가란트 섬의 시장이 되었다. 이후 프랑스 자치령 가이아나에 재배하였고 네덜란드와 프랑스 사이 영토분쟁의 중재 임무를 맡았던 팔헤타가 커피 열매를 숨겨와 브라질 파라에 심었다.

✔① 클리외(Clieu)
② 존 아버클(John Arbuckle)
③ 바바 부단(Baba Budan)
④ 클레멘스(Clemens)
⑤ 베베르(Veber)

03 다음에서 설명하고 있는 품종은 무엇인가?

> • 버번과 티피카의 자연 교배종이다.
> • 1950년 브라질에서 재배하기 시작하여 카투라, 카투아이와 함께 브라질의 주력 상품이다.
> • 환경 적응력이 좋고 생산량도 버번보다 30% 이상 많으나 성숙기간이 오래 걸린다.

① 마라고지페(Maragogype)
② 버번(Bourbon)
③ 티피카(Typica)
④ 카티모르(Catimor)
✔⑤ 문도노보(Mundo Novo)

04 농약이나 화학비료를 전혀 사용하지 않고 재배한 커피를 무엇이라 하는가?

✔① 유기농 커피(Organic Coffee)
② 버드 프렌들리 커피(Bird-friendly Coffee)
③ 공정무역 커피(Fair Trade Coffee)
④ 디카페인 커피(Decaffeinated Coffee)
⑤ 그린커피(Green Coffee)

05 다음 중 커피나무의 설명으로 적절한 것을 모두 고르시오.

> 가. 고지대에서 생산된 생두일수록 단단하고 밀도가 높아 향이 풍부하고 맛이 좋으며, 색깔도 더 진한 청록색을 띤다.
> 나. 커피나무는 햇볕과 열에 강하다.
> 다. 심은 후 약 1개월 후에 떡잎이 나오고, 10~12주 후부터 본잎이 나온다.
> 라. 셰이딩하지 않고 재배한 커피를 '선 그로운 커피(Sun Grown Coffee)'라고 한다.
> 마. 커피꽃의 개화 기간은 6~7일 정도이다.

① 가, 나, 다
② 가, 다, 라 ✓
③ 나, 다, 라
④ 가, 나, 라
⑤ 나, 라, 마

해설

나. 커피나무는 강한 햇볕과 열에 약하기 때문에 이를 차단해 주기 위해 커피나무 주변에 다른 나무를 심어야 한다. 이를 셰이드 트리(Shade Tree)라고 하며 이러한 방식으로 재배된 커피를 '셰이드 그로운 커피(Shade Grown Coffee)'라고 한다.
마. 커피꽃의 개화 기간은 2~3일 정도로 짧다.

06 '수확 → 건조 → 탈곡'으로 진행되는 가공방법은 무엇인가?

① 펄프드 내추럴법(Pulped Natural Processing)
② 습식법(Wet Method)
③ 세미 워시드법(Semi Washed Processing)
④ 내추럴 커피(Natural Coffee)
⑤ 건식법(Dry Method) ✓

07 다음 중 생두의 보관방법을 올바르게 설명한 것을 모두 고르시오.

> ㄱ. 보관온도는 20℃ 이하
> ㄴ. 상대습도는 75%
> ㄷ. 고지대보다는 저지대 보관
> ㄹ. 통기성이 좋은 황마나 사이잘삼으로 만든 포대에 보관
> ㅁ. 대기 성분이 이산화탄소일 때

① ㄱ, ㄴ, ㅁ
② ㄴ, ㄷ, ㄹ
③ ㄱ, ㄴ, ㄷ, ㅁ
④ ㄱ, ㄷ, ㄹ, ㅁ ✓
⑤ ㄴ, ㄷ, ㄹ, ㅁ

해설

ㄴ. 보관 시 상대습도는 60% 정도로 곰팡이 방지와 습기 제거를 위해 서늘한 곳에 보관해야 한다.

08 생두 등급에 대한 기준으로 옳지 않은 것은?

	등급 기준	해당 국가	등급
㉠	생두의 크기와 결점두	하와이	Kona Extra Fancy, Kona Fancy
㉡	생두의 크기	콜롬비아	Supremo, Excelso
㉢	재배고도	코스타리카, 과테말라, 파나마	SHB(Strictly Hard Bean), HB(Hard Bean)
㉣	결점두	브라질	No.2~No.6
㉤	블렌딩	에티오피아	Mocha Harrar

① ㉠
② ㉡
③ ㉢
④ ㉣
⑤ ㉤ ✓

09 다음에서 설명하고 있는 커피 산지는 어디인가?

> • 1877년 커피녹병으로 커피농장이 초토화
>   되면서 병충해에 강한 로부스타를 주로
>   재배하기 시작하였다.
> • 결점두의 양에 따라 등급을 부여한다. 로
>   스팅 후 커피의 향미 품질에 기준을 두고
>   있어 외관상 아주 저품질 커피로 보일 수
>   있다.
> • 만델링(Mandheling)은 초콜릿 맛과 고
>   소하고 달콤한 향으로 인기가 좋다.
> • 예멘의 모카와 블렌딩한 모카자바(Mo-
>   cha Java)가 유명하다.

① 인도(India)
② 베트남(Vietnam)
③ **인도네시아(Indonesia)**
④ 하와이(Hawaii)
⑤ 탄자니아(Tanzania)

10 다음 중 문도노보와 카투라의 인공 교배종은 무엇인가?

① 카티모르(Catimor)
② 버번(Bourbon)
③ 문도노보(Mundo Novo)
④ 마라고지페(Maragogype)
⑤ **카투아이(Catuai)**

11 다음 중 커피나무의 경작에 보편적으로 이용되고 있는 파종 방법은?

① 씨앗 파종
② **파치먼트 파종**
③ 모종 파종
④ 점 파종
⑤ 흩뿌림 파종

12 머신의 부품 중 그룹헤드와 포터필터를 결합하는 부위로 추출 시 고온·고압의 물이 새지 않도록 막아주는 역할을 하는 것은 무엇인가?

① 디퓨저(Diffuser)
② 샤워 스크린(Shower Screen)
③ **가스켓(Gasket)**
④ 로터리 펌프(Rotary Pump)
⑤ 플로 미터(Flow Meter)

13 우유의 성분에 대한 설명으로 옳지 않은 것은?

① 우유는 인체에 필요한 114가지 영양소가 고루 함유된 완전식품이다.
② **우유에는 비타민 C와 D를 비롯한 각종 비타민이 많이 들어 있다.**
③ 갈락토스는 유아의 중요한 뇌 조직 성분인 당지질 합성에 필수적이면서 우유 중의 칼슘 흡수에 매우 중요한 역할을 한다.
④ 우유에는 양질의 필수아미노산이 함유되어 체내에서 유익한 역할을 하며 특히 어린이의 성장, 두뇌발달, 면역성 증진에 기여한다.
⑤ 우유는 영양학자들이 추천하는 칼슘과 인의 좋은 공급원이다.

해설
② 우유에는 비타민 C와 D를 제외한 각종 비타민이 많이 들어 있다.

14 에스프레소 추출 시 원두를 담은 포터필터를 그룹헤드에 단단히 장착한 후 버튼을 누르자 물이 그룹헤드 밖으로 새어 나온다면 그 원인은 무엇인가?

① 포터필터에 너무 많은 원두가 담겨 있어서
② 원두의 분쇄도가 너무 굵어서
✔ **가스켓이 마모되어서**
④ 보일러 압력이 너무 높아서
⑤ 펌프모터의 불량으로

해설
가스켓 재질은 고무로 되어 있는 소모품으로 주기적으로 교체해 주어야 물이 새지 않는다.

15 영업 중 고객불만이 생겼을 때 처리 및 대처방법으로 올바른 순서는?

✔ **고객의 이야기 듣기 – 사과하기 – 어떤 조치를 할지 고객에게 이야기하기 – 조치하기 – 평가(만족도)**
② 사과하기 – 고객의 이야기 듣기 – 어떤 조치를 할지 고객에게 이야기하기 – 조치하기 – 평가(만족도)
③ 어떤 조치를 할지 고객에게 이야기하기 – 사과하기 – 고객의 이야기 듣기 – 조치하기 – 평가(만족도)
④ 고객의 이야기 듣기 – 어떤 조치를 할지 고객에게 이야기하기 – 조치하기 – 사과하기 – 평가(만족도)
⑤ 조치하기 – 사과하기 – 고객의 이야기 듣기 – 어떤 조치를 할지 고객에게 이야기하기 – 평가(만족도)

16 커피의 재배조건에 대한 설명으로 옳지 않은 것은?

① 적도를 중심으로 남위 25°에서 북위 25° 사이의 열대, 아열대 지역이 커피 재배에 적합하다.
② 검붉은 색의 짙은 흙은 유기물이 풍부하므로 커피 재배에 적합하다.
③ 일조량은 연 2,200~2,400시간 정도가 유지되어야 한다.
✔ **연평균 기온이 5℃ 이하에서 30℃를 오르내리면 우수한 품질을 얻을 수 있다.**
⑤ 토양은 약산성(pH 5~5.5)을 띠는 것이 좋다.

해설
④ 연평균 기온이 15~24℃ 정도로 30℃를 넘거나 5℃ 이하로는 내려가지 않아야 한다.

17 커피의 성분 중 카페인이 인체에 미치는 영향을 바르게 설명한 것을 모두 고르시오.

ㄱ. 각성효과가 있으며 긴장감을 유지시킨다.
ㄴ. 체지방의 분해를 증가시키고 기초대사율을 높인다.
ㄷ. 위염, 위궤양 증세를 완화해 주는 효과가 있다.
ㄹ. 과다 섭취 시 불면증, 두통, 신경과민, 불안감 등의 증세가 발생한다.
ㅁ. 카페인은 신속하게 위장관에 흡수·대사되므로 공복 시 커피 음용을 자제한다.

① ㄱ, ㄴ, ㄷ, ㄹ
② ㄱ, ㄷ, ㄹ, ㅁ
③ ㄴ, ㄷ, ㄹ, ㅁ
✔ ㄱ, ㄴ, ㄹ, ㅁ
⑤ ㄱ, ㄴ, ㄹ, ㅁ

해설
ㄷ. 위염, 위궤양 증세가 있을 때는 커피 음용을 자제하는 것이 좋다.

18 다음 ( ) 안에 들어갈 단어를 나열한 것은?

> 수확한 생두를 커피 음료로 만들기 위해서는 ( ), ( ), ( )의 세 가지 공정을 꼭 거쳐야 한다.

① 커핑(Cupping), 배전(Roasting), 추출(Brewing)
② 태핑(Tapping), 분쇄(Grinding), 탬핑(Tamping)
③ 배전(Roasting), 분쇄(Grinding), 추출(Brewing)
④ 패스트라이제이션(Pasteurization), 추출(Brewing), 커핑(Cupping)
⑤ 분쇄(Grinding), 추출(Brewing), 커핑(Cupping)

19 펌프모터에서 물 공급의 문제로 소음이 생겼을 경우 조치사항으로 올바른 것은?

> ㄱ. 전압을 체크하고 전력을 늘린다.
> ㄴ. 펌프로 유입되는 물의 양을 체크한다.
> ㄷ. 커피머신으로 들어오는 입수관을 체크하여 입수관이 작다면 교체한다.
> ㄹ. 정수필터의 교체주기를 확인해 교환한다.
> ㅁ. 정수필터에 여러 대의 장비가 연결되어 동시에 사용 중인지 체크한다.

① ㄱ, ㄴ, ㄷ, ㄹ
② ㄱ, ㄴ, ㄷ, ㅁ
③ ㄴ, ㄷ, ㄹ, ㅁ
④ ㄱ, ㄷ, ㄹ, ㅁ
⑤ ㄱ, ㄴ, ㄷ, ㅁ

20 생두에 열을 가해 물리·화학적 과정을 거쳐 커피 본연의 맛과 향을 형성시키는 과정을 무엇이라 부르는가?

① 로스팅(Roasting)
② 커핑(Cupping)
③ 에스프레소(Espresso)
④ 블렌딩(Blending)
⑤ 브루잉(Brewing)

21 에스프레소 머신에서 커피 추출물 양을 감지해 주는 부품은 무엇인가?

① 가스켓(Gasket)
② 보일러(Boiler)
③ 솔레노이드 밸브(Solenoid Valve)
④ 플로 미터(Flow Meter)
⑤ 샤워홀더(Shower Holder)

22 커피 그라인더에 적절한 굵기의 커피를 분쇄한 다음 배출 레버의 작동으로 일정한 양의 분쇄 커피를 포터필터 바스켓에 담는 동작을 무엇이라 하는가?

① Tapping
② Dosing
③ Tamping
④ Leveling
⑤ Filtering

23 다음 중 생두의 등급 분류에 대한 설명이 아닌 것은?

① 고도가 높은 곳에서 재배한 커피일수록 밀도가 높고 맛이 우수하다.

② 생두의 크기가 고르고 클수록 등급이 높다.

③ 결점두 수에 따라 단계를 붙이는 방식에 따르면 숫자가 작을수록 좋은 등급이다.

④ **생두의 가공방법에 따라 등급을 분류한다.**

⑤ 결점두를 손으로 직접 분류하는 작업을 핸드소팅(Hand Sorting)이라 한다.

해설
생두의 가공방법은 나라나 지역마다 차이와 특징이 있다.

24 다음은 커핑 방법에 대한 내용이다. 순서대로 바르게 나열한 것은 무엇인가?

> ㄱ. 물 온도는 93℃(90~96℃)가 되도록 끓인다.
> ㄴ. 4분간 침지 후 코를 가까이 대고 표면에 떠 있는 거품을 스푼으로 부드럽게 건드려 터트리면서 커피 층을 깨주고 커피의 향기를 맡는다.
> ㄷ. 핸드드립용보다 조금 굵은 분쇄도로 분쇄한다.
> ㄹ. 물에 적셔진 향기(Aroma)를 맡는다.
> ㅁ. 프래그런스(Fragrance)의 속성과 강도를 체크한다.

① ㄱ - ㄷ - ㄴ - ㄹ - ㅁ

② ㄱ - ㄴ - ㄹ - ㅁ - ㄴ

③ ㄷ - ㄱ - ㅁ - ㄴ - ㄹ

④ **ㄷ - ㅁ - ㄱ - ㄹ - ㄴ**

⑤ ㅁ - ㄷ - ㄱ - ㄴ - ㄹ

해설
원두 향을 깊게 들이마시면서 프래그런스(Fragrance)의 속성과 강도를 체크한다.

25 커피와 물 온도에 대한 설명으로 올바르지 않은 것은?

① 로스팅이 강할수록 가용성분이 많이 추출되므로 물의 온도를 낮춰 준다.

② 에스프레소 머신의 경우 95℃ 이상의 온도를 유지하는 것이 좋다.

③ 핸드드립의 경우 90~95℃ 정도의 물이 좋다.

④ 물 온도가 85℃ 이하일 경우 고형성분이 제대로 추출되지 않아 심심한 맛이 난다.

⑤ **분쇄도가 굵은 경우 약간 낮은 온도(90℃)에서 추출하는 것이 좋다.**

해설
⑤ 분쇄도가 가는 경우 약간 낮은 온도(90℃)에서 추출하고, 분쇄도가 굵은 경우 높은 온도(95℃) 이상에서 추출하는 것이 좋다.

26 다음 중 식중독 예방 원칙에 해당하는 것을 모두 고르시오.

> ㄱ. 자율의 원칙
> ㄴ. 청결의 원칙
> ㄷ. 식품 특성의 원칙
> ㄹ. 신속의 원칙
> ㅁ. 냉각·가열의 원칙

① ㄱ, ㄴ, ㄷ

② ㄱ, ㄷ, ㄹ

③ ㄴ, ㄷ, ㅁ

④ **ㄴ, ㄹ, ㅁ**

⑤ ㄷ, ㄹ, ㅁ

27 다음 중 좋은 우유거품을 만들기 위한 조건으로 바르지 않은 것은?

① 우유 온도가 낮을수록 우유거품을 만드는 시간이 충분하므로 안정된 거품을 만들 수 있다.

② 우유의 거품을 만들기에 가장 적당한 우유는 살균우유다.

③ 스팀 피처는 열전도율이 높고 우유의 온도를 제어하기 용이하며, 재질이 단단한 스테인리스 제품을 많이 사용한다.

④ 미세한 소리로 공기가 들어가는 소리가 나면 아주 고운 거품이 만들어진다.

☑ **스팀 노즐을 깊게 담가 스티밍했을 때 아주 고운 거품이 만들어진다.**

> 해설
> ⑤ 스팀 노즐을 깊게 담가 스티밍했을 때는 스팀 피처의 바닥 면의 온도를 빠르게 상승시킴과 동시에 우유의 온도도 빠르게 올라가기 때문에 단백질과 지방성 피막이 그에 따라 빠르게 형성되어서 좋은 품질의 스팀 우유가 만들어지지 않는다.

28 로스팅 진행 과정에 대한 설명으로 바르지 않은 것은?

☑ **신맛은 로스팅 초기에 강해지다가 로스팅이 강해질수록 증가한다.**

② 떫은맛은 로스팅이 진행될수록 감소한다.

③ 쓴맛은 로스팅이 강하게 진행될수록 증가한다.

④ 생두의 수분 함유량과 밀도의 차이를 분석하여 로스팅 포인트를 찾는다.

⑤ 생두의 특징에 따른 투입온도 세팅은 뉴 크롭 > 패스트 크롭 > 올드 크롭 순으로 투입온도가 높다.

> 해설
> ① 신맛은 로스팅 초기에 강해지다가 로스팅이 강해질수록 감소한다.

29 다음 중 열량을 적게 공급하면서 장시간 동안 로스팅하는 방법으로 중후함이 강하고 향기가 풍부한 커피를 만드는 방법은?

① 저온-단시간 로스팅

☑ **저온-장시간 로스팅**

③ 고온-단시간 로스팅

④ 고온-장시간 로스팅

⑤ 고온-반자동 로스팅

30 음식이나 음료를 섭취한 후 입안에서 물리적으로 느껴지는 촉감을 무엇이라 하는가?

① Fragrance

② Flavor

☑ **Mouthfeel**

④ Finish Tail

⑤ Aroma

> 해설
> 혀와 입안에 있는 말초신경조직을 통해 촉각을 느낀다.

31 다음 중 스페셜티커피협회(SCA)의 커핑 순서를 바르게 나열한 것은?

☑ **Fragrance 평가 → Aroma 평가 → Breaking Aroma 평가 → Flavor 평가**

② Fragrance 평가 → Flavor 평가 → Aroma 평가 → Breaking Aroma 평가

③ Flavor 평가 → Fragrance 평가 → Aroma 평가 → Breaking Aroma 평가

④ Flavor 평가 → Fragrance 평가 → Breaking Aroma 평가 → Aroma 평가

⑤ Aroma 평가 → Flavor 평가 → Fragrance 평가 → Breaking Aroma 평가

32 다음 중 단종배전(Blending After Roasting)의 특성을 모두 고르시오.

> ㄱ. 정해진 블렌딩 비율에 따라 생두를 미리 혼합한 후 로스팅한다.
> ㄴ. 항상 균일한 맛을 내기가 어렵고 로스팅 컬러가 불균일하다.
> ㄷ. 저장 공간이 필요하므로 재고 관리가 어렵다.
> ㄹ. 각각의 생두가 가진 맛과 향의 특성을 살리지 못할 수도 있다.
> ㅁ. 로스팅 횟수가 많다.

① ㄱ, ㄴ, ㄷ
② ㄴ, ㄷ, ㄹ
③ ㄱ, ㄷ, ㄹ, ㅁ
④ ㄴ, ㄹ, ㅁ
⑤ ㄴ, ㄷ, ㅁ

해설
ㄱ. 각각의 생두를 따로 로스팅한 후 블렌딩한다.
ㄹ. 생두의 특성을 최대한 살린다.

33 그라인더의 분쇄 원리에 따른 방식 중 간격식 그라인더가 아닌 것은?

① 코니컬 커터(Conical Cutters)
② 충격식(Impact Type)
③ 플랫 커터(Flat Cutters)
④ 롤 커터(Roll Cutters)
⑤ 버형(Burr Type)

34 다음 커피 추출방법에서 침지식에 해당하지 않는 것은?

① Turkish Coffee
② French Press
③ Percolator
④ Ibrik
⑤ **Hand Drip**

해설
⑤ 핸드드립은 여과법(Brewing)에 해당한다.

35 다음 중 커피의 포장 재료가 갖추어야 할 조건에 해당하지 않는 것은?

① 차광성
② **통기성**
③ 방습성
④ 보향성
⑤ 방수성

36 증기의 압력, 물의 삼투압 현상을 이용하여 추출하는 진공식 추출방식은 무엇인가?

① **사이펀(Siphon/Syphon)**
② 융 드립(Flannel Drip)
③ 모카포트(Mocha Pot)
④ 콜드브루(Cold Brew)
⑤ 플런저 포트(Plunger Pot)

해설
정식 명칭은 배큐엄 브루어(Vacuum Brewer) 또는 배큐엄 포트(Vacuum Pot)라고 부른다.

37 에스프레소 추출시간이 기준보다 짧았을 때의 원인으로 올바른 것은?

✔ 분쇄입자가 굵었다.
② 커피 사용량이 기준보다 많았다.
③ 물의 온도가 기준보다 높았다.
④ 압력이 낮았다.
⑤ 탬핑이 강하게 되었다.

38 다음 중 우유가 들어가지 않는 베리에이션 메뉴 (Variation Menu)는 무엇인가?

① Latte Macchiato
② Cafe au Lait
③ Cappuccino
✔ Cafe Romano
⑤ Cafe Mocha

> 해설
>
> 카페 로마노(Cafe Romano)는 에스프레소 위에 레몬을 한 조각 올린 메뉴로 로마인들이 즐겨 마셨던 방식이다.

39 커피의 갈변반응을 일으키는 마이야르(메일라드) 반응에 관여하는 물질을 모두 고르시오.

ㄱ. 단백질	ㄴ. 아미노산
ㄷ. 유기산	ㄹ. 다당류
ㅁ. 카르보닐기	

① ㄱ, ㄴ, ㄷ, ㄹ
② ㄱ, ㄷ, ㄹ, ㅁ
③ ㄱ, ㄷ, ㄹ
✔ ㄴ, ㄷ, ㄹ, ㅁ
⑤ ㄷ, ㄹ, ㅁ

> 해설
>
> 생두를 로스팅하면 생두에 함유된 아미노산의 '아미노기'와 당의 '카르보닐기'가 결합해 새로운 분자를 만들어 내는 '마이야르(메일라드) 반응'이 발생한다. 마이야르 반응을 통해 만들어지는 분자는 휘발성 방향족 화합물로, 구운 향이나 시리얼 향 같은 풍미를 내는 '피라진(Pyrazine)'은 젖산을 분해하여 피로를 완화해 준다고 한다.
> ㄱ. 단백질은 원두의 향기 형성에 중요한 성분이다.

40 다음에서 설명하는 에스프레소 머신의 종류는?

> • 스팀, 온수 등에 사용되는 보일러와 추출에 사용되는 보일러를 그룹헤드에 각각 장착하여 두 개 이상의 보일러를 사용하는 머신으로 직접 가열 방식을 사용한다.
> • 각 그룹헤드의 추출 온도를 다르게 세팅할 수 있다.

✔ 개별형 보일러 머신
② 단독형 보일러 머신
③ 분리형 보일러 머신
④ 단일형 보일러 머신
⑤ 혼합형 보일러 머신

41 커피 테이스팅에서 물을 부은 후 약 1분 정도가 지나면 커피가 우러나기 시작한다. 이때 물에 적셔진 커피 표면에서 나는 향기를 무엇이라 하는가?

① Fragrance
② **Aroma**
③ Rounded
④ Clean Cup
⑤ Aftertaste

42 다음 중 에스프레소 추출시간에 영향을 주는 요소와 거리가 먼 것은?

① 원두의 양
② 원두의 분쇄도
③ 로스팅 정도
④ **탬퍼의 무게**
⑤ 추출압력

43 다음 중 에스프레소의 맛에 대해 잘못 설명하고 있는 것은?

① 부드러운 크레마
② 단맛과 신맛이 어우러진 균형 잡힌 맛
③ **단조롭고 지속적으로 길게 느껴지는 강렬한 쓴맛**
④ 깊고 중후한 바디감
⑤ 부드러운 쓴맛

44 SCA에 따른 커핑 항목에서 향기의 강도가 강한 순서대로 올바르게 나열된 것은?

① **Rich > Full > Rounded > Flat**
② Flat > Full > Rounded > Rich
③ Full > Rich > Rounded > Flat
④ Rounded > Full > Rich > Flat
⑤ Rich > Full > Flat > Rounded

45 생두의 실버스킨을 제거해 주는 작업으로 상품의 가치를 높이기 위한 선택 과정이며 주로 고급 커피인 자메이카 블루마운틴, 하와이 코나 커피에 사용되는 작업방법은 무엇인가?

① Honey Process
② Cleaning
③ **Polishing**
④ Pulping
⑤ Hulling

해설
폴리싱(Polishing)은 생두의 외관을 좋게 하고 쓴맛을 줄여 준다.

46 생두의 파치먼트를 제거하는 작업을 무엇이라 하는가?

헐링(Hulling)

49 가열된 드럼통에 생두를 투입했을 때 드럼통 온도가 떨어지기 시작하다가 다시 온도가 올라가는 시점을 무엇이라 하는가?

터닝 포인트(Turning Point)

47 우유의 성분 중 우유거품을 내는 데 가장 중요한 성분은 무엇인가?

정답
단백질

48 로스팅 과정에서 생두의 조직이 파열되면서 들리는 두 번의 파열음을 무엇이라 하는가?

정답
크랙(Crack)

50 커핑 시 끓인 물의 온도는?

93℃

최종모의고사

제 **5** 회

01 1650년 블런트(Henry Blount)에 의해 'Coffee'라는 단어를 처음 사용한 나라는?

✓ ① 영국
② 미국
③ 이탈리아
④ 프랑스
⑤ 독일

02 다음에서 설명하고 있는 것은 무엇인가?

> • 카라콜(Caracol) 또는 카라콜리(Cara-coli)라고도 부르며, 달팽이 모양의 콩이라는 뜻이다.
> • 일반적인 커피체리는 두 개의 생두가 마주하여 자리 잡고 있지만 이것은 커피체리 안에 한 개의 생두가 자리 잡고 있다.
> • 한때는 미성숙두 또는 결점두로 취급되기도 하였으나 그 희소성으로 인해 일반 생두보다 더 비싼 가격에 거래되고 있다.
> • 커피나무 끝에서 자라며 크기가 다른 것보다 작아 육안으로 식별이 가능하다.

① 그린빈(Green Bean)
② 플랫빈(Plat Bean)
③ 홀빈(Whole Bean)
④ 마라고지페(Maragogype)
✓ ⑤ 피베리(Peaberry)

03 다음은 커피 전파에 대한 설명이다. (   ) 안에 들어갈 단어를 순서대로 나열한 것은?

> 1896년 아관파천으로 인해 러시아 공사관으로 피신했던 고종황제가 러시아 공사(   )를 통해 커피를 접하고 덕수궁 내에 우리나라 최초의 로마네스크풍 건물 (   )을 지어 커피와 다과를 즐겼다.

① 존 아버클(John Arbuckle), 정동구락부
② 클리외(Clieu), 손탁호텔
✓ ③ 베베르(Veber), 정관헌
④ 손탁, 대불호텔
⑤ 클레멘스(Clemens), 창덕궁

04 다음에서 설명하고 있는 품종은 무엇인가?

> • 1870년 브라질의 한 농장에서 발견된 티피카의 돌연변이종이다.
> • 아라비카와 리베리카의 교배종이다.
> • 생두의 크기가 스크린 사이즈(Screen Size) 20보다 크다.
> • 다른 종에 비해 잎, 체리, 생두가 모두 커서 코끼리 콩(Elephant Bean)으로 불린다.

✓ ① 마라고지페(Maragogype)
② 버번(Bourbon)
③ 티피카(Typica)
④ 카티모르(Catimor)
⑤ 문도노보(Mundo Novo)

05 커피의 최저가격을 보장하고, 생산자와의 장기간 국제무역에서보다 공평하고 정의로운 관계를 추구하자는 취지로 맛이나 향이 중심이 아닌 생산자에게 제값을 주고 유통되는 커피를 무엇이라 하는가?

① 티피카 커피(Typica Coffee)
② 디카페인 커피(Decaffeinated Coffee)
③ 유기농 커피(Organic Coffee)
④ **공정무역 커피(Fair Trade Coffee)**
⑤ 버드 프렌들리 커피(Bird-friendly Coffee)

06 생두를 싸고 있는 파치먼트나 껍질(Husk)을 제거하는 과정을 무엇이라 하는가?

① Pre-cleaning
② Destoning
③ **Milling**
④ Drying
⑤ Grading

> **해설**
> 탈곡(Milling) : 생두를 싸고 있는 파치먼트나 껍질(Husk)을 제거하는 과정이다.

07 생두 포장 시 단위는 국가마다 조금씩 차이가 있지만, 일반적으로 1포대당 몇 kg인가?

① 40kg
② 50kg
③ **60kg**
④ 70kg
⑤ 80kg

08 결점두와 관련한 설명 중 올바른 것을 모두 고르시오.

> ㄱ. 결점두는 속이 비었거나, 벌레 먹은 경우, 곰팡이에 의해 발효된 경우 등 여러 가지 이유로 손상된 것을 말한다.
> ㄴ. 브라질, 인도네시아, 에티오피아 등의 국가는 결점두를 점수로 환산하여 등급을 분류한다.
> ㄷ. 결점두의 종류와 명칭은 국제적으로 통일된 기준이 있다.
> ㄹ. 결점두는 커피의 재배과정에서만 발생한다.

① ㄱ, ㄷ ② **ㄱ, ㄴ**
③ ㄴ, ㄷ ④ ㄴ, ㄹ
⑤ ㄷ, ㄹ

> **해설**
> ㄷ. 결점두의 종류와 명칭은 국제적으로 통일된 기준이 없다.
> ㄹ. 결점두는 생두의 재배, 수확, 가공, 보관 등의 과정에서 발생할 수 있다.

09 다음 중 세계 3대 커피를 잘 연결한 것은?

> ㄱ. 쿠바 - 크리스털 마운틴(Crystal Mountain)
> ㄴ. 자메이카 - 블루마운틴(Blue Mountain)
> ㄷ. 과테말라 - 안티구아(Antigua)
> ㄹ. 예멘 - 모카 마타리(Mocha Mattari)
> ㅁ. 하와이 - 코나(Kona)

① ㄱ, ㄴ, ㄷ ② ㄱ, ㄴ, ㄹ
③ ㄱ, ㄴ, ㅁ ④ ㄴ, ㄷ, ㄹ
⑤ **ㄴ, ㄹ, ㅁ**

> **해설**
> ㄱ. 쿠바 - 크리스털 마운틴(Crystal Mountain) : 헤밍웨이가 즐겨 마셨던 커피로 신맛이 없고 초콜릿 향과 단맛이 진하다.
> ㄷ. 과테말라 - 안티구아(Antigua) : 균형 잡힌 신맛이 특징으로, 최상급 커피 중 하나이다.

10 커피나무의 수확량이 감소하고 성장이 방해되어 나무가 죽을 수 있으며 현재까지 알려진 커피나무 질병 중 가장 피해가 큰 것으로 보고되고 있는 이 질병은 무엇인가?

① 커피녹병
② 커피해충
③ 커피괴사병
④ 커피나무 재선충
⑤ 커피 필록셀라

11 다음에서 설명하고 있는 커피 가공과정은?

> • 실버스킨을 제거하는 과정이다.
> • 상품의 가치를 높이기 위한 선택 과정이다.
> • 자메이카 블루마운틴, 하와이안 코나와 같은 고급 커피의 경우에 주로 시행된다.

① 클리닝(Cleaning)
② 허니 프로세스(Honey Process)
③ 폴리싱(Polishing)
④ 헐링(Hulling)
⑤ 세척(Washing)

해설
실버스킨(은피)은 로스팅 과정에서 내부 온도가 140℃ 이상이 되면 생두에서 자연스럽게 분리되기 때문에 대부분 폴리싱 작업을 하지 않는다.

12 다음 중 커피체리를 수확한 지 2년 이상 경과한 생두를 무엇이라 부르는가?

① 뉴 크롭(New Crop)
② 미들 크롭(Middle Crop)
③ 세컨드 크롭(Second Crop)
④ 올드 크롭(Old Crop)
⑤ 패스트 크롭(Past Crop)

13 다음 ( ) 안에 들어갈 단어를 순서대로 나열한 것은?

> 커피의 생육에 가장 치명적인 영향을 끼치는 것은 ( )이며 생두를 보관할 때 가장 중요한 요인은 ( )이다. 또한 로스팅이 끝난 후 보관하는 경우 ( )는 커피의 산패를 가속시키는 가장 큰 요인이다.

① 곤충, 물, 습도
② 서리, 조도, 산소
③ 서리, 습도, 산소
④ 새, 동물, 서리
⑤ 온도, 습도, 서리

14 두 명의 바리스타가 협업할 때 가장 효율적인 업무분장은?

① 한 명은 주문 포스에서 대기하고 한 명은 메뉴를 만든다.
② 한 명은 에스프레소를, 한 명은 우유를 스팀해 완성한다.
③ 한 명은 메뉴를 정리하고 한 명은 세팅한다.
④ 담당 구역을 벗어나지 않는다.
⑤ 한 명은 메뉴를 만들고 한 명은 고객 립서비스를 한다.

15 다음 중 체리를 수확하기 위해 필요한 자연환경으로 옳지 않은 것은?

① 커피나무는 열대 혹은 아열대 지역에서 자라기 때문에 강한 햇볕과 열에 강하다. ✓

② 연간 일조량이 2,200~2,400시간 정도가 되어야 커피체리 수확이 가능하다.

③ -2℃ 이하에서 약 6시간 이상 노출 시 치명적인 피해를 입을 수 있다.

④ 체리를 수확하기 위해서는 하루 일조량이 6~6.5시간 정도 필요하다.

⑤ 커피녹병에 걸리면 수확량이 감소하고 성장이 방해되어 나무가 죽을 수 있다.

> 해설
> ① 커피나무는 강한 햇볕과 강한 열, 강한 바람, 찬바람, 서리에 약하다.

16 다크 로스팅으로 만드는 커피는 어떤 맛이 강하게 나타나는가?

① 쓴맛 ✓

② 짠맛

③ 단맛

④ 아린맛

⑤ 신맛

17 다음 중 커피의 쓴맛과 관련이 없는 성분은?

① 퀸산

② 페놀화합물

③ 카페인

④ 환원당 ✓

⑤ 트라이고넬린

> 해설
> ④ 환원당은 단맛을 내는 성분이다.

18 다음 중 커피 신선도를 저해시키는 산패의 주요 원인을 모두 고르시오.

> ㄱ. 온도
> ㄴ. 밀도
> ㄷ. 열
> ㄹ. 공기
> ㅁ. 수분

① ㄱ, ㄴ, ㄷ, ㄹ

② ㄴ, ㄷ, ㄹ, ㅁ

③ ㄱ, ㄷ, ㄹ, ㅁ ✓

④ ㄴ, ㄹ, ㅁ

⑤ ㄱ, ㄴ, ㅁ

19 다음 중 커피 열매의 명칭을 안쪽부터 순서대로 올바르게 나열한 것은?

① 파치먼트 - 실버스킨 - 펄프 - 점액질 - 겉껍질 - 생두

② 겉껍질 - 펄프 - 점액질 - 실버스킨 - 파치먼트 - 생두

③ 생두 - 파치먼트 - 실버스킨 - 펄프 - 점액질 - 겉껍질

④ 겉껍질 - 실버스킨 - 점액질 - 펄프 - 파치먼트 - 생두

⑤ 생두 - 실버스킨 - 파치먼트 - 점액질 - 펄프 - 겉껍질 ✓

20 다음 중 분쇄 커피가루가 담긴 물을 통과시켜 커피 성분을 뽑아내는 방식은?

① 침지식
② 침출식
✓ ③ 여과식
④ 증발식
⑤ 가압식

해설
여과식(투과식)은 침지식에 비해 깔끔한 커피가 추출된다.

21 다음 중 커피의 점도와 미끈함을 감지하는 말초 신경을 집합적으로 부르는 말은?

① Skimming
② Mouthfeel
③ Fragrance
✓ ④ Body
⑤ Aroma

22 다음에서 ( ) 안에 들어갈 내용을 순서대로 나열한 것은?

스페셜티 그레이드(Specialty Grade)라 함은 (㉠) (㉡)g 중 결점두 5개 이하이 며 (㉢) (㉣)g에 퀘이커(Quaker)가 0 개인 커피를 말힌다.

✓ ① ㉠ 생두, ㉡ 350, ㉢ 원두, ㉣ 100
② ㉠ 생두, ㉡ 100, ㉢ 원두, ㉣ 350
③ ㉠ 원두, ㉡ 350, ㉢ 생두, ㉣ 100
④ ㉠ 원두, ㉡ 100, ㉢ 생두, ㉣ 350
⑤ ㉠ 생두, ㉡ 250, ㉢ 원두, ㉣ 250

23 다음 중 커피 품질 등급을 나누는 기준이 다른 나라는?

① 콜롬비아
② 탄자니아
✓ ③ 과테말라
④ 케냐
⑤ 하와이

해설
콜롬비아, 하와이, 탄자니아, 케냐는 생두 사이즈에 의해 분류하며, 과테말라, 엘살바도르, 코스타리카, 온두라스, 멕시코 등은 생산고도에 의해 분류한다.

24 다음 에스프레소 머신의 부품 중 필터홀더 (Filter Holder)의 재질은 무엇인가?

✓ ① 동
② 스테인리스
③ 은
④ 알루미늄
⑤ 플라스틱

해설
필터홀더는 적정 온도를 유지하여 양질의 에스프레소를 얻기 위해 동 재질로 만들어진다.

25 커피 추출 시 주의사항으로 적절한 것은?

✔ ① 추출방법에 따라 분쇄도를 달리하며, 매일 분쇄도를 체크한다.

② 원두 구입 시 원가 절감을 위하여 대량 구입하며, 큰 포장을 많이 이용한다.

③ 손님이 많이 몰릴 경우를 대비하여 미리 원두를 갈아 둔다.

④ 원두의 변질을 막기 위해 항상 냉장고에 넣어 두었다가 사용한다.

⑤ 그라인더에 남은 분쇄 원두는 모아 두었다가 사용한다.

26 원두를 개봉한 후 남은 원두의 보관방법으로 가장 올바른 것은?

① 남은 원두를 모두 분쇄해서 보관한다.

② 비닐종이에 담아서 냉장고에 넣어 보관한다.

③ 종이로 포장해서 서늘한 곳에 보관한다.

✔ ④ 지퍼백이나 유리 용기, 도자기 등에 밀폐·보관한다.

⑤ 빨리 사용할 수 있도록 그라인더 옆에 보관한다.

[해설]
분쇄하면 산소와 접촉하는 표면적이 넓어져 더 빠르게 산화가 진행된다.

27 다음 설명과 관련이 있는 커피 산지는?

- 전체 커피 생산량의 약 60% 정도를 로부스타가 차지하고 있다.
- 아라비카는 깊으면서도 부드럽고 달콤한 맛, 낮은 산도와 향신료나 초콜릿 맛이 있다고 평가된다.
- 습식법으로 가공된 아라비카 커피를 '플랜테이션 아라비카', 습식법으로 가공된 로부스타 커피를 '파치먼트 로부스타'라고 한다.
- 약 3~4개월 동안 몬순 바람에 건조시킨 몬순커피는 노르스름한 색을 띠고 있으며 신맛이 줄어들고 무게도 가벼워진 커피이다.

① 파나마(Panama)

② 페루(Peru)

✔ ③ 인도(India)

④ 인도네시아(Indonesia)

⑤ 탄자니아(Tanzania)

[해설]
인도의 아라비카는 짙은 바디와 달콤함으로 에스프레소 커피의 블렌딩에 많이 사용되고 있다.

28 다음 중 이상이 생기면 물 공급이 제대로 되지 않아 소음이 심하게 나고 압력이 올라가지 않는 것은 무엇인가?

✔ ① 펌프모터

② 샤워 스크린

③ 플로 미터

④ 샤워홀더

⑤ 그룹헤드

29 원두의 향미를 평가할 때 다음 내용에서 설명하고 있는 준비 및 동작에 맞는 항목은?

> • 85~90℃ 정도의 물 3oz(150mL)를 붓고 3~5분간 기다린다.
> • 커피층이 생성되면 3번 정도 거품과 커피 윗부분을 스푼으로 밀어내면서 향(Aroma)을 맡는다.

① Fragrance
✔② Break Aroma
③ Skimming
④ Slurping Flavor
⑤ Aftertaste

30 밀크 스티밍(Milk Steaming) 과정에서 우유의 단백질 외에 거품의 안정성에 중요한 역할을 하는 성분은 무엇인가?

✔① 지방
② 탄수화물
③ 비타민
④ 무기질
⑤ 수분

해설
유지방은 우유의 약 3.5%를 차지하며 주로 에너지원으로 이용된다.

31 다음 중 우유 스티밍에 사용하기에 가장 적절한 우유는?

① 멸균우유
② 탈지우유
③ 초코우유
✔④ 살균우유
⑤ 저지방 우유

32 다음 커피의 생산과 소비에 대한 설명으로 잘못된 것은?

✔① 1인당 커피 소비량이 가장 많은 나라는 콜롬비아이다.
② 지역별 소비량은 유럽이 가장 많고, 그다음 아시아·오세아니아, 북아메리카, 남아메리카 지역의 순서로 소비량이 많다.
③ 커피의 지역별 생산량은 남아메리카, 아시아·태평양 지역, 중앙아메리카, 아프리카 순이다.
④ 커피의 단일 국가별 생산량은 브라질, 베트남, 콜롬비아, 인도네시아 순으로 많이 생산된다.
⑤ 커피의 단일 국가 소비량은 미국이 가장 많다.

해설
① 연간 1인당 소비량 1위는 핀란드로 연간 12kg의 커피를 소비한다.

33 다음 중 저온 장시간 살균법에 대한 설명으로 적절하지 않은 것은?

① 파스퇴르 살균법이라고 한다.
② 솥의 중간에 열수나 증기를 통과하면서 우유를 가열·살균하는 방법이다.
✔③ 72~75℃의 온도에서 15~17초 유지하며 가열, 열교환, 냉각이 동시에 이루어져 효과적이다.
④ 우유, 크림, 주스 살균에 이용되는 살균방법이다.
⑤ 유산균과 단백질, 비타민이 살아 있어 영양 성분이 뛰어나다.

해설
③ 저온 장시간 살균법은 61~63℃에서 30분 유지하여 살균하는 방법이다.

34 카페 영업장에서 마감 관리 시 매일 청소해야
하는 기물이 아닌 것은?

✔ ① 호퍼(Hopper)
② 필터 홀더(Filter Holder)
③ 샤워 홀더(Shower Holder)
④ 스팀 피처(Steam Pitcher)
⑤ 그룹 가스켓(Group Gasket)

> 해설
> ① 호퍼 안에 기름때는 타월로 닦아내고 3일에 한 번 깨끗
> 하게 씻어준다.

35 커피 로스팅(Roasting) 과정 중 생두에서 나타
나는 물리적 변화의 설명으로 잘못된 것은?

① 1차 크랙(Crack)이 발생한 다음 2차 크랙
(Crack)이 발생한다.
✔ ② 조직이 다공질로 바뀌어 부피가 감소한다.
③ 수분이 증발하고 휘발성 물질이 방출되며 이
산화탄소가 생성된다.
④ 유기물 손실이 발생하여 생두의 무게가 감소
한다.
⑤ 밀도가 점점 감소한다.

> 해설
> ② 조직이 다공질화되면 부피가 늘어나 증가한다.

36 카페 메뉴에서 에스프레소 커피를 제공할 때 사
용되는 잔을 무엇이라고 하는가?

① 스트레이트 잔
② 아이리시 커피 잔
✔ ③ 데미타세 잔
④ 믹싱 잔
⑤ 카푸치노 잔

> 해설
> 데미타세(Demitasse) : 에스프레소 전용 잔으로 일반 커
> 피잔의 1/2 크기이며 용량은 60~70mL 정도이다.

37 다음 중 로스팅 머신의 부품인 댐퍼(Damper)
의 역할이 아닌 것은?

① 드럼 내부 산소 등의 공기 흐름을 조절한다.
✔ ② 생두의 로스팅 단계를 파악하는 장치이다.
③ 드럼 내부의 열량을 조절한다.
④ 드럼 내부의 연기와 은피를 배출한다.
⑤ 댐퍼 개폐를 통해 향미를 조절한다.

38 로스터기 종류 중 드럼(Drum) 방식 구조의 설
명으로 적절하지 않은 것은?

① 열원을 직접 또는 간접적으로 가열하여, 가
열된 공기나 열을 드럼 안으로 넣어 주어 로
스팅하는 방식이다.
② 생두와 드럼 벽면의 직접적인 접촉으로 전도
열이 전달되고 드럼을 통과하는 열풍으로 대
류열이 전달된다.
✔ ③ 로스팅이 끝나면 외부 공기를 불어 넣는 방식
으로 냉각시키거나, 별도의 냉각기를 사용하
여 냉각시킨다.
④ 싱글 드럼은 드럼이 한 겹의 철판으로 만들
어진 것이다.
⑤ 더블 드럼은 내부와 외부로 나뉘어 두 겹의
철판으로 만든 2중 구조로 돼 있어 열전도가
적게 일어나 생두가 부분적으로 타거나 그슬
릴 위험이 줄어든다.

> 해설
> ③ 유동층 구조는 로스팅 챔버에 공기를 고속으로 불어
> 넣어 생두를 띄워 올려 회전시키며 로스팅한다. 로스팅
> 이 끝나면 외부 공기를 불어 넣는 방식으로 냉각시키거
> 나, 별도의 냉각기를 사용하여 냉각시킨다.

39 다음 중 식품의 변질에 대한 설명으로 잘못된 것은?

① 변질은 식품의 영양물질, 비타민 등의 파괴, 향미의 손상으로 먹을 수 없는 상태이다.

② 부패는 단백성 식품 성분이 미생물의 작용으로 분해되어 아민(Amine)류 등의 유해물질이 생성되어 암모니아 등의 나쁜 냄새를 발생하는 현상을 말한다.

③ 발효는 탄수화물이 미생물의 작용을 받아 유기산이나 알코올 등을 생성하는 현상이다.

✔④ 변패는 식품 성분이 상호반응 또는 효소작용으로 풍미가 적절하게 변화되는 현상이다.

⑤ 산패는 불포화지방산이 산화에 의하여 불쾌한 냄새나 맛을 형성하는 것을 말한다.

[해설]
④ 변패는 미생물 등에 의하여 식품 중의 탄수화물이나 지방질이 산화에 의해 분해되거나 식품 성분이 상호반응 또는 효소작용에 의해 변화되고 풍미가 나쁘게 되어 식용으로 부적절하게 되는 현상을 말한다.

40 다음 중 원두의 갈변현상을 일으키는 마이야르 반응에 관여하는 성분을 모두 고르시오.

```
ㄱ. 라드
ㄴ. 아미노산
ㄷ. 트라이글리세라이드
ㄹ. 카르보닐기
ㅁ. 다당류
```

① ㄱ, ㄴ, ㄹ
② ㄱ, ㄴ, ㅁ
③ ㄴ, ㄷ, ㄹ
✔④ ㄴ, ㄹ, ㅁ
⑤ ㄷ, ㄹ, ㅁ

41 다음 중 생두를 둘러싸고 있는 실버스킨에 가장 많이 함유되어 있는 성분은 무엇인가?

✔① 식이섬유질
② 유리지방산
③ 카페인
④ 아세트산
⑤ 지질

[해설]
실버스킨의 60% 정도가 식이섬유질이며 그중 수용성 섬유질은 약 14%이다.

42 다음 중 생두의 밀도에 대한 설명으로 적절하지 않은 것은?

✔① 생두는 부피에 따라 밀도의 차이가 크기에 스크린 사이즈 크기가 클수록 좋다.

② 밀도가 높으면 외부의 열을 내부로 전달하기가 더 어렵다.

③ 생두에 너무 많은 열량을 공급하면 겉에 비해 속이 덜 익거나 표면이 탈 수 있다.

④ 생두에 너무 적은 열량을 공급하면 전체적으로 로스팅 시간이 길어져 베이크(Baked)될 수 있다.

⑤ 밀도 측정기가 없는 경우 1,000mL 실린더를 사용하여 산이 측정하는 방법이 있다.

[해설]
① 생두의 크기와 상관없이 고지대에서 생산된 생두는 밀도가 높다.

43 관능평가에서 바디의 강도를 고형성분의 양에 따른 순서로 나열한 것은?

① Thin > Heavy > Light > Thick
② Thin > Light > Heavy > Thick
③ Light > Heavy > Thick > Thin
④ Thick > Light > Heavy > Thin
⑤ **Thick > Heavy > Light > Thin**

44 다음 카페 메뉴 중 재료에 우유가 포함되지 않는 것은?

① Latte Macchiato
② **Cafe con Panna**
③ Cafe Latte
④ Cappuccino
⑤ Cafe Mocha

해설
② 콘(Con)은 이탈리어어로 '~을 넣은'이라는 접속사이고, 파나(Panna)는 '생크림'을 뜻한다. 즉, Coffee with Cream이라는 뜻이다.

45 다음 중 에스프레소의 추출속도나 시간에 영향을 미치는 것과 관련이 없는 것은?

① 공기 중의 습도
② **커피 산지의 고도**
③ 로스팅 정도
④ 원두 분쇄입자
⑤ 원두의 양

46 드럼에 구멍이 뚫려 있지 않은 상태에서 버너의 불꽃이 드럼을 가열하는 방식으로, 열효율이 높아 균일한 로스팅이 가능한 로스팅 방식은 무엇인가?

정답
반열풍식

47 다음에서 설명하고 있는 커피 추출방식은?

- 커피와 물이 만나는 시간이 길기 때문에 1mm 정도로 굵게 분쇄한다.
- 커피액에 미세한 입자가 있어서 지속적인 추출이 일어나므로, 추출을 완료한 후에는 바로 커피를 따라 마셔야 한다.
- 침지식으로 손쉽게 다룰 수 있으며 균일한 추출이 가능하다.

정답
프렌치 프레스(French Press)

48 다음에서 설명하고 있는 커핑 항목은 무엇인가?

> 커피액이 입에 닿는 느낌으로 선호도 및 강도에 의해 평가되며, 입에 가득 차는 느낌, 미끌미끌한 느낌, 몽글몽글한 느낌 등을 준다.

촉감 또는 바디(Body)감

49 식품의 원재료부터 제조, 가공, 보존, 유통, 조리 단계를 거쳐 최종 소비자가 섭취하기 전까지의 과정을 포함하며 각 단계에서 발생할 우려가 있는 위해요소를 규명한 것으로 위해요소를 중점적으로 관리하기 위한 중요관리점을 결정하는 용어는 무엇인가?

정답
해썹(HACCP) 또는 식품안전관리인증기준

50 드립식 추출도구에서 원두 내부의 물 빠짐이 용이하고 공기가 원활히 배출되도록 하는 통로를 무엇이라 하는가?

리브(Rib)

최종모의고사

제 **6** 회

01 커피의 기원에 대한 설명으로 잘못된 것은?

① 에티오피아의 짐마 지역의 옛 지명인 카파 (Kaffa)는 커피의 고향이다.

② 1600년경 인도 출신 이슬람 승려 바바 부단 (Baba Budan)이 아라비아로 성지순례를 왔 다가 커피를 발견하고 이름을 붙여주었다.

③ 에티오피아의 목동 칼디(Kaldi)가 염소들이 풀숲에서 붉은 열매를 먹은 후 흥분하여 밤 에 잠을 자지 못하는 것을 보고 발견하였다.

④ 오마르가 오우삽(Ousab) 산으로 추방당해 배가 고파 산속을 헤매던 중 새 한 마리가 붉은 열매를 쪼아 먹는 것을 보고 발견하 였다.

⑤ 모하메드(Mohammed)가 병으로 앓고 있을 때 꿈속에서 천사 가브리엘이 나타나 빨간 열매를 주면서 먹어 보라고 해 커피를 발견 하게 되었다.

> **해설**
> ② 1600년경 인도 출신 이슬람 승려 바바 부단(Baba Budan)이 아라비아로 성지순례를 왔다가 커피 씨앗을 몰래 숨겨와 인도 남부 마이소르(Mysore) 지역에 재배 하였다.

02 생두의 등급 분류를 재배고도에 의해 구분하는 나라로 올바르게 나열한 것은?

① 코스타리카, 과테말라, 멕시코

② 코스타리카, 인도네시아, 에티오피아

③ 과테말라, 인도네시아, 하와이

④ 과테말라, 하와이, 브라질

⑤ 멕시코, 브라질, 하와이

03 다음 커피체리의 구조에 대한 설명 중 (   )에 들어갈 단어는 무엇인가?

> • 외과피/겉껍질(Outer Skin) : 체리의 바 깥 껍질로 잘 익은 커피체리는 대부분 빨 갛다.
> • 펄프(Pulp)/과육 : 당과 수분이 풍부한 과육으로 단맛이 나며 중과피에 해당한다.
> • (㉠)/내과피 : 펄프 안에 생두를 감싸고 있는 단단한 껍질의 점액질로 구성되어 있다.
> • (㉡)/은피 : 파치먼트 내부에 있는 생두 를 감싸고 있는 얇은 막이다.
> • 센터 컷(Center Cut) : 생두 가운데 나 있는 S자 형태의 홈을 말한다.

① ㉠ 실버스킨(Silver Skin)
　㉡ 그린커피(Green Coffee)

② ㉠ 실버스킨(Silver Skin)
　㉡ 플랫빈(Plat Bean)

③ ㉠ 홀빈(Whole Bean)
　㉡ 플랫빈(Plat Bean)

④ ㉠ 파치먼트(Parchment)
　㉡ 플랫빈(Plat Bean)

⑤ ㉠ 파치먼트(Parchment)
　㉡ 실버스킨(Silver Skin)

> **해설**
> • 플랫빈(Plat Bean) : 한 개의 체리 안에 평평한 면으로 마주 보고 있는 2개의 생두를 말한다.
> • 그린커피(Green Coffee) : 커피 열매의 정제된 씨앗
> • 홀빈(Whole Bean) : 분쇄하지 않은 상태의 원두

04 다음에서 설명하는 커피 품종은 무엇인가?

> • 카페인 함유량이 높다.
> • 바디(Body)감이 좋아 대부분 에스프레소 블렌딩용으로 판매된다.
> • 병충해에 강하며 커피나무들은 키가 크지 않아 열매 수확과 관리가 쉽다.

① 아라비카(Arabica)

② **로부스타(Robusta)**

③ 리베리카(Liberica)

④ 버번(Bourbon)

⑤ 티피카(Typica)

05 다음에서 설명하는 커피의 수확방법은?

> • 체리가 균일하고 품질 좋은 커피 생산이 가능하다.
> • 기계를 이용한 수확이 불가능한 지역에서 이용하는 방법이다.
> • 습식법으로 가공하는 국가에서의 생산방법이다.
> • 아라비카 커피를 생산하는 지역에서 주로 사용된다.

① **핸드 피킹(Hand Picking)**

② 스트리핑(Stripping)

③ 그늘수확(Shade Picking)

④ 대량수확(Great Picking)

⑤ 기계수확(Mechanical Picking)

06 생두가 건조되기 전 남겨지는 점액질의 양을 달리하는 커피체리 가공법으로 니카라과, 에티오피아, 엘살바도르 등에서 시행된다. 점액질의 양을 %로 조절하기 때문에 특유의 맛과 향이 있는 가공방식은 무엇인가?

① 언워시드 커피(Unwashed Coffee)

② 워시드법(Washed Process)

③ 세미 워시드법(Semi Washed Processing)

④ 펄프드 내추럴법(Pulped Natural Processing)

⑤ **허니 프로세스(Honey Process)**

해설
점액질을 많이 남겨 둘수록 건조시간이 오래 걸린다.

07 다음 내용으로 바흐가 작곡한 음악은 무엇인가?

> • 친분이 있던 한 카페 주인이 카페음악회에서 연주할 음악을 만들어 달라고 제안하였다.
> • 커피에 심하게 빠져 버린 딸과 그것을 말리는 아버지의 대화체로 이루어져 있다.

① 선상의 아리아

② 요한 제바스티안

③ **커피 칸타타**

④ 피아니스트의 노트

⑤ 골드베르크

08 나라는 작지만 양질의 커피를 생산하는 국가로 커피 재배의 최적의 조건인 화산암이 잘 발달되어 있다. 주로 습식법을 사용하며 대표적인 재배지역으로 타라주(Tarrazu)가 있는 이 나라는 어디인가?

① 콜롬비아(Colombia)
② 과테말라(Guatemala)
③ 멕시코(Mexico)
④ 코스타리카(Costa Rica)
⑤ 온두라스(Honduras)

09 다음에서 설명하고 있는 커피의 산지는?

- 캐러멜과 초콜릿 향, 너트 향이 잘 어우러져 적당한 신맛이 있음
- 깔끔하면서 기품 있고 섬세하며, 풍부한 맛과 향으로 유명함, '커피의 신사'라는 별명이 있음
- 생두 사이즈에 따라 6등급으로 분류 : AA, A, AMEX, B, C, PB

① 탄자니아(Tanzania)
② 인도(India)
③ 케냐(Kenya)
④ 모카 마타리(Mocha Mattari)
⑤ 에티오피아(Ethiopia)

해설
탄자니아의 킬리만자로(Kilimanjaro)는 영국 황실에서 즐겨 마신다 하여 '왕실의 커피', '커피의 신사'라는 별명이 있다.

10 다음 SCA 분류 중 스페셜티 그레이드(Specialty Grade)의 등급 기준에 해당하는 것을 모두 고르시오.

ㄱ. 생두 350g 중 결점두 3개 이하이며, 원두 300g에 퀘이커가 0개인 커피를 말한다.
ㄴ. 퀘이커(Quaker)는 단 한 개도 허용되지 않는다.
ㄷ. 커피 점수는 100점 만점에 80점을 넘어야 한다.
ㄹ. 프래그런스(Fragrance)/아로마(Aroma), 플레이버(Flavor), 신맛, 바디(Body), 에프터테이스트(Aftertaste)의 부분에서 각기 독특한 특성이 있어야 한다.

① ㄱ, ㄴ
② ㄱ, ㄴ, ㄹ
③ ㄴ, ㄷ
④ ㄴ, ㄷ, ㄹ
⑤ ㄷ, ㄹ

해설
ㄱ. 스페셜티 그레이드는 생두 350g 중 결점두 5개 이하이며, 원두 100g에 퀘이커가 0개인 커피를 말한다.

11 다음은 아라비카 주요 품종에 대한 설명이다. 티피카(Typica) 품종에 대한 설명으로 올바르지 못한 것은?

① 아라비카 원종에 가장 가깝고 현존하는 품종들의 모태가 된다.
② 콩은 긴 타원형으로 끝이 뾰족하고 좁다.
③ 녹병에 강해 비교적 생산성이 높고 레몬과 같은 신맛과 약간 떫은맛을 지니고 있다.
④ 나무는 원추형으로 자라며 가지는 기울어진 모양으로 뻗는다.
⑤ 상큼한 레몬 향, 꽃 향 등의 뛰어난 향이 나며 신맛을 가지고 있다. 블루마운틴, 하와이 코나가 대표적이다.

해설
③ 카투라(Caturra)에 대한 설명이다.

12 다음에서 설명하고 있는 커피 품종은?

> • 1870년 브라질의 한 농장에서 발견된 티피카의 돌연변이종이다.
> • 아라비카와 리베리카의 교배종이다.
> • 생두의 크기가 스크린 사이즈(Screen Size) 20보다 크다.
> • 다른 종에 비해 잎, 체리, 생두가 모두 커서 코끼리 콩(Elephant Bean)으로 불린다.

① 공정무역 커피(Fair Trade Coffee)
② 유기농 커피(Organic Coffee)
③ **마라고지페(Maragogype)**
④ 문도노보(Mundo Novo)
⑤ 카투라(Caturra)

13 습식가공 방법에서 단계별 커피 명칭을 순서대로 올바르게 나열한 것은?

① **Fresh Cherry → Pulped Coffee → Parchment Coffee → Green Coffee**
② Fresh Cherry → Green Coffee → Pulped Coffee → Parchment Coffee
③ Pulped Coffee → Fresh Cherry → Green Coffee → Parchment Coffee
④ Green Coffee → Pulped Coffee → Parchment Coffee → Fresh Cherry
⑤ Green Coffee → Pulped Coffee → Fresh Cherry → Parchment Coffee

14 로스트 머신에 부착되어 있는 댐퍼의 기능은 무엇인가?

① 향미는 약하지만 신맛은 가장 강하게 만들어 주는 기능이다.
② 커피 추출에 사용되는 물에 냄새가 나지 않도록 막아주는 기능이다.
③ 커피 입자를 잘게 부숴 표면적을 넓힘으로써 커피의 고형 성분이 물에 쉽게 용해되게 만들어 주는 기능이다.
④ **댐퍼를 열고 닫음으로써 드럼 내부의 공기 흐름과 열량을 조절한다.**
⑤ 원두의 신속한 냉각을 돕는 기능이다.

15 커피의 성분에서 12~16% 정도 차지하고 있으며 커피의 향과 맛에 많은 영향을 미치는 것은?

① **지방**
② 아세트알데하이드
③ 카페인
④ 아미노산
⑤ 유기산

16 다음 (   ) 안에 들어갈 단어를 순서대로 나열한 것은?

> 커피가 공기 중의 산소와 반응하며 품질이 열화되는 현상을 (   )라 한다. 이러한 반응을 일으키는 커피 성분은 (   )이다.

① 발효, 포화지방산
② **산화, 불포화지방산**
③ 부패, 카페인
④ 배전, 포화지방산
⑤ 분쇄, 불포화지방산

17 Happy Hour를 가장 올바르게 설명한 것은?

① 고객에게 밝은 모습으로 인사하는 시간대를 말한다.

☑ **고객이 붐비지 않는 시간대를 이용하여 저렴한 가격으로 할인하거나 무료로 음료 및 스낵 등을 제공하는 판매촉진 상품의 하나이다.**

③ 판매촉진 상품의 하나로 게임이나 퀴즈로 당첨자에게 선물을 주는 시간대를 말한다.

④ 디저트나 신상품을 소개하는 시간대를 말한다.

⑤ 신규 고객창출을 위하여 처음 매장을 방문한 고객에게 웃으면서 다가가 서비스하는 시간대를 말한다.

18 커피 생두에 함유된 트라이고넬린(Trigonelline)에 대한 설명으로 옳지 않은 것은?

① 트라이고넬린은 항산화 물질이다.

☑ **강배전에서 쓴맛을 내는 성분 중 하나다.**

③ 커피에 함유되어 있는 트라이고넬린은 충치를 예방하는 효과가 있다.

④ 트라이고넬린의 쓴맛은 카페인의 1/4 정도이다.

⑤ 열에 불안정하다.

> **해설**
> 커피의 성분
> • 커피에는 항산화 물질인 트라이고넬린이 함유되어 있다.
> • 커피의 클로로겐산과 니코시닉산, 트라이고넬린 등의 성분은 치아우식증(충치)을 유발하는 박테리아의 활동을 억제시키는 효과가 있다.
> • 열에 불안정하여 로스팅에 따라 급속히 감소한다.

19 다음 중 커피의 쓴맛 성분이 아닌 것은?

① 카페인

② 퀸산

③ 페놀화합물

☑ **말산**

⑤ 트라이고넬린

> **해설**
> 커피의 쓴맛을 내는 물질은 카페인, 트라이고넬린, 카페산, 퀸산, 페놀화합물이다.

20 에스프레소 추출과 관련한 내용으로 적절하지 않은 것은?

① 진갈색(약간 어두운 황금빛)의 부드러운 크레마(Crema)가 형성된다.

☑ **에스프레소 추출량이 크레마를 제외한 25~30mL가 되었다.**

③ 크레마는 지속력과 복원력이 높을수록 좋게 평가한다.

④ 일반적으로 3~4mm 정도의 크레마가 있어야 한다.

⑤ 에스프레소 추출시간이 짧으면 크레마 거품이 빨리 사라진다.

> **해설**
> ② 크레마를 포함한 25~30mL가 좋다.

21 다음 중 전자동 에스프레소 머신의 특징만 묶어 놓은 것은?

> ㄱ. 맛과 품질이 일정한 커피를 내릴 수 있다.
> ㄴ. 잔 고장이 날 가능성이 적다.
> ㄷ. 사용법이 간단하다.
> ㄹ. 가격이 대체로 저렴하다.
> ㅁ. 장비에 대한 이해와 다루는 기술이 필요하다.

① ㄱ, ㄴ
② ㄱ, ㄷ ✓
③ ㄴ, ㄹ
④ ㄴ, ㅁ
⑤ ㄷ, ㄹ

해설
전자동 머신의 경우 가격이 대체로 비싸며 잔 고장이 날 가능성이 크다.

22 생두를 로스팅하면 당이 캐러멜화 반응에 의해 갈색으로 변하는데, 여기에 반응하지 않고 남은 당에 의해 느껴지는 맛은?

① 신맛
② 짠맛
③ 쓴맛
④ 단맛 ✓
⑤ 떫은맛

해설
④ 당에 의해 생성되는 맛은 무조건 단맛이다.

23 커피 원두를 밀폐 보관하는 이유는 무엇인가?

① 탈취효과를 가지고 있어 주변의 냄새를 흡수하기 때문이다. ✓
② 향기가 좋아 주변의 맛과 향에 영향을 미치기 때문이다.
③ 표면적을 최대한 작게 하기 위해서이다.
④ 보관 중인 다른 물건과 원두를 잘 구분하기 위해서이다.
⑤ 맛과 향을 증가시켜 주기 위해서이다.

해설
주변 냄새가 스머들어 커피의 향미가 변하지 않도록 밀폐 보관한다.

24 커피기계 부품에서 에스프레소 추출 시 고온·고압의 물이 새지 않도록 막아주는 역할을 하는 것은 무엇인가?

① Porter Filter
② Gasket ✓
③ Group Head
④ Boiler
⑤ Flow Meter

25 다음은 어떤 항목을 평가하기 위한 준비 동작인가?

> • 시음을 위해 표면의 거품을 조심히 걷어낸다.
> • 각 컵의 거품을 걷어낸 뒤 스푼을 헹군다.

① Fragrance
② Break Aroma
③ Skimming ✓
④ Slurping Flavor
⑤ Clean Cup

26 생두 가공 시 클리닝(Cleaning) 작업은 언제 진행되어야 하는가?

① 수확 후 즉시
② 펄핑 작업 후 즉시
③ 발효 후 즉시
✔ **탈곡하기 전**
⑤ 로스팅 전

> 해설
> 클리닝(Cleaning) 작업
> • 건조가 끝난 파치먼트나 커피체리에 있는 돌, 이물질, 먼지 등을 제거하는 과정이다.
> • 탈곡하기 전에 제거하는 과정이다.

27 다음 중 우유거품을 만들기 위한 조건으로 적절하지 않은 것은?

① 초고온 순간 살균법으로 살균한 우유는 저온 장시간 살균한 우유보다 더 안정된 거품을 만들 수 있다.
② 되도록 스팀 막대와 우유 표면은 90°의 각도를 유지한다.
✔ **우유의 온도를 빠르게 상승시킨 고온에서 우유거품이 잘 만들어진다.**
④ 지방이 없는 탈지우유보다 지방이 있는 전지우유가 좋은 우유거품을 만드는 데 좋다.
⑤ 신선한 냉장 우유를 사용해야 한다.

> 해설
> ③ 우유의 온도가 빠르게 올라가면 단백질과 지방성 피막이 그에 따라 빠르게 형성되어 좋은 품질의 스팀 우유가 만들어지지 않는다.

28 다음 중 저장관리의 일반원칙과 거리가 먼 것은?

✔ **고가제품의 원칙**
② 공간 활용의 원칙
③ 분류 저장의 원칙
④ 선입선출의 원칙
⑤ 품질 보존의 원칙

29 생두의 밀도에 대한 설명으로 바르지 않은 것은?

① 밀도(P) = 질량(M)/부피(V)로 나타낼 수 있으며, 부피가 일정하고 무게가 무겁다면 밀도가 높다.
② 밀도에 영향을 주는 수분의 함수량은 생두가 생산된 연도나 보관 상태에 따라 차이가 생기게 되므로 생두의 분류에 의미를 부여하게 된다.
③ 생두의 무게는 밀도를 의미하는 것으로 생두가 포함하고 있는 수분율과 크기에 의해 결정된다.
④ 밀도 측정기는 생두가 함유하고 있는 수분이 밀도에 영향을 주는 원리를 이용해 약한 전류를 흘려보내 밀도를 측정한다.
✔ **로스터는 생두를 분류할 때 고려하지 않아도 된다.**

> 해설
> ⑤ 생두의 밀도는 로스팅을 진행하면서 시간과 열량의 공급 차이를 가져오므로 로스터는 생두를 분류할 때 중요한 기준이 된다.

30 다음 커피 브랜드에 대한 설명으로 올바르지 않은 것은?

✔ **라바짜(Lavazza) – 멕시코**
② 이탈리코(Italico) – 이탈리아
③ 타시모(Tassimo) – 독일
④ 일리(Illy) – 이탈리아
⑤ 네스프레소(Nespresso) – 스위스

> 해설
> ① 라바짜는 이탈리아 브랜드이다.

31 다음 중 핸드드립 추출에 영향을 주는 요소로 적절하지 않은 것은?

① 추출수 온도
② 물 붓는 속도
③ 원두 분쇄입자
④ 로스팅 정도
✓ 생두의 고도

32 다음 중 커피의 산패와 연관성이 없는 것은?

① 온도
② 습도
③ 햇빛
④ 산소
✓ 무게

33 다음 중 실키 폼(Silky Foam)이 가장 많이 들어가는 카페 메뉴는?

① 카페모카(Cafe Mocha)
② 카페오레(Cafe au Lait)
③ 카페 프레도(Cafe Freddo)
✓ 카푸치노(Cappuccino)
⑤ 카페 콘 파냐(Cafe con Panna)

34 일반 커피 생두와 달리 커피체리가 노란색으로 익어가는 품종은 무엇인가?

① 버번(Bourbon)
② 티피카(Typica)
③ 카티모르(Catimor)
✓ 아마레로(Amarelo)
⑤ 카투아이(Catuai)

해설
④ 생산성은 높지만, 체리가 일찍 떨어져 농가에서는 선호되지 않는 품종이다.

35 다음 에스프레소 추출에 대한 설명으로 올바르지 않은 것은?

✓ 그라인더의 구조 방식에 따라 추출 속도가 조절된다.
② 필터에 담긴 커피 케이크(Coffee Cake)에 고압의 물이 통과되면서 향미 성분이 용해된다.
③ 분쇄 입도와 압축 정도에 따라 공극률이 변하며 추출 속도가 조절된다.
④ 미세한 섬유소와 불용성 기피 오일이 유화 상태로 함께 추출된다.
⑤ 중력이 아니라 고압(9bar)의 압력으로 추출되는 원리이다.

36 에스프레소가 너무 느리게 추출될 때 확인해야 할 요소가 아닌 것은?

① 펌프모터 점검
② 원두 분쇄입자 점검
③ 샤워필터 점검
④ 추출압력 점검
⑤ 원두의 원산지 확인

37 다음 중 에스프레소의 과소 추출의 원인이 아닌 것은?

① 물의 온도가 기준보다 높았다.
② 탬핑이 기준보다 약하게 되었거나 케이크에 균열이 생겼다.
③ 원두의 입자가 너무 굵게 분쇄되었다.
④ 추출시간이 너무 짧았다.
⑤ 원두의 중량이 부족했다.

해설
① 물의 온도가 높으면 과다 추출이 일어난다.

38 커피에 멕시코산 커피, 코코아, 바닐라 향을 첨가하여 만들어진 제품은 무엇인가?

① 카페모카(Cafe Mocha)
② 카페오레(Cafe au Lait)
③ 깔루아(Kahlua)
④ 카푸치노(Cappuccino)
⑤ 에스프레소 마끼아또(Espresso Macchiato)

39 다음 중 커핑(Cupping)할 때 사용하는 적당한 물의 온도는?

① 40~46℃
② 60~66℃
③ 70~76℃
④ 80~86℃
⑤ 90~96℃

40 다음 중 찬물로 장시간 추출하는 방식은?

① 콜드브루(Cold Brew)
② 에어로프레스(Aeropress)
③ 케멕스 커피메이커(Chemex Coffee Maker)
④ 사이펀(Syphon)
⑤ 융 드립(Flannel Drip)

해설
콜드브루(Cold Brew)는 차갑다는 뜻의 '콜드(Cold)'와 '끓이다, 우려내다'라는 뜻의 '브루(Brew)'의 합성어로 더치커피(Dutch Coffee) 또는 워터드립(Water Drip)이라고 부른다.

41 다음 중 우유에 함유되어 있는 유당의 특성에 대해 잘못 설명하고 있는 것은?

① 유당은 가수분해되지 않는다.

② 우유에 함유된 당질의 99.8%가 유당이다.

③ 유당은 포유동물 특유의 당질이며 우유에 감미를 부여한다.

④ 소장의 점막상피세포의 외측막에 락테이스 (락타아제)가 결손되면 유당의 분해와 흡수가 되지 않아 오히려 장관을 자극하여 심하면 통증을 유발하기도 한다.

⑤ 락테이스(락타아제)라는 소화효소가 적은 사람은 저유당 우유를 마시는 것이 좋다.

해설
유당은 효소 락테이스(락타아제)에 의하여 분해되어 글루코스와 갈락토스 등의 단당류가 된다.

42 세균이나 바이러스 등의 병원체가 물이나 음식물을 통해 체내에 들어가 감염되는 질병으로 주로 소화기계 감염병을 이르는 명칭은?

① 인수공통감염병

② 세균성 인수공통감염병

③ 경구감염병

④ 바이러스성 인수공통감염병

⑤ COVID-19

43 다음 중 세계 최초로 카페인 제거 기술에 성공한 화학자는?

① 룽게(Runge)

② 오토 발라흐(Otto Wallach)

③ 오토 스콧(Otto Schott)

④ 리비히(Liebig)

⑤ 루이지 베제라(Luigi Bezzera)

44 영국 런던의 타워스트리트에 위치한 커피하우스에서 발전되어 오늘날 세계적인 기업으로 성장한 보험회사는?

① 런던 보험회사

② 로이드 보험회사

③ 잉글랜드 스트리트 보험회사

④ 메트라이프 보험회사

⑤ 에아이지 보험회사

해설
세계적인 보험회사 중 하나인 로이드 보험회사의 모태가 되는 로이드 커피하우스는 1688년 에드워드 로이드(Edward Lloyd)에 의해 문을 열었다.

45 다음 커핑 평가항목 중 분쇄된 커피 입자에서 나는 복합적인 향기를 무엇이라 하는가?

① Aftertaste

② Fragrance

③ Balance

④ Body

⑤ Nose

46 커피를 과다 음용했을 때 보충해 주어야 하는
영양소는 무엇인가?

정답
칼슘

49 에스프레소보다 추출시간(40초 안팎)을 길게
하여 보다 양을 많게 추출하는 것은?

정답
룽고(Lungo)

47 디카페인 커피를 최초로 개발한 나라는?

정답
독일

50 덜 익은 체리를 수확하여 로스팅하면 향미가 떨
어지며 생두일 때는 파악하기가 힘들지만, 로스
팅이 끝나면 다른 원두보다 색이 밝은 흰색으로
나타나는 것은 무엇인가?

48 커피체리의 구조 중 실버스킨에 특히 많이 함유
되어 있는 성분은 무엇인가?

정답
식이섬유질

정답
퀘이커(Quaker)

제 **7** 회

최종모의고사

01 다음 중 커피 전파에 대한 설명으로 올바른 것은?

① 1720년 파리에서 가장 오래된 카페 '플로리안(Florian)'이 개장하였다.

② 1686년 현존하는 가장 오래된 카페인 '카페 드 프로코프(Cafe de Procope)'가 이탈리아에 개장하였다.

③ 1615년 중동과 활발한 무역을 하던 베니스의 무역상들이 커피를 소개하면서 유럽에 빠른 속도로 펴져 나갔다. 유럽의 커피하우스는 남자들의 사교와 화합, 사업 도모, 정치활동의 장이 되었다.

④ 포르투갈 장교 팔헤타는 카리브해의 긴 항해 속에 커피 묘목에서 자라는 새순들을 보호하기 위해 부족한 식수까지 커피 묘목에 부어가며 마르티니크(Martinique) 섬에 이식하여 새로운 커피 산업이 탄생하였다.

⑤ 1727년 브라질 출신의 클리외가 브라질 파라(Para)에 커피를 심으면서 오늘날 세계 최대의 커피 생산국이 되었다.

> **해설**
> ① 1720년 베네치아의 상징 중 하나이며 이탈리아에서 가장 오래된 카페 '플로리안(Florian)'이 개장하였다.
> ② 1686년 현존하는 가장 오래된 카페인 '카페 드 프로코프(Cafe de Procope)'가 파리에서 개장하였다.
> ④ 클리외는 카리브해의 긴 항해 속에 커피 묘목에서 자라는 새순들을 보호하기 위해 부족한 식수까지도 아끼지 않았다. 그리고 묘목을 마르티니크(Martinique) 섬에 이식하여 새로운 커피 산업이 탄생하였다.
> ⑤ 1727년 브라질 출신의 포르투갈 장교 프란지스코 드 멜로 팔헤타가 브라질 파라(Para)에 커피를 심으면서 오늘날 세계 최대의 커피 생산국이 되었다.

02 다음 중 예멘 커피 산지에 대해 올바르게 설명한 것을 모두 고른 것은?

> ㄱ. 모카커피(Mocha Coffee)는 초콜릿 향의 이름에서 유래되어 예멘커피의 대명사가 되었다.
> ㄴ. 모카 마타리(Mocha Mattari)는 사막 위주의 척박한 환경, 적절한 비가 내리는 지역이라 철분이 많고 풍부한 향과 맛을 지닌 커피이다.
> ㄷ. 영화 '아웃 오브 아프리카'의 배경 무대로 유명하다.
> ㄹ. 에티오피아를 방문한 이슬람 순례자들이 커피 씨앗을 가져와 최초로 경작이 시작된 곳으로 커피를 볶아서 물로 추출하는 음용법의 시작도 이곳 순례자들로부터 시작되었다.
> ㅁ. 생두는 크기가 작고 못생겼으며 색깔도 불규칙하여 등급 분류체계를 가지고 있지 않다.

① ㄱ, ㄴ, ㄹ

② ㄴ, ㄹ, ㅁ

③ ㄱ, ㄷ, ㅁ

④ ㄴ, ㄷ, ㄹ

⑤ ㄷ, ㄹ, ㅁ

> **해설**
> ㄱ. 모카커피(Mocha Coffee)는 세계 최고의 커피 무역항이었던 모카 항에서 유래되어 예멘커피의 대명사가 되었다.
> ㄷ. 영화 '아웃 오브 아프리카'의 배경 무대로 유명한 지역은 케냐(Kenya)이다.

03 다음은 커피 열매의 명칭과 설명이다. ( ) 안에 들어갈 올바른 단어는?

> 커피 열매의 정제된 씨앗인 생두를 (㉠)라 하며 분쇄하지 않은 상태의 원두를 (㉡)이라 부른다. 원두를 분쇄한 것은 (㉢)이다.

① ㉠ 그라운드 빈(Ground Bean)
　㉡ 그린커피(Green Coffee)
　㉢ 홀빈(Whole Bean)
② ㉠ 홀빈(Whole Bean)
　㉡ 그라운드 빈(Ground Bean)
　㉢ 그린커피(Green Coffee)
③ ㉠ 그라운드 빈(Ground Bean)
　㉡ 홀빈(Whole Bean)
　㉢ 플랫빈(Plat Bean)
✔ ㉠ 그린커피(Green Coffee)
　㉡ 홀빈(Whole Bean)
　㉢ 그라운드 빈(Ground Bean)
⑤ ㉠ 플랫빈(Plat Bean)
　㉡ 그린커피(Green Coffee)
　㉢ 홀빈(Whole Bean)

04 대표적인 개량종 커피로 아라비카와 로부스타를 섞어 개량하여 만든 원종이다. 수확량 또한 늘어나 맛과 경쟁력을 극복했으며 커피녹병과 가뭄에 강한 저항력도 있으며 남아메리카 콜롬비아에서 많이 생산되고 있는 이 품종은 무엇인가?

✔ 아라부스타(Arabusta)
② 루이루 일레븐(Ruiru 11)
③ 티모르 하이브리드(Timor Hybrid)
④ S288
⑤ 베리드 콜롬비아(Varied Colombia)

05 다음 중 그늘재배의 장점만 모두 고른 것은?

> 가. 수분 증발을 막아주고 주·야간의 온도 차를 완화시켜 준다.
> 나. 토양 침식을 막아주고 잡초의 성장을 억제해 주며 토양을 비옥하게 해 준다.
> 다. 큰 콩의 생산비율이 줄어들고 작은 콩은 생산비율이 증가한다.
> 라. 열매가 천천히 성숙되어 커피 성분에 긍정적인 영향을 준다.
> 마. 셰이딩은 800m 이하의 저지대에서 생산되는 커피 품질에 더 많은 영향을 미친다.

① 가, 나, 다
② 가, 나, 다, 라
③ 가, 다, 라, 마
✔ 가, 나, 라, 마
⑤ 나, 다, 라, 마

해설
다. 큰 커피콩의 생산비율이 증가하고 작은 커피콩은 생산비율이 감소한다.

06 생두의 실버스킨을 제거해 주는 작업으로, 생두의 외관을 좋게 하고 쓴맛을 줄여 주며 상품의 가치를 높이기 위한 선택 과정은 무엇인가?

✔ Polishing
② Cleaning
③ Pulping
④ Hulling
⑤ Grading

해설
실버스킨은 로스팅하는 과정에서 내부 온도가 140℃ 이상이 되면 생두에서 자연스럽게 분리되기 때문에 대부분 폴리싱 작업을 하지 않는다. 폴리싱은 주로 고급 커피인 자메이카 블루마운틴, 하와이 코나 커피에 사용된다.

07 다음은 해발고도에 따른 원두의 등급을 나타낸 표이다. ( ) 안에 들어갈 단어는 무엇인가?

등급	해발고도	생산 국가
( )	1,500m 이상	코스타리카, 과테말라, 파나마
HB(Hard Bean)	800~1,500m	

① SHG(Strictly High Grown)
② HG(High Grown)
③ Extra Large Bean
④ **SHB(Strictly Hard Bean)**
⑤ SGB(Strictly Good Bean)

해설

고도가 높은 곳에서 재배한 커피일수록 밀도가 높고 맛이 우수하다.

08 프라이머리 디펙트(Primary Defect)로 로스팅 후에도 색이 변하지 않는 것은 무엇인가?

① Unripe
② Sour Bean
③ **Quaker**
④ Parchment
⑤ Insect Damages

해설

① Unripe : 미숙두, 덜 익은 콩, 쭈글진 콩 등 미성숙한 상태에서 수확할 경우 발생된다.
② Sour Bean : 너무 익은 체리, 땅에 떨어진 체리를 수확하거나 과발효되었거나 정제과정에서 오염된 물을 사용한 경우, 발효탱크의 위생이 좋지 않을 때 발생한다.
④ Parchment : 내과피 상내피 파지먼트, 덜익진힌 털콕으로 발생한다.
⑤ Insect Damages : 해충이 생두에 구멍을 파고 들어가 알을 낳은 경우 발생한다.

09 우리나라 커피의 역사에 대한 설명으로 올바른 것은?

① 한일합방으로 러시아 공사관으로 피신했던 고종황제가 처음 접하고 마시게 되었다.
② **영어 Coffee는 중국식 발음으로 가배차다.**
③ 한약을 달인 탕국과 같다고 하여 탕국이라고 불렀다.
④ 창경궁 내에 우리나라 최초의 로마네스크풍 건물을 지어 커피를 즐겼다.
⑤ 우리나라 최초의 서양식 호텔인 조선호텔 1층에 커피하우스가 등장했다.

해설

① 1896년 아관파천으로 인해 러시아 공사관으로 피신했던 고종황제가 처음 접하고 마시게 되었다.
③ 양탕국이라고 불렀다.
④ 덕수궁 내에 지었다.
⑤ 우리나라 최초의 서양식 호텔은 손탁호텔이다.

10 생두의 크기는 스크린 사이즈로 표시되는데 스크린 사이즈 18은 약 몇 mm인가?

① 3.5mm
② 4.5mm
③ 5.6mm
④ **7.2mm**
⑤ 8mm

11 다음 ( ) 안에 들어갈 올바른 단어는?

> 생두의 수분 함량을 유지하기 위해서는
> ( )와 ( )가 유지된 곳에 보관해야 한다.

✔ ① 적정 습도, 온도

② 온도, 무게

③ 적정 습도, 부피

④ 온도, 부피

⑤ 음지, 온도

12 다음 중 브라질 커피의 특징을 올바르게 설명한 것을 모두 고르시오.

> ㄱ. 대부분 기계수확이며 생산고도가 낮아 생두의 밀도가 낮은 편이다.
> ㄴ. 품질 면에서 세계 1위 커피이다.
> ㄷ. 청록색을 띠며 풀 바디와 균형 잡힌 신 맛, 단맛이 풍부하며 후안 발데즈(Juan Valdez)라는 커피 상표로도 유명하다.
> ㄹ. 결점두에 의해 생두를 분류하며 가장 좋은 등급은 NY.2이다.
> ㅁ. 최대 생산지역은 미나스제라이스(Minas Gerais) 주이며, 50%를 생산하고 있다.

① ㄱ, ㄴ, ㄷ

② ㄴ, ㄷ, ㄹ

✔ ③ ㄱ, ㄹ, ㅁ

④ ㄴ, ㄹ, ㅁ

⑤ ㄷ, ㄹ, ㅁ

> 해설
> ㄴ, ㄷ은 콜롬비아(Colombia) 커피에 대한 설명이다.

13 우유를 40℃ 이상 가열했을 때 생성되는 얇은 피막의 주성분은?

① 카세인

② 락토페린

✔ ③ 베타-락토글로불린

④ 탄수화물

⑤ 지방

14 세계의 커피문화에 대한 설명으로 올바르지 않은 것은?

① 이탈리아는 현대의 에스프레소 머신이 최초로 발명된 나라로 식사 후 또는 늦은 저녁에 마시는 커피는 주로 에스프레소이다.

② 영국은 커피보다는 차(茶) 문화가 더 발달했다. 주로 아침이나 오후에 차를 마신다.

③ 에티오피아에서 커피는 신에게 올리는 신성한 예물이자 생존을 위한 식량, 반가운 손님을 접할 때 내드리는 음료이다.

✔ ④ 콜롬비아에서는 핀 커피(Phin Coffee)가 유명하다.

⑤ 그리스는 마시고 남은 커피 찌꺼기로 앞날을 예측하는 커피점이 유명하다.

> 해설
> ④ 핀 커피(Phin Coffee)는 베트남 커피이다. 콜롬비아에서는 틴토(Tinto) 커피가 유명하다.

15 그라인더 분쇄도 입자 조절(Calibration)이 어려운 상태의 원인은?

① **그라인더의 마모**
② 강배전된 원두 사용
③ 고지대 생두 사용
④ 로부스타 품종일 경우
⑤ 유효기간이 지난 원두 사용

16 다음 중 맛의 변화에 대해 올바르게 설명하고 있는 것을 모두 고르시오.

> ㄱ. 신맛은 온도의 영향을 거의 받지 않는다.
> ㄴ. 짠맛은 온도가 낮아지면 상대적으로 강해진다.
> ㄷ. 쓴맛은 다른 맛에 비해 약하게 느껴진다.
> ㄹ. 단맛은 온도가 낮아지면 상대적으로 강해진다.

① ㄱ, ㄴ
② ㄱ, ㄴ, ㄹ
③ ㄴ, ㄷ
④ ㄴ, ㄷ, ㄹ
⑤ ㄷ, ㄹ

해설
ㄷ. 쓴맛은 다른 맛에 비해 강하게 느껴진다.

17 커핑 방법에 대해 잘못 설명하고 있는 것은?

① 시음용 원두는 핸드드립용보다 조금 굵은 분쇄도로 분쇄한다.
② 물 온도는 93℃(90~96℃)가 되도록 끓여야 한다.
③ **1분간 침지 후 코를 가까이 대고 표면에 떠 있는 거품을 스푼으로 부드럽게 건드려 터트리면서 커피 층을 깨주고 커피의 향기를 맡는다.**
④ 스푼으로 커피를 떠서 입술에 대고 "쓰읍" 소리가 나도록 흡입한다.
⑤ 2~3초 정도의 짧은 시간으로 평가하고 너무 오래 입속에 머금고 있지 않는다.

해설
③ 4분간 침지 후 코를 가까이 대고 표면에 떠 있는 거품을 스푼으로 부드럽게 건드려 터트리면서 커피 층을 깨주고 커피의 향기를 맡는다.

18 생두 분류에 대한 설명으로 옳지 않은 것은?

① 크기에 의한 분류, 형태에 따른 분류, 밀도와 무게에 따른 분류 등이 있다.
② 생두 분류의 기준은 SCA에 의한 분류와 국가별로 정해진 기준이 있다.
③ SCA에서는 스페셜티 그레이드(Specialty Grade)와 프리미엄 그레이드(Premium Grade)로 분류하여 구분하다.
④ **결점두인 퀘이커(Quaker)는 로스팅 전 확인하여 제거한다.**
⑤ 국가에 따라 생두 300g 중 결점두 수로 등급이 정해지기도 한다.

해설
퀘이커(Quaker)는 생두 단계에서 육안으로는 판별이 거의 불가능하고 로스팅 후 확인이 가능하다.

19 우유의 성분에 대한 설명으로 옳지 않은 것은?

① 우유 전체의 약 88%는 물이 차지한다.
② 카세인은 인을 함유하는 단백질로 칼슘과 결합되었다.
③ 우유를 하얗게 만드는 것은 카세인미셀이다.
④ 베타-락토글로불린은 우유의 성분 가운데 가장 많은 비율을 차지하는 글로불린으로 알레르기의 주요 원인이 되기도 한다.
⑤ 우유거품을 만들 때 거품 형성에 가장 중요한 역할을 하는 것은 지방이다.

> **해설**
> ⑤ 우유거품을 만들 때 거품 형성에 가장 중요한 역할을 하는 것은 단백질이다.

20 질 높은 아라비카종에 사용하는 무역용어로서 커피 특유의 향이 잘 조화되어 부드러운 맛을 지닌 커피를 무엇이라 하는가?

① 마일드 커피(Mild Coffee)
② 허니 커피(Honey Coffee)
③ 내추럴 커피(Natural Coffee)
④ 블렌디드 커피(Blended Coffee)
⑤ 스트레이트 커피(Straight Coffee)

21 신선한 원두를 핸드드립으로 추출할 때 물을 부으면 표면이 부풀어 오르거나 거품이 생기는데, 영향을 미치는 것은 무엇인가?

① 지방
② 탄산가스
③ 아미노산
④ 유기산
⑤ 카페인

22 다음 중 세계 3대 커피를 모두 고른 것은?

> ㄱ. 콜롬비아(Colombia) 후안 발데즈(Juan Valdez)
> ㄴ. 코스타리카(Costa Rica) 타라주(Tarrazu)
> ㄷ. 자메이카(Jamaica) 블루마운틴(Blue Mountain)
> ㄹ. 예멘(Yemen) 모카 마타리(Mocha Mattari)
> ㅁ. 하와이(Hawaii) 코나(Kona)

① ㄱ, ㄴ, ㄷ
② ㄱ, ㄷ, ㄹ
③ ㄴ, ㄷ, ㄹ
④ ㄴ, ㄹ, ㅁ
⑤ ㄷ, ㄹ, ㅁ

23 다음 중 에스프레소 머신의 종류와 설명이 잘못된 것은?

① 수동식 머신 - 스팀의 힘으로 피스톤을 작동하여 추출하는 방식
② 반자동 머신 - 별도의 그라인더를 통해 분쇄를 한 후 탬핑을 하여 추출하는 방식
③ 자동 머신 - 탬핑작업을 하여 추출을 하나 메모리칩이 장착되어 있어 물량을 자동으로 세팅할 수 있는 방식
④ 완전자동 머신 - 그라인더가 내장되어 있어 별도의 탬핑작업 없이 메뉴 버튼의 작동으로만 추출하는 방식
⑤ 캡슐 머신 - 캡슐 커피를 최초로 개발하고 상용화시킨 네슬레의 캡슐 커피 브랜드가 있음

> **해설**
> ① 수동식 머신은 사람의 힘에 의해 피스톤을 작동시킨다.

24 에스프레소에 휘핑크림을 얹어 부드럽게 즐기는 'Coffee with Cream'이라는 뜻의 메뉴는?

① 에스프레소 마끼아또(Espresso Macchiato)
✓ ② 카페 콘 파냐(Cafe con Panna)
③ 카페라떼(Cafe Latte)
④ 카푸치노(Cappuccino)
⑤ 아이리시 커피(Irish Coffee)

해설
콘(Con)은 이탈리아어로 '~을 넣은'이라는 접속사로 영어의 'with'와 같은 뜻이다. 파냐(Panna)는 '생크림'을 뜻한다.

25 다음에서 설명하는 디카페인 제조법은?

- 이산화탄소 공법으로 일반 디카페인 커피에 비해 향미 손실이 적다.
- 높은 압력을 받아 액체 상태가 된 CO_2를 생두에 침투시켜 카페인을 제거한다.
- 설비에 따른 비용이 많이 든다.

① 물 추출법
② 프레스 추출법
③ 용매 추출법
✓ ④ 초임계 추출법
⑤ 드립 추출법

해설
탄산가스 추출법이라고도 불리는 초임계 추출법에 대한 설명이다.

26 커피의 영양학적 효능으로 적절하지 않은 것은?

① 원두커피는 수용성 식이섬유와 항산화 효과가 있는 페놀류를 다량 함유하고 있다.
② 노화 예방 및 세포 산화 방지작용이 있다.
③ 성인병 예방 및 다이어트에 효과가 있다.
✓ ④ 장이 좋지 않은 사람은 커피를 마시지 않아야 한다.
⑤ 커피의 항산화 효과는 중간 정도로 배전된 커피가 최대치를 나타낸다.

해설
④ 커피는 장 내의 유익한 미생물을 활성화시킨다.

27 SCA 기준 스페셜티 커피 생두의 적정 수분 함유량으로 올바른 것은?

① 5~8%
② 8~9%
✓ ③ 10~13%
④ 14~16%
⑤ 17~20%

28 커피체리 100kg을 수확하여 최종적으로 얻을 수 있는 생두는?

① 워시드 30kg – 내추럴 30kg
② 워시드 30kg – 내추럴 20kg
✓ ③ 워시드 20kg – 내추럴 20kg
④ 워시드 20kg – 내추럴 30kg
⑤ 워시드 40kg – 내추럴 40kg

29 통계자료의 기준을 정하기 위해 국제커피기구 (ICO)가 정한 'Coffee Year'의 산정 기준일자는?

① 1월 1일
② 3월 1일
③ 5월 1일
④ 10월 1일
⑤ 12월 31일

> **해설**
> 커피 생산국마다 수확 기준 일자가 달라 통계자료에 혼동이 생기지 않도록 국제커피기구(ICO)는 10월 1일을 세계 커피의 날(Coffee Year)로 선정했다.

30 다음은 어떤 커피에 대한 설명인가?

> • 습한 계절풍에 노출시켜 숙성하여 만든다.
> • 바디감이 강하고 신맛은 약하다.
> • 독특한 향을 가지는 인도의 대표적인 커피이다.

① 코나(Kona)
② 몬순커피(Monsooned Coffee)
③ 위즐(Weasel)
④ 핀 커피(Phin Coffee)
⑤ 마일드 커피(Mild Coffee)

> **해설**
> 습한 몬순 계절풍에 약 2~3주 노출시켜 몬순커피라는 이름이 붙었다.

31 다음에서 설명하고 있는 에스프레소 머신 부품의 이름은 무엇인가?

> 에스프레소 추출 시 9~10bar 추출이 되어야 하는데 11bar 이상으로 추출이 될 경우 그 압력 차에 에스프레소 맛이 달라질 수 있다. 추출압력 게이지를 확인하면 11bar 이상일 때 작동되어 퇴수구(Drain Box)로 배출된다.

① 솔레노이드 밸브(Solenoid Valve)
② 온수밸브(수동형)
③ 급수 솔레노이드밸브(급수 2-Way)
④ 임펠러 펌프(Pump Motor)
⑤ 과수압 방지밸브

32 에스프레소 추출량(리스트레토, 에스프레소, 룽고)을 편리하게 세팅값에 맞추어 사용할 수 있으며 커피머신 추출 세팅과 아주 밀접한 관계가 있는 에스프레소 부품은 무엇인가?

① 플로 미터(Flow Meter)
② 임펠러 펌프(Pump Motor)
③ 과수압 방지밸브
④ 솔레노이드 밸브(Solenoid Valve)
⑤ 스팀밸브

> **해설**
> ① 커피머신의 추출에 의한 추출량을 담당하는 부품이다.

33 다음 중 추출방식이 다른 한 가지는 무엇인가?

① 더치 커피(Dutch Coffee)

② 드립 커피(Drip Coffee)

③ 콜드브루(Cold Brew)

④ 필터 커피(Filter Coffee)

⑤ **모카포트(Mocha Pot)**

해설
모카포트는 직화식 커피 도구이며 나머지는 중력을 이용한 커피 추출방식이다.

34 다음 중 라떼아트(Latte Art)에 대한 설명으로 올바르지 않은 것은?

① 스팀된 우유와 우유거품 그리고 크레마가 형성된 에스프레소를 이용해 카푸치노나 카페 라떼의 표면에 예술적 가치가 있는 문양 등을 그려 넣는 기술을 말한다.

② 커피에 데운 우유를 넣어 마시는 것에서 출발한 라떼아트는 에스프레소 머신의 스팀 기술이 개발된 이후 많은 발전을 하였다.

③ 우유거품을 미세하게 만드는 기술, 크레마와 우유거품의 밀도를 비슷하게 만드는 기술은 라떼아트의 발전에 기여한 핵심 요소이다.

④ **최초의 발전은 미국에서 시작되었다고 전해진다. 그 후 1980년대 이탈리아에서 발전되기 시작했다는 것이 일반적이다.**

⑤ 에스프레소 추출 기술, 스티밍 기술, 라떼아트 기술 등 세 가지가 복합적으로 작용해야 라떼아트는 예술성을 갖추게 된다.

해설
④ 최초의 발전은 이탈리아에서 시작되었다고 전해진다. 그 후 1980년대 미국에서 발전되기 시작했다는 것이 일반적이다.

35 커핑 순서를 설명한 것으로 올바르지 않은 것은?

① 로스팅한 후 커피를 평가할 수 있도록 가늘게 분쇄한 커피를 컵에 각각 8.25g씩 담는다.

② 분쇄한 후 15분 이내에 코를 컵에 가까이 대고 커피 세포로부터 탄산가스와 함께 방출되는 기체를 깊게 들이마시면서 분쇄된 커피의 향기 속성과 강도를 체크한다.

③ 약 93℃ 정도의 끓인 물 150mL를 모든 커피 입자가 골고루 적셔지도록 컵에 가득 부어 준다.

④ **물을 붓고 10분 정도 지나면 커피 입자는 컵 표면에 층을 만든다. 커핑 스푼으로 3번 정도 밀면서 향의 변화를 평가한다.**

⑤ 거품을 걷어내고 커피의 온도가 70℃ 정도가 되면 커핑 스푼으로 약 6~8mL 정도 떠서 입안으로 강하게 흡입해 혀와 입안 전체에 골고루 퍼지게 한다.

해설
④ 물을 붓고 3~5분 정도 지나면 커피 입자는 컵 표면에 층을 만든다.

36 다음에서 설명하고 있는 서비스의 특징은?

- 서비스는 제공하는 사람이나 근무 환경에 따라 내용과 질에 차이가 있다.
- 서비스는 표준화하기 어려운 특성을 지니고 있다.
- 서비스를 표준화시키기 위한 매뉴얼을 개발하여 일관성 있는 제품과 서비스를 제공하기 위해 노력해야 한다.

① 유사성(Similarity)

② 무형성(Intangibility)

③ 비분리성(Inseparability)

④ **이질성(Heterogeneity)**

⑤ 소멸성(Perishability)

37 다음 카페 메뉴 중에서 제공할 때 사용하는 컵 사이즈(mL)가 가장 큰 것은?

① 리스트레토(Ritsretto)
② 도피오(Doppio)
③ 에스프레소 솔로(Espresso Solo)
④ 카페 로마노(Caffe Romano)
✓ **카페 샤케라토(Caffe Shakerato)**

> 해설
> 카페 샤케라토(Caffe Shakerato)는 에스프레소 + 물 + 얼음이 제공되기에 가장 큰 컵에 제공한다. 나머지는 데미타세 잔에 제공한다.

38 카페 메뉴 제공 또는 준비 시 시간이 가장 많이 소요되는 메뉴는 무엇인가?

✓ **프렌치 프레스**
② 체즈베
③ 아메리카노
④ 에스프레소
⑤ 카페라떼

> 해설
> ① 프렌치 프레스는 추출시간이 4분으로 가장 길다.

39 식품위생법상 영업에 종사하지 못하는 질병의 종류가 아닌 것은?

✓ **비감염성 결핵**
② 장티푸스
③ 폐결핵
④ 전염성 피부질환
⑤ A형간염

> 해설
> 「식품위생법 시행규칙」 제50조에 따라 영업에 종사하지 못하는 사람으로 「감염병의 예방 및 관리에 관한 법률」에 따른 결핵(비감염성인 경우는 제외)환자가 있다.

40 자외선 살균등 소독법에 대한 설명으로 잘못된 것은?

① 살균력은 균 종류에 따라 다르고 같은 세균이라 하더라도 조도, 습도, 거리에 따라 효과에 차이가 있다.
② 살균력이 강한 2,537Å의 자외선을 인공적으로 방출시켜 소독하는 것으로 거의 모든 균종에 대해 효과가 있다.
③ 살균등은 2,000~3,000Å 범위의 자외선을 사용하며, 2,600Å 부근이 살균력이 가장 높다.
✓ **자외선은 물질을 투과하여 내면을 살균 소독할 수 있다.**
⑤ 피조사물의 표면 살균에 효과적이므로 컵은 뒤집지 말고 세팅해야 한다.

> 해설
> ④ 공기와 물 등 투명한 물질만 투과하는 속성이 있다.

41 다량의 커피를 마실 경우 커피에 함유된 폴리페놀 성분에 의해 섭취가 제한되는 무기질은?

① 비타민 A
✓ **철분**
③ 인
④ 비타민 D
⑤ 탄수화물

42 식품 변질의 주요 원인 물질은 무엇인가?

① 단백질
② 철분
③ 인
④ 비타민 D
⑤ 탄수화물

해설
단백질의 변질에 의해 주로 식품의 변질이 이루어진다.

44 다음 중 리스트레토(Ristretto)에 대한 설명으로 적절하지 않은 것은?

① 추출시간을 짧게 하여 양이 적고 진한 에스프레소를 추출한다.
② 이탈리아 사람들이 즐겨 마시는 적은 양의 에스프레소이다.
③ 추출시간은 10~15초 정도다.
④ 추출량은 15~20mL 정도다.
⑤ 에스프레소 위에 레몬을 한 조각 올린 메뉴이다.

해설
⑤ 에스프레소 위에 레몬을 올린 메뉴는 카페 로마노(Cafe Romano)이다.

43 우유의 성분 중 칼슘 흡수를 촉진하는 물질은?

① 불포화지방산
② 지방
③ 포화지방산
④ 유당
⑤ 철분

해설
유당은 길슘을 가용화시키고, 소장세포의 산화적 대사계를 저해하여 칼슘의 투과성을 증대시킨다.

45 다음 로스팅 과정 중 샘플러(Sampler)를 통해 확인할 수 없는 것은?

① 맛의 변화
② 향의 변화
③ 색깔의 변화
④ 형태의 변화
⑤ 로스팅 진행 상황

해설
샘플러(Sampler) : 로스팅 진행 중 원두를 꺼내 향, 모양, 색깔 등을 확인하는 봉

46 우유의 성분 중에서 단백질의 82%를 차지하는 것은 무엇인가?

카세인(Casein)

47 다음 ( ) 안에 들어갈 알맞은 단어는 무엇인가?

> 로스팅의 과정은 건조, 열분해, ( )의 세 단계로 이루어진다.

냉각

48 다음은 커피 추출을 위한 적정 분쇄도가 굵은 순서부터 나열한 것이다. ( ) 안에 들어갈 단어는 무엇인가?

> ( ) > 핸드드립 > 사이펀 > 에스프레소

프렌치 프레스

49 로스팅 단계에서 2차 크랙의 정점이며, 중후한 맛과 바디감이 절정으로 커피 고유의 향기가 최고치가 되는 시점을 무엇이라 하는가?(단, 일본식 배전도로 적으시오)

풀시티(Full City)

50 로스팅 과정에서 두 번의 팽창음이 들리는 것으로 팝(Pop)이나 파핑(Popping)이라고도 하는 것은 무엇인가?

크랙(Crack)

최종모의고사

제 **8** 회

01 현존하는 가장 오래된 사교 클럽이며 옥스퍼드 타운의 커피하우스에서 결성된 클럽의 이름은 무엇인가?

① 잉글랜드 소사이어티(England Society)
② 커피 소사이어티(Coffee Society)
③ **로열 소사이어티(The Royal Society)**
④ 마르세유 소사이어티(Marseilles Society)
⑤ 카페 드 소사이어티(Cafe de Society)

02 커피가 소개된 시기를 순서대로 바르게 나열한 것은?

> 가. 미국 뉴욕 최초의 커피숍 '더 킹스 암스 (The King's Arms)'
> 나. 파리 최초의 커피하우스 '카페 드 프로 코프(Cafe de Procope)'
> 다. 파스콰 로제(Pasqua Rosee)가 열었 던 런던 최초의 커피하우스
> 라. 오스트리아 비엔나의 커피하우스 '푸른병 아래의 집'

① 나 – 라 – 가 – 다
② 가 – 라 – 나 – 다
③ 라 – 나 – 가 – 다
④ **다 – 라 – 나 – 가**
⑤ 다 – 가 – 나 – 라

해설
다. 1652년 → 라. 1683년 → 나. 1686년 → 가. 1696년

03 다음 중 아라비카 품종에 대한 설명으로 올바른 것을 모두 고르시오.

> 가. 재배습도가 약 60% 정도인 열대지방 으로 비교적 서늘한 고원지대에서 재 배된다.
> 나. 습도가 70~80%인 고온다습한 지역 에서 잘 자란다.
> 다. 동일한 개체의 꽃가루에 의해서 수정 이 되는 자가수분으로 번식이 진행된다.
> 라. 원산지는 빅토리아 호수 근처 콩고이다.
> 마. 병충해에 강하고 생산량은 전 세계 커 피 생산량의 30~40%에 해당한다.

① **가, 다**
② 가, 라
③ 나, 마
④ 다, 라
⑤ 다, 마

해설
나, 라, 마는 로부스타에 대한 설명이다.

04 지속 가능한 커피의 일부로 커피 재배 농가 삶의 질을 개선하고 다국적 기업이나 중간 상인을 거 치지 않고 제3세계 커피 농가에 합리적인 가격 을 직접 지불하여 사들이는 커피를 무엇이라 하 는가?

① 유기농 커피(Organic Coffee)
② 버드 프렌들리 커피(Bird-friendly Coffee)
③ **공정무역 커피(Fair Trade Coffee)**
④ 디카페인 커피(Decaffeinated Coffee)
⑤ 그린커피(Green Coffee)

05 기계수확(Mechanical Picking)을 맨 처음 개발한 나라는 어디인가?

① 하와이
② 멕시코
✔ ③ 브라질
④ 에티오피아
⑤ 케냐

07 다음은 재배고도에 의한 분류이다. (　) 안에 들어갈 단어로 올바른 것을 고르시오.

등급	해발고도	생산 국가
SHG(Strictly High Grown)	1,500m 이상	엘살바도르, (　), 온두라스, 니카라과
HG(High Grown)	1,000~1,500m	

✔ ① 멕시코
② 코스타리카
③ 과테말라
④ 에티오피아
⑤ 하와이

해설
코스타리카, 과테말라, 파나마도 고도에 의해 분류하지만 SHB(Strictly Hard Bean)와 HB(Hard Bean)로 분류한다.

06 체리의 껍질을 제거하는 과정을 무엇이라 하는가?

① Pre-cleaning
② Destoning
③ Milling
④ Husking
✔ ⑤ Pulping

해설
⑤ 펄핑(Pulping) 과정에서 미성숙한 체리를 제거할 수 있다.
① 프리클리닝(Pre-cleaning) : 체리보다 더 크거나 작은 이물질을 제거하는 과정이다.
② 돌 제거(Destoning) : 돌의 무게 차이를 이용하여 제거하는 과정이다.
③ 탈곡(Milling) : 생두를 싸고 있는 파치먼트나 껍질(Husk)을 제거하는 과정이다.
④ 허스킹(Husking) : 내추럴 커피체리의 과육과 파치먼트를 한꺼번에 제거하는 작업이다.

08 최초로 커피를 상업적으로 재배하며 전통적인 가내 수공업 방식으로 가공하는 나라의 대표적인 커피는?

✔ ① 모카 마타리(Mocha Mattari)
② 예가체프(Yirgacheffe)
③ 킬리만자로(Kilimanjaro)
④ 게이샤 커피(Geisha Coffee)
⑤ 크리스털 마운틴(Crystal Mountain)

해설
① 예멘은 아라비카 커피의 원산지로 세계 최초로 상업적 커피가 경작된 지역이다.
② 예가체프(Yirgacheffe) : 에티오피아의 가장 세련된 커피로 '커피의 귀부인'이라 불린다.
③ 킬리만자로(Kilimanjaro) : 탄자니아(Tanzania)의 커피로 영국 황실에서 즐겨 마신다 하여 '왕실의 커피', '커피의 신사'라는 별명이 있다.
④ 게이샤 커피(Geisha Coffee) : 에티오피아 서남부 지역에서 처음 발견된 품종으로, 탄자니아, 파나마 등으로 퍼져 나갔다.
⑤ 크리스털 마운틴(Crystal Mountain) : 쿠바의 커피이며 헤밍웨이가 즐겨 마셨던 커피로 신맛이 없고 초콜릿 향과 단맛이 진하다.

09 다음 설명과 관련이 있는 커피 생산국은?

> • 세계 2위의 커피 생산국으로 세계에서 가장 큰 로부스타 생산국이다.
> • 종이필터 대신 작은 구멍이 뚫린 커피 여과기를 이용해 원두를 추출한다.
> • 커피나무가 처음 들어왔을 때 희소성으로 인해 일반 서민이 커피를 맛보기 위해서는 족제비의 배설물에 남겨진 커피 생두를 이용할 수밖에 없었다.

① 하와이(Hawaii)
② 베트남(Vietnam) ✓
③ 탄자니아(Tanzania)
④ 인도네시아(Indonesia)
⑤ 예멘(Yemen)

해설
위즐(Weasel)커피(족제비 커피) : 잘 익은 커피체리를 선별해 섭취한 족제비의 배설물에서 나온 생두가 맛과 향이 감미롭고 쓴맛도 적어 최상급의 가치를 지니게 된다.

10 다음 중 생두를 로스팅할 때 가장 많이 감소되는 성분은 무엇인가?

① 수분 ✓
② 단백질
③ 카페인
④ 지방
⑤ 향기

11 다음 (   ) 안의 들어갈 단어를 순서대로 나열한 것은?

> SCA는 추출 수율 (   ), 농도 (   )일 때 가장 이상적인 추출이라고 규정하고 있다.

① 12~16%, 1.15~1.35%
② 14~18%, 1.15~1.35%
③ 18~22%, 1.15~1.35% ✓
④ 14~18%, 2.15~2.35%
⑤ 18~22%, 2.15~2.35%

12 다음에서 설명하는 살균소독 방법은?

> 공기와 물 등 투명한 물질만 투과하는 속성이 있는 파장을 인공적으로 방출시켜 소독하는 것으로 살균력이 강하다. 조도, 습도, 거리에 따라 효과에 차이가 있다.

① 연막 살균소독
② 약품에 의한 살균소독
③ 가열에 의한 살균소독
④ 자외선 살균소독 ✓
⑤ 적외선 살균소독

13 다음 중 커핑 시 커피의 향을 인식하는 순서가 올바르게 나열된 것은?

① Aftertaste → Nose → Fragrance → Aroma
② Fragrance → Nose → Aroma → Aftertaste
③ Nose → Fragrance → Aroma → Aftertaste
④ **Fragrance → Aroma → Nose → Aftertaste**
⑤ Aroma → Nose → Fragrance → Aftertaste

15 다음에서 설명하는 에티오피아 커피는?

- 에티오피아 커피 중에서 가장 세련되고 매끄러우며 깔끔한 최고급 커피이다.
- 습식법 가공 처리를 거치며 과실의 상쾌한 신맛과 초콜릿의 달콤함, 꽃과 와인에 비유되는 향미와 깊은 맛을 가졌다.

① 하라
② **예가체프**
③ 시다모
④ 짐마
⑤ 리무

14 커피 추출과정에서 그라인더의 작동 오류는 실수에서 고장에 이르기까지 다양하다. 다음 중 원두가 갈려 나오지 않는 경우 점검해야 할 경우와 거리가 먼 것은?

① 호퍼 개폐기가 닫힌 경우가 있다.
② 입자가 너무 작은 크기로 조정되어 막히는 경우가 있다.
③ 장시간 사용하지 않으면서 청소를 해 두지 않아 막히는 경우가 있다.
④ 반자동 그라인더 배출 레버의 리턴스프링이 고장 난 경우가 있다.
⑤ **도저에 장착된 배출 레버로 앞으로 당기면 분쇄된 커피가 아래로 떨어지도록 되어 있는 부분의 고장 및 점검 상태를 확인한다.**

> 해설
> ⑤ 도저 레버는 그라인더가 작동되고 나서 분쇄 원두가 쌓이는 부분이다. 원두가 갈려 나온 뒤 작업이 진행되는 부분이다.

16 에스프레소 머신의 외부 구조에 대한 설명으로 옳지 않은 것은?

① 그룹헤드 – 에스프레소가 나오는 부분이다.
② 스팀 파이프 – 우유 등을 수증기로 데우는 역할을 한다.
③ 스팀 밸브 – 스팀의 압력을 조절하는 부분으로 일반적으로 좌우 또는 위아래로 움직여 조절한다.
④ 에스프레소 추출압력 게이지 – 평소에는 2bar에 정도에 위치해 있다가 추출 시 9bar까지 올라간다.
⑤ **스팀압력 게이지 – 평소에는 보일러 스팀의 압력이 1~1.5bar를 유지하며 스팀을 사용하면 압력이 높아진다.**

> 해설
> ⑤ 연속스팀 사용 시 스팀압력 게이지는 떨어진다. 하지만 오픈 때 스팀 가능 여부를 확인할 때 이외에는 거의 사용하지 않는다.

17 다음 중 카페인에 대해 바르게 설명하고 있는 것을 모두 고르시오.

> ㄱ. 냄새가 없고 쓴맛을 가지며, 과다하게 섭취하면 중독 증상이 나타난다.
> ㄴ. 위산 분비를 촉진한다.
> ㄷ. 하루 적정 섭취량은 1,000mg 정도가 좋다.
> ㄹ. 각성효과와 피로회복 효과가 있다.
> ㅁ. 로스팅이 진행될수록 큰 변화를 보인다.

① ㄷ, ㄹ, ㅁ
② ㄱ, ㄴ, ㄹ
③ ㄱ, ㄴ, ㅁ
④ ㄴ, ㄷ, ㄹ
⑤ ㄴ, ㄹ, ㅁ

해설
ㄷ. 1,000mg 정도의 카페인을 섭취하면 불면증, 불안감, 흥분, 심박수 증가, 두통과 같은 인체에 해로운 영향이 나타난다.
ㅁ. 로스팅에 의해 크게 변하지 않는다. 승화 온도가 178℃로 비교적 열에 안정적이다.

18 커핑 테스트의 평가지 작성 시 샘플정보에 해당하지 않는 것은?

① 재배지
② 수확연도
③ 가공방법
④ 품질등급
⑤ 로스팅 정도

19 커핑 테스트에 대한 설명으로 옳지 않은 것은?

① 커핑은 가능한 로스팅한 다음 날 또는 이틀 정도 지난 후에 진행하는 것이 좋다.
② 샘플 정보를 보고 진행하는 것이 객관적인 평가를 할 수 있고 커핑 실력을 효율적으로 증진시킬 수 있다.
③ 모든 원두 샘플들은 동일한 조건과 방법으로 다뤄져야 한다.
④ 같은 분쇄 조건을 거쳐 같은 무게로 준비한다.
⑤ 같은 규격의 커피잔에 담아 물의 양과 우려내는 시간을 지켜야 한다.

해설
② 블라인드 커핑으로 진행하는 것이 객관적인 평가를 할 수 있고 커핑 실력을 효율적으로 증진시킬 수 있다.

20 커피 산지와 국가를 짝지은 것으로 적절하지 않은 것은?

① 마이소르(Mysore) – 인도(India)
② 만델링(Mandheling) – 인도네시아(Indonesia)
③ 안티구아(Antigua) – 탄자니아(Tanzania)
④ 산타아나(Santa Ana) – 엘살바도르(El Salvador)
⑤ 짐마(Djimmah) – 에티오피아(Ethiopia)

해설
안티구아(Antigua)는 과테말라의 커피 산지이다.

21 SCA(Specialty Coffee Association) 스페셜티 커피 등급 기준으로 ( ) 안에 들어갈 내용은?

> 스페셜티 그레이드(Specialty Grade)라 함은 ( ) 350g 중, 결점두 ( )개 이하인 커피이다.

① 생두, 1
② 생두, 5 ✓
③ 원두, 5
④ 원두, 1
⑤ 분쇄된 원두, 1

22 펄핑을 한 후에 점액질을 제거하지 않아 파치먼트가 달라붙은 채로 건조되는 방식으로 건식법과 습식법의 중간 형태인 커피 가공법은?

① 반수세식
② 워시드법
③ 세미 워시드법
④ 허니 프로세스
⑤ 펄프드 내추럴법 ✓

23 에스프레소 머신 부품 중에서 모터를 부드럽게 돌려주기 위한 역할을 한다. 이것이 없다면 모터가 급격하게 회전율이 발생하여 굉음의 소리가 나거나 추출에 방해될 수 있는 소지가 생기게 되는데, 이 부품은 무엇인가?

① 콘덴서 ✓
② 플로 미터
③ 수위센서
④ 에어밸브
⑤ 압력스위치

24 다음에서 설명하고 있는 추출도구는 무엇인가?

> • 원두 가루와 뜨거운 물을 용기에 넣고 필터에 걸러 추출하는 '침출식 드리퍼'이다.
> • 스테인리스 거름망이 장착되어 있는 플런저를 누르면 침출된 원두 찌꺼기를 분리시키는 구조이다.
> • 종이필터를 이용할 때와 다르게 원두의 오일 성분까지 추출되기에 무게감 있는 커피를 추출한다.

① 모카포트(Mocha Pot)
② 더치커피(Dutch Coffee)
③ 프렌치 프레스(French Press) ✓
④ 이브릭(Ibrik)
⑤ 칼리타(Kalita)

25 다음 중 라떼아트(Latte Art) 연습에 대한 설명으로 올바르지 않은 것은?

① 라떼아트의 크레마와 우유거품의 대조를 높이기 위해 에스프레소 상태에서 잔을 회전시켜 크레마의 밀도를 맞춘다.
② 평소 사용하지 않던 근육과 신경을 훈련하는 것이므로 스팀 피처에 물을 넣고 잔을 흔들거나 푸어링하는 이미지 트레이닝을 많이 하면 도움이 된다.
③ 청결을 유지할 수 있어야 하고, 특히 빠른 시간에 만들 수 있어야 효율적인 바리스타로 성장할 수 있다.
④ 라떼아트는 예쁘게 만드는 것에 모든 것을 집중한다. ✓
⑤ 라떼아트는 시연 직전 무엇을 만들겠다고 결심한 다음 시연 동작에 들어가야 한다. 뚜렷한 결정이 없으면 어정쩡한 모양이 나오는 경우가 많다.

> **해설**
> ④ 라떼아트는 예쁘게만 만들면 된다고 생각해서는 안 된다.

26 다음 중 커피의 향기 성분에 대한 설명으로 올바르지 않은 것은?

① 커피의 향기 성분은 생두의 품종이나 재배 환경에 의해 달라진다.

② 커피의 향기 성분은 배전 강도에 따라 달라진다.

③ 향이 다양하고 부드러우면서 복합적인 밸런스가 좋은 커피가 인기가 좋다.

④ **향기 성분은 이탈리안 로스팅 단계에서 최고 치가 된다.**

⑤ 로스팅이 너무 강하면 향기 성분이 급격히 감소한다.

27 수망 로스팅에 대한 설명으로 옳지 않은 것은?

① 로스팅 전에 결점두를 최대한 제거한다.

② **원하는 단계에 도달했을 때 로스팅을 멈추고 서서히 냉각시킨다.**

③ 생두에 열을 골고루 잘 전달하기 위해 상하 좌우로 흔들어 준다.

④ 원하는 포인트가 오기 전에 화력을 조절하고 포인트에 도달하면 불을 꺼 준다.

⑤ 복사열에 의한 로스팅이 계속 진행될 수 있음을 주의해야 한다.

해설
② 복사열에 의한 로스팅이 계속 진행될 수 있으므로 냉각은 신속하게 해야 한다.

28 스페셜티커피협회(SCA)에서 제시하는 커핑 시 적정한 물과 원두의 비율로 올바른 것은?

① 120mL - 7g

② 120mL - 7.5g

③ 140mL - 8.0g

④ **150mL - 8.25g**

⑤ 150mL - 7.5g

29 이탈리아의 비알레티(Bialetti)에 의해 탄생하였으며 가정에서 손쉽게 에스프레소를 즐길 수 있게 고안된 커피 도구는?

① 콜드브루

② 사이펀

③ **모카포트**

④ 케멕스

⑤ 이브릭

30 다음 중 커피 품질등급을 나누는 기준이 다른 나라는?

① 과테말라

② **콜롬비아**

③ 엘살바도르

④ 멕시코

⑤ 코스타리카

해설
콜롬비아, 하와이, 탄자니아, 케냐는 생두 사이즈에 의해 분류하며, 과테말라, 엘살바도르, 코스타리카, 온두라스, 멕시코 등은 생산 고도에 의해 분류한다.

31 커피가 가지고 있는 알칼로이드 성분 중 카페인의 약 25% 정도의 쓴맛을 내며, 열에 불안정해 로스팅에 따라 급속히 감소하는 성분은?

① 페놀류
② 트라이고넬린
③ 말산
④ 카페인
⑤ 클로로겐산

32 스페셜티커피협회(SCA)에서 제시하는 커핑의 샘플 준비 중 로스팅 정도는 SCA 로스트 타일 기준 얼마 정도가 되어야 하는가?

① #25   ② #35
③ #45   ④ #75
⑤ #95

> **해설**
> 로스팅 정도는 라이트에서 라이트 미디엄 사이가 되도록 하며, 이는 로스트 타일 #85~#65에 해당하는 수치다.

33 커피 향의 강도를 나타내는 용어와 그에 대한 설명으로 적절하지 않은 것은?

① Rich – 커피의 전체 향기를 양적으로 표현 하였을 때 풍부하면서 강한 향기
② Full – 풍부하지만 강도가 약한 향기
③ Rounded – 커피의 전체 향기를 양적으로 표현하였을 때 풍부하지도 않고 강하지도 않은 향기
④ Flat – 향기가 없을 때
⑤ Bitter – 자극적이고 거친 향기

> **해설**
> Bitter는 자극적이고 거친 '맛'을 표현하는 용어이다.

34 커피에 추출된 성분의 비율을 무엇이라 하는가?

① 성분 수율
② 실제 수율
③ 추출 수율
④ 가용 수율
⑤ 침용 수율

35 커피 추출에 사용되는 물에 대한 설명으로 옳지 않은 것은?

① 신선하고 냄새가 나지 않는 물이 좋다.
② 로스팅 강도에 따라 물의 온도를 다르게 하는 것이 좋다.
③ 불순물이 적거나 없어야 한다.
④ 200ppm 이상의 미네랄이 함유되어 있는 물이 좋다.
⑤ 92~96℃의 뜨거운 물 1L로 52~65g의 신선한 커피를 사용하여 추출한다.

> **해설**
> ④ 50~100ppm의 무기물이 함유된 물이 추출에 적당하다.

36 로스터리 카페를 오픈해서 원두 가공 및 납품하고자 할 때 지켜야 할 법규 및 확인 내용으로 옳지 않은 것은?

① 즉석판매 제조가공업으로 등록하고 로스팅 장소와 카페가 파티션으로 공간이 분리되어야 한다.

② **즉석판매 제조가공업은 고객에게 원두 판매가 가능하지만 카페 납품은 안 된다.**

③ 즉석판매 제조가공업은 최종 소비자에게만 직접 판매할 수 있다. 인터넷 판매도 가능하다.

④ 즉석판매 제조가공업은 납품한 카페에서 에스프레소로 내려서 판매하는 것은 가능하지만 여기서 원두 판매는 안 된다.

⑤ 카페 납품이나 유통을 하고 싶을 때는 식품 제조가공업으로 등록해야 한다.

> **해설**
> ② 카페에 납품할 때는 소비기한을 찍어서 납품한다.

37 영업 준비 중인 영업장이 지상 2층에 위치하며 바닥 면적의 합계가 100㎡(약 30평) 이상이다. 오픈 전 필수 점검사항이 아닌 것은?

① 방염 인테리어, 피난 시설을 완비하고 소방필증을 발급받아야 한다.

② LPG가스 사용 시 한국가스안전공사에 문의하여 가스필증을 발급받아야 한다.

③ 재난배상책임보험을 영업장 인허가 30일 이내나 사용 개시 전까지 가입해야 한다.

④ 지하수를 사용하는 경우 수질검사성적표를 발급받아야 한다.

⑤ **동업의 경우 1인 대표자를 선정하여 계약서를 작성하고 영업신고를 한다.**

> **해설**
> ⑤ 1인 이상 동업 시 동업계약서를 제출해야 한다.

38 서비스에 관한 고객의 불만이나 요구사항의 패턴은 다양하다. 고객 불평과 불만의 처리에 대한 내용으로 올바르지 않은 것은?

① **영업 및 다른 고객에게 피해가 가지 않도록 고객 불평의 종류 및 원인은 영업이 끝난 다음 정확하게 파악하고 처리한다.**

② 고객은 좀 더 직책이 높은 사람과 이야기를 할 때 자신을 인정해 준다고 생각하는 경향이 있으므로 불만을 일으킨 직원의 상사로 바꾸어 불만을 처리하면 더욱 효과적이다.

③ 고객이 언성을 높여 불평을 할 경우에는 다른 고객이 보이지 않는 곳에서 불평을 처리하는 것이 군중심리를 일으키지 않는 방법이다. 장소를 이동한 후에는 앉아서 대화하는 것이 감정을 진정시킬 수 있다.

④ 고객의 컴플레인을 점장이나 책임자에게 보고한 후 모든 사항을 육하원칙에 준하여 일지에 기록한다.

⑤ 동일한 실수 및 불평이 재발하지 않도록 서비스나 시스템에 대해 개선되어야 할 문제점을 기록하여 대책을 수립하고, 종업원의 접객 서비스의 수준을 향상시키기 위해 교육을 실시한다.

> **해설**
> 불만의 종류와 원인에 대하여 신속하게 파악하고 처리함으로써 고객 만족도를 높일 수 있도록 해야 한다. 고객의 불평이나 불만을 신속하게 처리하지 못할 경우 부정적인 구전으로 인하여 많은 잠재 고객까지 잃을 수 있음을 유념해야 한다.

39 고객 불평이나 불만에 대한 재발 방지 대책 수립에 대한 내용으로 올바르지 않은 것은?

① 고객 컴플레인 일지에 불평내용, 조사내용, 처리방법 등을 육하원칙에 근거하여 작성한다.

② 불평 불만일지는 종업원의 접객 서비스 수준을 향상시키기 위한 교육 자료로 활용할 수 있다.

③ 불평 불만일지를 작성함으로써 같은 종류의 실수 및 성격이 다른 기타 컴플레인의 원인을 미연에 방지할 수 있다.

④ 불평 불만일지는 고객의 기호 파악을 용이하게 해주는 자료가 된다.

⑤ 영업점의 권리영역에서 우위를 차지하는 역할을 할 수 있다.

> **해설**
> ⑤ 점포의 발전을 뒷받침하는 귀중한 자료로써의 역할을 할 수 있다.

40 영업장에서 영업 시작 전에 확인할 사항으로 거리가 먼 것은?

① 전날 이월 재고와 동일한지 점검한다.

② 오늘 판매할 재고를 점검한다.

③ 전날 매출을 확인하고 매출과 매입영수증을 따로 정리한다.

④ 입고 품목을 점검한다.

⑤ 발주해야 할 품목을 점검한다.

41 커피의 쓴맛에 대한 설명으로 틀린 것은?

① 카페인에 의해 생성되는 쓴맛은 전체 커피 쓴맛의 약 10% 정도를 차지한다.

② 트라이고넬린은 카페인의 약 25% 정도의 쓴맛을 낸다.

③ 카페인을 제거한 디카페인 커피는 쓴맛이 나지 않는다.

④ 너무 강하게 로스팅되면 향미가 약해지고 쓴맛이 강한 커피가 된다.

⑤ 유기산은 커피의 아로마와 커피 추출액의 쓴맛과도 관련이 있다.

> **해설**
> ③ 카페인을 제거했더라도 트라이고넬린, 카페산, 퀸산, 페놀화합물 등에 의하여 쓴맛이 난다.

42 영업장의 기물 및 관리에 대한 설명으로 옳지 않은 것은?

① 수랭식이란 냉각기를 물로 식히는 방식이다. 빠르고 소음이 적지만 물 소비량이 많다.

② 공랭식은 냉각기를 공기로 식히는 방식이다. 물 소비량은 적지만 소음이 크다.

③ 제빙기 청소는 주 1회 기계를 정지시킨 후, 얼음이 형성되는 부분을 세정제를 뿌려 세정한다.

④ 제빙기 세정 후 얼음을 사용하기 전, 처음으로 만들어진 얼음은 버리고 이후 만들어진 얼음을 사용한다.

⑤ 얼음은 전용 스쿱을 이용해야 하며, 스쿱은 항상 제빙기 안에 넣어 두어야 안전하다.

> **해설**
> ⑤ 얼음은 전용 스쿱을 이용해야 하며, 스쿱은 항상 식용위생 세제에 넣어 두어야 안전하다.

43 카페에서 매월 월말에 실시하는 인벤토리(Inventory) 조사는 어떤 조사인가?

① 재고량 조사
② 매출액 조사
③ 고정비 조사
④ 순수익 조사
⑤ 영업 전 물품 조사

44 나폴레옹이 즐겨 마셨던 커피 메뉴로 브랜디가 들어간 음료는?

① 카페 프레도(Cafe Freddo)
② 카페오레(Cafe au Lait)
③ **카페로열(Cafe Royal)**
④ 카푸치노(Cappuccino)
⑤ 아인슈패너(Einspanner)

해설
카페로열은 '커피의 황제'로 불리며 브랜디를 이용하여 환상적인 분위기 연출이 가능하다.

45 다음 중 카페의 경영과 직접적인 연관이 없는 법규는?

① 소방기본법
② **관광진흥법**
③ 식품위생법
④ 학교보건법
⑤ 산업안전보건법

해설
소방기본법, 식품위생법, 학교보건법은 안전과 보건, 학교의 분위기 위생 등을 노보하기 위한 법률들로 카페 운영에 직간접적인 영향을 미친다.

46 다음 ( ) 안에 알맞은 단어를 쓰시오.

생두의 화학적 변화에서 캐러멜화는 160~200℃ 사이에 진행되며 5~10% 정도 함유되어 있는 ( )의 열분해를 통해 발생한다.

 정답
자당(Sucrose)

47 다음 ( ) 안에 공통으로 들어갈 단어를 쓰시오.

로스팅이 진행되는 과정에서 고온의 열로 인힌 건열반응으로 생성된다. 로스팅이 끝나면 생두 1g당 2~5mL의 가스가 발생하며 그중 87%는 ( )다. ( )는 향기 성분이 공기 중의 산소와 접촉하는 것을 막아준다.

 정답
이산화탄소

48 더블 에스프레소(Double Espresso)를 뜻하는
용어는?

도피오(Doppio)

50 일반 커피잔의 1/2 크기로, 용량은 60~70mL
정도이다. 재질은 도기이며 일반 컵에 비해 두
꺼워 커피가 빨리 식지 않는다. 에스프레소 전
용 잔으로 불리는 이것은 무엇인가?

데미타세(Demitasse)

49 커피는 다양한 특유의 향기 특징을 가지고 있는
데 이 중 전체적인 커피의 향기를 총칭하여 무엇
이라 하는가?

부케(Bouquet)

제 9 회 최종모의고사

01 다음 중 커피의 어원으로 바르지 않은 것은?

① 카파(Kaffa)는 아랍어로 '힘'을 뜻하는 말이다.

② 카파(Kaffa)는 에티오피아의 커피나무가 야생하는 곳의 지명이기도 하다.

③ 희랍어에서 '힘과 정열'을 뜻하는 'Kaweh'와도 연관이 있다.

④ 약 1400년 전인 6세기에 콩고의 카파(Kaffa)라는 지역에서 처음 발견되었다.

⑤ 이슬람에서는 술 대신 커피를 마시며 '이슬람의 와인'이라 부르기도 했다.

[해설]
지금부터 약 1400년 전 6세기에 아프리카 에티오피아 카파(Kaffa)라는 지역에서 처음 발견되었다.

02 다음에서 설명하는 커피의 명칭은 무엇인가?

> 프랑스어로 우유를 넣은 커피라는 의미로, 밀크커피를 뜻한다. 컵에 따뜻하게 데운 커피와 우유를 함께 붓는다. 기호에 따라 설탕을 첨가한다. 프랑스에서는 이것을 아침에 마신다.

① 아메리카노 ② 핀 커피

③ **카페오레** ④ 아인슈패너

⑤ 에스프레소

[해설]
카페오레는 우유를 넣은 커피의 일종이다. 아침부터 진한 커피를 마시면 속 쓰리므로 프랑스의 어느 의사가 우유를 넣은 데서 유래했다고 전해진다.

03 다음 중 커피의 역사에 관한 설명으로 바르지 않은 것은?

① 아라비아에서는 커피를 번컴(bunchum)이라고 불렀는데, 레몬즙을 넣어 커피를 마셨다.

② 이슬람 사원에서는 커피를 통해 정신을 맑게 하려고 재배를 시작하였다.

③ 1600년대 후반 이탈리아에서 카페가 문을 열게 되었고, 유럽에서의 커피 보급에 큰 영향을 미치게 되었다.

④ 튀르키예(터키)는 커피를 대중적인 음료로 정착시키고 카페를 사교의 장으로 발전시켰다.

⑤ 영국에서는 종교적인 분위기와 식민지의 영향으로 중국산 차를 받아들이며 커피를 지속하지 못하였다.

[해설]
1600년대 후반 오스트리아 빈에서 카페가 문을 열게 되었는데, 유럽에서의 커피 보급에 큰 영향을 미치게 되었다.

04 다음 중 생두를 가공한 후 적합한 수분함량으로 알맞은 것은?

① 2~5% ② **10~12%**

③ 15~18% ④ 30%

⑤ 25%

[해설]
생두는 수분함량이 10~12%가 될 때까지 건조한다.

05 다음에서 설명하는 국가는 어디인가?

> 1676년 보스턴 최초의 커피하우스가 문을 열었고 커피, 차, 맥주가 함께 팔리는 커피하우스 겸 술집의 역할을 하였다. 또한 보스턴 차 사건(Boston Tea Party)의 영향으로 차의 음용은 위축되었으며, 커피는 빠른 속도로 확산되었다.

✔ 미국
② 중국
③ 영국
④ 프랑스
⑤ 독일

해설
보스턴 차 사건(Boston Tea Party)은 1773년 12월 16일 밤, 미국 식민지의 주민들이 영국으로부터의 차(茶) 수입을 저지하기 위하여 일으켰던 사건이다.

06 아라비카 커피에 관한 설명 중 바르지 않은 것은?

① 주로 800~2,000m 이상의 열대 고지대에서 재배된다.
✔ 모양은 둥근형으로, 가운데 새겨진 고랑이 직선으로 되어 있다.
③ 주로 스트레이트 커피(Straight Coffee)와 스페셜티 커피(Specialty Coffee)에 사용한다.
④ 향미가 우수하고 신맛이 좋은 것으로 알려져 있고 카페인 함량이 낮은 편이다.
⑤ 대표적인 고유 품종으로는 티피카(Typica)와 버번(Bourbon)이 있다.

해설
생두의 모양은 납작한 청록색이며, 가운데 새겨진 고랑은 S자형이다.

07 다음에서 설명하는 커피는 무엇인가?

> 인도네시아 수마트라섬에는 사향고양이가 서식한다. 이 사향고양이는 잘 익은 커피체리만을 골라서 먹는데, 이때 커피체리의 과육만 흡수하고 커피 생두는 배설한다. 이 커피 덩어리들을 주워서 세척하여 커피로 마시게 된다.

✔ 코피 루왁
② 콘삭
③ 카디
④ 카라콜리로
⑤ 파치먼트

해설
코피 루왁은 인도네시아어로 커피를 뜻하는 코피와 긴꼬리 사향고양이를 의미하는 루왁이 결합한 이름으로, 인도네시아와 필리핀 등에 서식하는 사향고양이가 커피 열매를 먹고 난 뒤 배설한 씨앗을 햇빛에 말려 볶는 과정을 거쳐 탄생한 커피를 말한다.

08 아라비카 품종에 관한 설명으로 바르지 않은 것은?

① 티피카(Typica) – 아라비카 원종에 가장 가까운 품종이다.
② 버번(Bourbon) – 티피카(Typica)의 돌연변이종이다.
③ 카투라(Caturra) – 브라질에서 발견된 버번(Bourbon)의 돌연변이종이다.
④ 문도 노보(Mundo Novo) – 브라질에서 발견된 버번(Bourbon)과 수마트라의 자연 교배종이다.
✔ 카투아이(Catuai) – 인도 고유의 품종이다.

해설
인도 고유의 품종은 켄트(Kent)이다.

09 다음 중 커피 벨트에 속한 나라가 아닌 것은?

① 페루　　　　　② 콜롬비아
③ 중국　　　　　④ 러시아
⑤ 멕시코

해설
북위 25도~남위 25도 사이에 있는 나라에서 커피가 생산된다.

10 다음 설명은 커피의 어떤 가공방식인가?

- 특별한 기계의 사용이 없는 가장 오래된 방식이다.
- 커피체리를 그대로 말리며 날씨에 따라 2~4주 정도 소요된다.
- 자본이 많이 필요하지 않다.

① 세척방식(Washed)
② 자연건조방식(Natural)
③ 반세척방식(Semi-washed)
④ 반건조방식(Semi-dried)
⑤ 기계수확방식(Machine Harvest)

해설
건식가공법(Dry Method)이라고도 하는 자연건조방식은 특별한 기계장치가 필요 없는 가장 오래된 간편한 가공방법이다. 기본적으로 세척, 건조, 박피의 3단계를 거친다.

11 다음 중 브라질 커피의 특징이 아닌 것은?

① 브라질은 세계 1위의 커피 생산국가이다.
② 기계수확을 하여 대량생산을 한다.
③ 브라질의 대표 로고 마크는 '후안 발데즈'이다.
④ 대표 커피는 항구를 통해 수출하는 산토스 커피이다.
⑤ 중·저급의 커피를 생산한다.

해설
후안 발데즈(Juan Valdez)는 콜롬비아 커피의 대표 로고 마크이다.

12 다음은 커피 생산지와 그 대표 커피를 연결한 것이다. 바르지 않은 것은?

① 자메이카 – 블루마운틴
② 콜롬비아 – 엑셀소
③ 과테말라 – 안티구아
④ 코스타리카 – 타라주
⑤ 예멘 – 코나

해설
코나 커피의 생산지는 하와이다.

13 다음에서 설명하는 커피의 생산국가는 어디인가?

> 세계 2위의 커피 생산국으로 로부스타를 가장 많이 생산하며, 인스턴트커피 시장이 발달하였다.

☑ 베트남 ② 인도
③ 예멘 ④ 브라질
⑤ 과테말라

해설
베트남은 세계 2위의 커피 생산국으로, 로부스타 재배지역으로 잘 알려져 있다. 주로 블렌드 커피와 인스턴트커피의 원료를 공급하고 있는 커피 생산국이다.

14 다음은 하와이에 관한 설명이다. 바르지 않은 것은?

① 세계적인 최고급 커피의 하나인 코나 커피의 생산지이다.
② 낮은 고도에서 경작됨에도 불구하고 고지대에서와 같은 고급품질의 커피가 생산되고 있다.
③ 와인과 과실에 비유되는 단맛과 신맛, 산뜻하고도 조화로운 맛과 향을 가진 부드러운 커피로 평가받고 있다.
④ 중저급의 커피인 프라임 워시드(Prime Washed)를 생산한다.
⑤ 지리, 기후적인 장점으로 매일 오후 'Free Shade'라고 불리는 구름이 나타나서 커피나무에 그늘을 만들어 준다.

해설
프라임 워시드(Prime Washed) 커피는 자메이카의 블루마운틴 커피의 등급이다.

15 과테말라에서 생산되는 생두의 상품명 뒤에 붙게 되는 SHB(Strictly Hard Bean) 또는 HB(Hard Bean) 등은 무엇을 의미하는가?

① 생두의 재배 방법
② 생두의 결점두 비율
③ 생두의 경작 고도
④ 생두의 성숙 정도
⑤ 생두의 보관 기간

해설
과테말라는 생두를 경작 고도에 의해 분류한다.

16 커피의 맛과 향에 관한 용어 중 맛과 향의 복합적인 느낌을 무엇이라고 하는가?

① 아로마(Aroma)
② 플레이버(Flavor)
③ 바디(Body)
④ 블렌드(Bland)
⑤ 후미(After Taste)

해설
플레이버(Flavor)는 맛, 향기, 입안의 촉감 등에 의해 종합된 총체적인 맛을 뜻한다.

17 커피의 맛과 향을 평가하는 체계적인 과정을 무엇이라고 하는가?

☑ 커핑 ② 블렌딩
③ 로스팅 ④ 콜드브루
⑤ 핸드드립

해설
커핑이란 커피의 향기와 맛의 특성을 체계적으로 평가하는 과정을 말한다. 규정된 추출방법과 여러 감각기관을 동원하여 관능적으로 실시한다.

18 커핑을 할 때 커피에 부정적인 맛을 주는 요인이 있는지와 커피의 투명도를 평가하는 용어를 무엇이라 하는가?

① 크러스트(Crust)
② 프래그런스(Fragrance)
③ 밸런스(Balance)
④ 산미(Acidity)
⑤ 클린 컵(Clean Cup)

해설
클린 컵(Clean Cup)은 커피를 마셨을 때 느껴지는 물리적인 깨끗함을 말한다.

19 다음에서 설명하는 추출방법은?

> 뜨거운 물이 분쇄 커피층을 한 번 통과하면서 가용성분을 추출한다.

① 반복 여과 추출
② 끓이기
③ 여과 추출
④ 가압추출
⑤ 침지식 추출

해설
가압추출법은 분쇄된 커피에 뜨거운 물과 온도, 압력을 가해 정해진 시간 안에 커피액을 용해하여 추출하는 방법으로 에스프레소 머신 추출과 모카포트 추출이 있다.

20 다음은 어느 나라의 커피 문화를 설명한 것인가?

> 이 나라의 커피 문화는 아침 기도와 함께 시작되는데 아침 기도를 마치는 대로 커피를 만들어 마셨다. 이에 따라 빠른 시기에 커피하우스가 등장했는데, 남자들은 커피하우스에 모여 커피를 마시며 다양한 주제에 대한 토론을 벌이곤 했다. 이를 대변하듯 유럽 여행가들은 '이 나라에는 커피를 추출하고 마시는 것에 관련된 예절의 법도가 있다'라고 기록하고 있다.

① 인도 　　　　② 아랍
③ 케냐 　　　　④ 콜롬비아
⑤ 에티오피아

해설
아랍에서는 커피를 마시기 전에 절을 하고 상대를 존중한다는 표현을 한다. 이를 대변하듯 유럽 여행가들은 '아랍에는 커피를 추출하고 마시는 것에 관련된 예절의 법도가 있다'라고 기록하고 있다.

21 다음은 커피 추출기구의 특성을 나열한 것이다. 잘못 연결된 것은?

① 융 드립 – 아주 오래전부터 내려온 방식으로 넬(Nel) 드립이라고도 한다.
② 멜리타 – 1908년 독일의 칼리타 부인이 발명하여 페이퍼 드립의 시초가 되었다.
③ 사이펀 – 증기압과 진공 흡입력을 이용하는 추출기구를 말하며 열원으로는 알코올램프 등을 이용한다.
④ 모카포트 – 가정용 에스프레소 추출기구이다.
⑤ 이브릭 – 원두를 가장 곱게 갈아서 불 위에서 끓이기를 반복히어 추출한나.

해설
멜리타는 1908년 독일의 멜리타 부인이 발명하여 페이퍼 드립의 시초가 되었다.

22 다음 중 카푸치노 커피에 관한 설명으로 바르지 않은 것은?

① 에스프레소에 우유를 붓고, 그 위에 우유 거품을 올리는 커피이다.

② 우유 비율이 높은 카페오레, 카페라떼보다 우유 거품의 비율이 높은지라 커피 본연의 맛은 더 진하다고 느껴질 수 있다.

③ 명칭은 가톨릭 남자 수도회인 카푸친 작은 형제회의 수도자들의 수도복에서 유래되었다.

④ 기호에 따라 시나몬 가루나 코코아 파우더를 뿌려 먹거나 레몬이나 오렌지의 껍질을 갈아서 얹기도 한다.

✔ 우유는 80℃ 이상에서 스팀하면 가열취를 막아주고 고소한 맛을 유지한다.

해설
우유 온도가 74℃ 이상이 되면 단백질과 아미노산이 분해되면서 가열취가 난다.

23 다음에서 설명하는 추출도구는 무엇인가?

커피를 추출하기도 하지만 차(茶)를 우려 마시거나 가정에서 우유 거품을 만들기 위해 사용하기도 한다. 커피 추출 시 비교적 간단하게 사용할 수 있으나, 세척이 불편하고 커피 성분이 충분히 우러나지 않는다는 단점이 있다.

① 모카포트   ② 사이펀
③ 이브릭   ✔ 프렌치 프레스
⑤ 퍼콜레이터

해설
프렌치 프레스는 커피 및 차 추출을 위한 도구다. 주전자에 뜨거운 물과 커피 가루를 함께 담아 커피를 우려낸 뒤, 프레스 기기를 이용해 커피 가루를 아래로 밀어내는 방식이다.

24 다음 중 추출을 하기에 좋은 물의 조건이 아닌 것은?

✔ 정수된 물보다는 수돗물을 사용한다.

② 신선하고 좋은 맛이어야 하며 냄새가 없고 불순물이 없어야 한다.

③ 50~100ppm의 무기물이 녹아 있을 때 커피 맛이 가장 좋다.

④ 이산화탄소가 남아 있는 물이 좋다.

⑤ 낮은 온도의 물은 신맛과 떫은맛을 강하게 추출할 수 있다.

해설
수돗물보다는 정수된 물을 사용하고 염소성분을 제거하는 것이 좋다.

25 다음 중 바리스타가 지켜야 할 기본자세로 바르지 않은 것은?

① 모든 식품은 소비기한을 철저히 지키고 선입선출을 기본으로 한다.

② 커피 및 음료를 조리하는 장소에서는 모자와 앞치마를 착용한다.

✔ 냉동 제품은 해동 후 다시 냉동하여 사용할 수 있다.

④ 매장 내의 근무자는 일체의 액세서리를 착용하여서는 안 된다.

⑤ 특히 bar 안에서 근무 시 얼굴에 손을 가져가 만져서는 안 된다.

해설
냉동 제품은 해동 후 다시 냉동하여 사용할 수 없다. 해동된 식품이 재냉동되는 시간 동안 박테리아가 계속해서 증식할 수 있다.

26 로스팅 단계를 바르게 짝지은 것은?

① drying – roasting – cooling ✓
② drying – cooling – roasting
③ roasting – drying – cooling
④ roasting – cooling – drying
⑤ cooling – roasting – drying

> **해설**
> 로스팅 시 생두의 건조 – 열 변화 – 냉각 과정을 거쳐 원두로 만들어진다.

27 로스팅이 진행되면서 생기는 변화가 아닌 것은?

① 무게의 변화
② 향의 변화
③ 맛의 변화
④ 부피의 변화
⑤ **품종의 변화** ✓

> **해설**
> 커피는 로스팅을 통하여 무게가 가벼워지고, 향이 풍부해지며, 커피 본연의 맛이 나고, 부피가 커지게 된다.

28 다음 중 커피에 함유된 지방산이 아닌 것은?

① 팔미트산
② 스테아르산
③ **아세톤** ✓
④ 올레산
⑤ 리놀레산

> **해설**
> 아세톤(Acetone)은 커피에 함유된 휘발성 유기산의 종류이다.

29 다음은 로스팅의 과정 중 어느 단계에 관한 설명인가?

> • 첫 번째 팽창 이후 두 번째 팽창을 하기 전까지의 단계로 생두는 충분히 부풀어 있는 상태이고 색상 또한 급격하게 변하기 시작한다.
> • 커피의 특징인 신맛과 쓴맛 그리고 독특한 향기가 함께 나타나기 시작한다. 많이 이용되는 방법으로 아메리칸 로스팅이라고 한다.

① 라이트 로스팅
② 시나몬 로스팅
③ 시티 로스팅
④ 프렌치 로스팅
⑤ **미디엄 로스팅** ✓

> **해설**
> 미디엄 로스팅을 아메리칸 로스팅이라고도 한다. 신맛이 주역인 아메리칸 커피는 이 단계의 원두가 최적이다. 식사 중에 마시는 커피, 추출해서 마실 수 있는 기초 단계이며 원두는 담갈색을 띤다.

30 로스팅 시 고려해야 하는 생두의 특징이 아닌 것은?

① 생두의 색상
② 생두의 수분함량
③ 생두의 조밀도
④ **생두의 향** ✓
⑤ 생두의 크기

> **해설**
> 생두의 품질 특성과 함께 색상, 수분함량, 조밀도, 크기를 고려해야 한다.

31 다음 중 선 블렌딩 후 로스팅의 특징을 바르게 설명한 것은?

    ✔ 원하는 커피 용량에 맞추어 진행하기 때문에 한 번의 로스팅으로 블렌딩 원두를 만들 수 있어 많은 시간을 단축할 수 있다.

    ② 각각의 커피가 가지고 있는 고유의 향미와 특징을 표현하기에 좋다.

    ③ 커피 맛과 품질을 균일하게 유지할 수 있다.

    ④ 생두를 각각 로스팅한 후 원두를 섞어주는 방식을 말한다.

    ⑤ 하나라도 로스팅이 어긋나면 전체의 맛을 망치기 쉽다.

> **해설**
>
> 선 블렌딩 후 로스팅은 생두를 미리 섞어서 한 번에 로스팅하는 것이다. 생두를 전체적으로 같이 로스팅하여 비슷한 배전도를 가지게 되고 커피로 만들었을 때 매끄러운 맛을 표현할 수 있다.

32 맛있는 에스프레소를 추출하기 위한 조건이 아닌 것은?

    ① 에스프레소 분쇄 입자는 맛에 가장 중요한 요소로 약 0.3mm로 분쇄한다.

    ② 한 잔의 에스프레소를 추출하기 위해서는 포터필터에 7g의 커피를 담아야 하고, 두 잔일 경우는 포터필터에 15g을 담는다.

    ③ 수평 밀도는 추출 동작에서 커피를 받고 난 후 양을 맞추는 과정에서 진행하고, 다시 커피를 다지는 과정에서 수평에 맞게 진행한다.

    ④ 에스프레소는 20~30초 사이에 추출하여야 하는데 이유는 맛있는 성분만을 추출할 수 있는 시간이기 때문이다.

    ✔ 커피의 향은 시간이 지날수록 복잡하고 다양한 향이 발산되기 때문에 오래 추출하는 것이 좋다.

> **해설**
>
> 맛있는 에스프레소를 추출하기 위한 요소로는 분쇄 입자, 커피의 양, 수평 밀도, 추출시간이 있다.

33 다음 중 에스프레소 추출 시 커피 성분이 적게 추출된 과소 추출(Under Extraction)의 원인으로 바르지 않은 것은?

    ✔ 분쇄된 커피 입자가 너무 가는 경우

    ② 탬핑을 약하게 했을 경우

    ③ 적정 시간보다 빨리 추출했을 경우

    ④ 물의 온도가 너무 낮을 경우

    ⑤ 추출 압력이 너무 낮을 경우

> **해설**
>
> 과소 추출의 원인으로는 굵게 분쇄된 원두, 포터필터에 적게 담긴 원두량, 약한 탬핑, 낮은 에스프레소 추출 온도, 낮은 추출 압력, 팽창한 필터 바스켓 구멍 등이 있다.

34 에스프레소의 종류 중에서 15~20mL로 짧게 추출하는 커피를 무엇이라 하는가?

    ① 룽고

    ✔ 리스트레토

    ③ 아메리카노

    ④ 도피오

    ⑤ 더블 에스프레소

> **해설**
>
> 리스트레토는 추출 시간을 짧게 하여 에스프레소 한 잔을 15~20mL로 양이 적고 진하게 추출한 커피이다.

35 다음 중 에스프레소에 관한 설명으로 바르지 않은 것은?

① 에스프레소는 곱게 갈아 압축한 원두 가루에 뜨거운 물을 고압으로 통과시켜 뽑아낸 이탈리아의 정통 커피이다.

② 데미타세(Demitasse)라는 조그만 잔에 담아서 마신다.

③ 높은 압력으로 짧은 순간에 커피를 추출하기 때문에 카페인의 양이 적고, 커피의 순수한 맛을 느낄 수 있다.

④ 에스프레소 커피를 뽑으면 프리마(Prima)라는 옅은 갈색의 크림 층이 생긴다.

⑤ 에스프레소(Espresso)의 영어식 표기인 '익스프레스(Express)'는 '빠르다'라는 의미로 사용된다.

해설
에스프레소 커피를 뽑으면 크레마(Crema)라는 옅은 갈색의 크림 층이 생긴다. 이는 커피 원두에 포함된 오일이 증기에 노출되어 표면 위로 떠오른 것으로 커피 향을 담고 있다.

36 다음 중 자동 에스프레소 머신에 관한 설명으로 바르지 않은 것은?

① 커피를 추출하기 쉽다.

② 작은 공간에서도 설치할 수 있으며 설치 방법도 비교적 단순하다.

③ 원두가 기계 내부에 존재하기 때문에 상하기 쉽다.

④ 커피를 전문적으로 취급하지는 않는 패밀리 레스토랑, 호텔, 샐러드바, 편의점, 무인 커피숍에서 사용한다.

⑤ 다양한 맛이 변화를 추구할 수 있다.

해설
자동 에스프레소 머신은 다양한 맛의 변화가 어렵다.

37 커피 그라인더에서 분쇄된 커피를 담아 보관하는 용기를 무엇이라고 하는가?

① 도저(Doser)

② 탬핑(Tamping)

③ 태핑(Tapping)

④ 받침대(Drip Tray)

⑤ 호퍼(Hopper)

해설
도저(Doser)는 에스프레소를 추출하기 위해 분쇄된 원두를 보관하고 계량하여 필터홀더에 담아주는 역할을 하는 부분이다.

38 에스프레소 추출 시 커피가 포터필터 옆으로 새어 나오는 현상의 원인이 아닌 것은?

① 그룹헤드 내부에 이물질(커피 찌꺼기)이 많이 끼어 있다.

② 오랫동안 청소를 하지 않았다.

③ 추출 압력이 너무 약하다.

④ 많은 양의 커피가 담겨 있다.

⑤ 그룹헤드의 개스킷이 마모되었다.

해설
커피가 포터필터 옆으로 새어 나오는 현상의 원인은 그룹헤드 내부에 이물질이 많이 끼어 있거나, 오랫동안 청소를 하지 않았거나, 많은 양의 커피가 담겨 있거나, 개스킷이 마모된 경우 등이다.

39 다음 중 가장 이상적인 에스프레소 추출의 모습은 무엇인가?

① 처음엔 천천히 똑똑 떨어지다가 나중엔 가늘게 고르게 나오면서 32초에 25mL가 추출되었다.

② 처음부터 끝까지 고른 두께로 가늘게 나오면서 22초에 25mL가 추출되었다.

③ 조금 굵은 줄기로 나오면서 8초에 추출이 끝났는데, 거품이 1/2 이상 나왔다.

④ 처음부터 끝까지 고른 두께로 35초 만에 30mL가 추출되었다.

⑤ 45초 이상 천천히 나오면서 30mL가 추출되었다.

해설
이상적인 에스프레소 추출은 20~30초 동안 20~30mL를 추출하는 것이다.

40 에스프레소를 추출한 후 그 커피 찌꺼기를 버리는 곳을 무엇이라고 하는가?

① 드레인 박스
② 도저 박스
③ 노크 박스
④ 호퍼 박스
⑤ 포터필터

해설
노크 박스(Knock Box)는 포터필터를 바(Bar)에 대고 치는 방식으로 쉽고 깔끔하게 커피 찌꺼기를 버릴 수 있다.

41 카페인을 과다 섭취했을 때 우리 몸에서 일어나는 현상으로 바르지 않은 것은?

① 심장박동수 감소
② 수면장애
③ 메스꺼움
④ 혈압상승
⑤ 일시적인 신경과민

해설
카페인을 과다 복용하면 심장박동수가 증가하며 가슴 두근거림의 증상이 나타난다.

42 다음 중 카페인을 제거하는 방법이 아닌 것은?

① 유기용매를 이용한 카페인 제거 추출법
② 에틸 초산염을 이용한 카페인 제거 추출법
③ 로스팅을 이용한 카페인 제거 추출법
④ 이산화탄소를 이용한 카페인 제거 추출법
⑤ 스위스 워터 방식(Swiss Water Process)

해설
카페인을 제거하는 방법으로는 스위스 워터 방식, 이산화탄소 방식, 유기용매를 통한 직접방식 및 간접방식, 에틸 초산염 이용 등이 있다.

43 우유 스팀 후 위생관리를 설명한 것으로 바르지 않은 것은?

① 스팀 행주는 스팀 노즐을 닦는 용도 외에는 사용하지 않는다.
② 우유는 항상 냉장 보관하여 신선도를 유지한다.
③ 우유량을 정확하게 사용하여 남기는 일이 없도록 해야 한다.
④ 한번 스팀으로 열처리된 우유가 많이 남았을 경우 재사용한다.
⑤ 일반 행주와 스팀 행주를 구분해서 사용해야 한다.

해설
한번 스팀으로 열처리된 우유는 재사용이 불가하므로 우유량을 정확하게 사용하여 남기는 일이 없도록 해야 한다.

44 우유 스팀과정 중 공기 주입에 관한 설명으로 바르지 않은 것은?

① 공기 주입은 거품층의 품질을 좌우하는 중요한 과정이다.
② 비싼 에스프레소 머신을 사용할수록 공기 주입이 더욱 잘된다.
③ 공기 주입의 시간과 양에 따라 거품층의 두께의 차이가 생긴다.
④ 공기 주입을 많이 할수록 거품층의 두께는 두꺼워진다.
⑤ 공기 주입을 하는 스팀 노즐의 위치가 거품의 크기를 변화시킨다.

해설
공기 주입의 기술은 에스프레소 머신의 가격 차이가 아니라 바리스타의 훈련 기술에 따라 차이가 난다.

45 다음에서 설명하는 잔의 명칭은 무엇인가?

약 5cm의 작은 잔으로 30mL 정도의 에스프레소가 담기기 때문에 공기와의 접촉으로 온도가 빠르게 떨어진다. 따라서 디자인보다는 보온성에 최대한 중점을 두고 만들었다. 그 결과 잔과 손잡이는 두껍게 만들고 잔 바닥을 평평하지 않게 둘레로 턱을 만들어 외부 온도로부터 보호하여 디자인하였다.

① 머그잔   ② 커피 컵
③ 샷 잔   ④ 온스 잔
⑤ 데미타세 잔

해설
데미타세는 약 5cm 높이의 에스프레소 전용 잔으로 공기와의 접촉으로 온도가 빠르게 떨어져 디자인보다는 보온성에 최대한 중점을 두고 만들었다.

46 커피의 품종 중 전 세계의 30% 정도를 차지하고 있는 품종은?

정답
로부스타

해설
로부스타의 생산량은 30% 정도를 차지한다.

47 다음 중 침지식 추출방법이 아닌 기구는?

제즈베, 프렌치 프레스, 이브릭, 사이펀, 융 드립

정답
융 드립

해설
융 드립은 여과식 추출방법의 기구이다.

48 핸드드립 도구인 드리퍼에서 여과지가 드리퍼에 밀착되어 추출이 잘 이루어질 수 있도록 도와주는 길 역할을 하는 요철은 무엇인가?

 정답

리브

해설

리브(Rib)는 드리퍼 내부의 요철을 말하며 물을 부었을 때 공기가 빠져나가는 통로 역할을 한다. 드리퍼의 종류에 따라 리브의 높이와 수가 다르게 설계되어 있는데 리브의 수가 많고 높이가 높을수록 물이 잘 통과된다. 또한 추출을 마친 후에 종이 필터를 제거하기 쉽게 해 준다.

49 수확한 후 2년 이상 지난 커피콩을 무엇이라 하는가?

 정답

올드 크롭(Old Crop)

해설

생두의 분류
• New Crop : 수확 가공한 지 1년이 경과하지 않은 생두
• Past Crop : 수확 가공한 지 1년이 경과한 생두
• Old Crop : 수확 가공한 지 2년 이상 지난 생두

50 다음에서 설명하는 로스터는?

> 고온의 열풍을 불어 넣어 로스팅하는 방식을 말한다. 고온의 고속 열풍에 의해 생두가 공중에 뜬 상태로 섞이고 볶이기 때문에 균일하게 볶을 수 있으며, 로스팅 시간도 빠르다. 배전실과 냉각실이 별도로 설치되어 있어 열 손실이 적다는 장점도 가지고 있다.

정답

열풍식 로스터

해설

열풍식 로스터는 대류열이 드럼 안으로 유입되어서 생두를 골고루 익힌다. 열풍으로 익히기 위해서는 드럼 내 생두를 공중에 띄우는 작업이 필요한데 잘 설계된 교반 날개와 적절한 드럼 회전 속도(RPM)가 생두를 드럼 안에서 떠다니게 한다.

최종모의고사

제 **10** 회

01 다음 중 국가별 커피의 명칭으로 바르지 못한 것은?

① 튀르키예(터키) – Kahve

② 이탈리아 – Caffe

③ 네덜란드 – Koffie

④ 프랑스 – Coffee

⑤ 독일 – Kaffee

해설
튀르키예(터키)는 Kahve, 이탈리아는 Caffe, 네덜란드는 Koffie, 프랑스는 Cafe, 독일은 Kaffee라고 부른다.

02 다음 중 커핑의 준비사항이 아닌 것은?

① 추출방법은 침지식 추출법을 사용한다.

② 추출 커피 입자는 0.6~0.7mm로 한다.

③ 침지 시가우 4분을 넘지 않는다.

④ 적어도 7일 이내에 볶은 원두를 사용한다.

⑤ 물의 종류는 미네랄이 녹아 있는 약경수를 사용한다.

해설
커핑 시 로스팅 포인트는 적어도 8~24시간 이내에 볶은 미디엄 정도의 로스팅 원두를 사용한다.

03 다음 중 커피의 역사에 관한 설명으로 바르지 않은 것은?

① 아랍의 유목민들은 사막의 따뜻한 모래로 커피콩을 볶아 마셨다.

② 1600년대에는 상류층을 중심으로 커피 풍습과 카페들이 번성했다.

③ 유럽 중 네덜란드에서 가장 먼저 커피 시장을 장악하여 카페들이 번성하였다.

④ 1900년대에는 에스프레소 기계의 발명으로 더욱 향기롭고 풍부한 맛의 커피를 접할 수 있게 되었다.

⑤ 1900년대 후반에는 소비자들이 질 좋은 커피에 대한 욕구가 강해지고, 원두커피라는 명칭이 생겨나며 소비가 늘어나기 시작했다.

해설
네덜란드는 차가운 날씨 때문에 밖으로 돌아다니는 것을 좋아하지 않았기 때문에 카페가 번성하지 못하였다.

04 우리나라 최초로 고종황제가 커피를 접한 시기는?

① 1645년   ② 1825년

③ 1882년   ④ 1896년

⑤ 1902년

해설
고종이 1896년 아관파천으로 러시아 공사관에 머무는 동안 커피를 접한 것이 그 시작이라는 이야기가 정설로 받아들여진다.

05 다음 중 커피 문화와 관련된 설명으로 바르지 않은 것은?

① 영국의 커피하우스는 다양한 분야와 계층의 사람들이 모여 의견을 교환하고 토론하여 문화의 중심지 역할을 하였다.

② 독일의 프리드리히 대왕은 맥주 소비를 권장하고 커피 소비를 제한하였다.

❸ 이탈리아 최초의 커피하우스인 카페 프로코프가 만들어져 작가, 배우, 음악가들이 모이는 장소가 되었다.

④ 오스트리아에서는 1683년 빈 최초의 커피하우스를 열었다.

⑤ 1971년 미국 시애틀에서 다국적 커피하우스인 스타벅스가 시작되었다.

> **해설**
> 프랑스 파리 최초의 커피하우스인 카페 프로코프가 코미디 프랑세즈 극장 근처에 만들어져 작가, 배우, 음악가들이 모이는 장소가 되었다.

06 스팀 노즐의 관리에 관한 내용으로 바르지 않은 것은?

❶ 스팀 사용 후에는 스팀 노즐을 깨끗한 마른행주로 즉시 닦는다.

② 스팀 노즐 청소는 매일매일 해야 한다.

③ 청소할 때에는 피처에 뜨거운 물을 받아 스팀 노즐을 약 10분간 담가 놓는다.

④ 스팀을 사용하기 전 수증기를 빼 준다.

⑤ 스팀을 사용한 후 수증기를 빼 준다.

> **해설**
> 스팀 사용 후에는 스팀 노즐을 깨끗한 젖은 행주로 즉시 닦는다.

07 다음에서 설명하는 커피 품종은 무엇인가?

> 일반 커피에 섞이면 불량품이라고 부르지만, 별도로 모아 수확하면 아주 특별한 맛을 연출하는 고가의 상품이 된다. 크기가 유달리 커서 '엘리펀트 빈(Elephant Bean)'이라고도 불리며 열대지방 커피 생산국에서 대부분 생산되고 멕시코, 과테말라, 자이레 등에서 극히 소량이 생산되고 있다.

① 피베리　　　　　❷ 마라고지페

③ 아라비카　　　　④ 카라콜리로

⑤ 티피카

> **해설**
> 마라고지페는 브라질 바이아주 마라고지페 지방에서 처음 발견되어 그 지역명을 따서 이름이 붙여졌고, 품종의 크기가 아라비카종 가운데 가장 커서 '엘리펀트 빈(Elephant Bean)'이라고 불린다.

08 다음은 아라비카 품종의 특징을 설명한 것이다. 바르지 않은 것은?

① 티피카(Typica) – 녹병에 약하며 생산성이 낮은 편이다.

② 버번(Bourbon) – 콩이 작고 둥근 편이고 수확량은 티피카(Typica)보다 20~30% 많다.

③ 카투라(Caturra) – 녹병에 강하고 신맛이 강한 특징이 있다.

❹ 문도 노보(Mundo Novo) – 생산기간이 타 품종보다 10년 정도 짧은 것이 단점이다.

⑤ 켄트(Kent) – 생산성이 높고 특히 녹병에 강하다.

> **해설**
> 문도 노보(Mundo Novo)는 환경 적응력이 좋고 콩의 크기가 다양하다. 생산기간이 타 품종보다 10년 정도 짧은 품종은 카투아이(Catuai)이다.

09 다음에서 설명하는 커피는 무엇인가?

> 콜롬비아에서 흔히 마시는 커피로 뜨거운 물 속에 흑설탕을 넣고 끓여서 녹인 후 불을 끄고 커피 가루를 넣어 저은 뒤 가루가 모두 가라앉을 때까지 5분쯤 두었다가 맑은 커피만 마시는 것을 말한다.

① 카페콘레체　　　　② **틴토** ✔
③ 멜랑쥐　　　　　　④ 룽고
⑤ 카푸치노

해설
• 카페콘레체 : 스페인어로 우유를 넣은 커피라는 뜻이다.
• 멜랑쥐 : 오스트리아 커피로 부드러운 우유 거품을 올린 밀크커피이다.

10 커피의 가공방식을 설명한 것으로 바르지 않은 것은?

① 자연건조방식은 수확 시기에 강수량이 적거나 햇빛 건조가 가능한 국가나 소규모 농장에서 주로 이용하는 방식이다.
② 자연건조방식은 세척방식보다 바디가 좀 더 묵직하다는 평가를 받고 있다.
③ **자연건조방식은 물을 이용하여 체리를 싸고 있는 여러 단계의 껍질을 부드럽게 벗겨낸다.** ✔
④ 세척방식은 일정 설비를 갖춰야 하므로 경비가 많이 들고 조심스럽다.
⑤ 세척방식은 수확 후에 커피체리가 공기에 노출되는 시간을 최소화하여 생두 본래의 질을 보존할 수 있다.

해설
세척방식(Washed Process)은 물을 이용하여 체리를 싸고 있는 여러 단계의 껍질을 부드럽게 벗겨내는 가공방식이다. 이러한 방식으로 가공된 커피를 워시드 커피(Washed Coffee)라고 한다.

11 특정 생두에 Shade Grown Coffee라는 명칭이 붙게 되는데, 그 뜻은 무엇인가?

① 커피 묘목의 일조량 조절을 목적으로 그늘막을 설치하였다.
② **커피나무를 보호하기 위해 키 큰 나무의 그늘 아래에서 경작되었다.** ✔
③ 커피나무의 개량 및 다수확을 목적으로 일정 기간 그늘막을 설치하였다.
④ 커피 종자를 천막 등으로 덮어 그늘을 유지하였다.
⑤ 화학비료를 사용하지 않은 유기농 커피를 말한다.

해설
그늘경작법(Shade Grown)은 커피나무 주변에 키 큰 나무를 심어 커피나무에 그늘을 만들어 주는 것을 말한다. 산비탈이나 고지대에서 많이 사용되며, 잡초와 해충을 예방하고, 수분을 유지하며 토양을 비옥하게 만드는 장점이 있다.

12 카페라떼에 관한 설명으로 바르지 않은 것은?

① 우유를 이용한 대표적인 커피로, 라떼는 이탈리아어로 '우유'를 뜻한다.
② 우유를 따뜻하게 데워서 에스프레소와 우유의 비율을 1 : 4 정도로 섞어 마신다.
③ 부드러운 우유 맛이 일품인 카페라떼는 양을 많이 해서 큰 잔에 마시는 것이 특징이다.
④ **카페라떼를 만들 때는 마무리로 우유 거품을 두껍게 얹는 것이 좋다.** ✔
⑤ 아침 식사로 빵과 곁들여도 좋고, 카페라떼만 마셔도 식사 대용으로 든든하다.

해설
카페라떼는 우유 거품을 살짝 얹은 커피로 거품이 두껍게 해서 온도가 떨어지는 것을 막아준다. 거품이 두껍게 올라가면 카푸치노처럼 보일 수 있으므로 얇은 뚜껑을 덮어 준다는 기분으로 살짝 얹는다.

13 다음은 커피 생산지와 그 대표 커피를 연결한 것이다. 바르게 연결된 것은?

① 푸에르토리코 – 블루마운틴
② 예멘 – 안티구아
③ 브라질 – 만델링
④ 과테말라 – 산토스
☑ **에티오피아 – 시다모**

해설
① 푸에르토리코 – 야우코셀렉토
② 예멘 – 모카
③ 브라질 – 산토스
④ 과테말라 – 안티구아

14 다음에서 설명하는 커피의 생산국은 어디인가?

> 세계 3대 명품 커피의 생산국으로 커피의 어머니라고 할 정도의 고급 커피를 재배하고 있는 커피 생산국가이다. 에티오피아에서 발견된 커피를 전 세계로 전파시킨 국가이다.

① 하와이   ② 콜롬비아
③ 케냐   ☑ **예멘**
⑤ 인도

해설
예멘은 세계 최초로 커피가 경작되었으며, 한때 세계 최대의 커피 무역항이었던 모카(Mocha) 항구를 통해서 커피를 수출하였다.

15 자메이카에 관한 설명으로 바르지 않은 것은?

☑ **마일드 커피의 대명사인 수프레모 커피를 생산한다.**
② 영국의 식민지 시절이었던 1728년에 니콜라스 라웨즈경이 마르티니크섬으로부터 커피나무를 들여와 세인트 앤드류 지역에서 커피를 경작하기 시작했다.
③ 주 재배 품종은 아라비카 품종이다.
④ 1969년 일본의 자본투자로 커피산업이 활성화되기 시작하였으며 일본의 엄격한 관리 속에 좋은 커피가 생산되었다.
⑤ 기후가 서늘하고 안개가 잦으며, 강수량이 많고 배수가 잘되는 토양으로 이루어져 커피 재배에 이상적이다.

해설
콜롬비아는 마일드 커피의 대명사인 수프레모를 생산한다.

16 다음 중 핸드 피킹(Hand Picking) 방식의 수확에 대한 설명으로 바르지 않은 것은?

① 균일한 품질의 커피를 수확할 수 있다.
☑ **인건비 부담이 적다.**
③ 커피나무에 손상이 적다.
④ 선별 수확이 가능하다.
⑤ 고급 커피를 수확할 때 사용한다.

해설
핸드 피킹(Hand Picking) 방식은 사람이 잘 익은 체리만 선별해서 수확하기 때문에 인건비 부담이 크다.

17 커피를 평가하는 용어로 입안에 남는 풍미를 말하며, 입천장과 목 부분에서 느껴지고, 커피를 뱉거나 삼킨 후에도 지속하는 느낌을 무엇이라 하는가?

① 블렌드(Bland)
② 플레이버(Flavor)
③ **후미(After Taste)** ✓
④ 아로마(Aroma)
⑤ 바디(Body)

> **해설**
> 후미(After Taste)는 술이나 음료를 마신 뒤에 입안에 남아 있는 맛과 향의 뒷맛을 말한다.

18 커핑을 할 때 분쇄된 원두에서 나는 향으로 분쇄된 커피를 기체 상태에서 평가하는 용어를 무엇이라 하는가?

① 플레이버(Flavor)
② **프래그런스(Fragrance)** ✓
③ 후미(After Taste)
④ 산미(Acidity)
⑤ 바디(Body)

> **해설**
> 프래그런스(Fragrance)는 드라이 아로마(Dry Aroma)라고도 하며 분쇄된 커피에서 나는 향을 말한다.

19 다음 중 커피 추출에 대한 내용으로 알맞지 않은 것은?

① 추출이란 커피가 가지고 있는 섬세한 향미 성분을 적절하게 뽑아내는 일련의 과정이다.
② 중력에 의해 물이 분쇄된 가루 사이로 스며들면서 가벼운 향미 성분들이 추출된다.
③ 뜨거운 물이 분쇄된 커피 입자에 스며들어 가용성 성분이 용해되면 커피 입자 밖으로 용해된 성분이 용출된다.
④ 추출할 때는 신선하고 냄새가 나지 않는 물을 사용하며, 일단 100℃까지 끓인 후 로스팅 원두에 따라 식혀서 사용한다.
⑤ **다크 로스트(Dark Roast)일수록 가용성 성분이 많으므로 추출 시 물의 온도를 높여서 사용한다.** ✓

> **해설**
> 일반적으로 다크 로스트(Dark Roast)일수록 가용성 성분이 많으므로 추출 시 물의 온도를 낮춘다.

20 다음 중 좋은 커피를 추출하기 위한 조건이 아닌 것은?

① 커피의 분쇄 크기에 맞는 추출시간을 지켜야 한다.
② **원두를 신선하게 보관하기 위하여 냉장 보관을 한다.** ✓
③ 추출하는 기구들의 특성을 제대로 파악하고 다룰 수 있어야 한다.
④ 추출하고자 하는 커피의 양을 고려하여 추출해야 한다.
⑤ 사용하고자 하는 물의 종류와 온도를 고려하여 추출해야 한다.

> **해설**
> 커피는 향을 흡수하기 때문에 냉장고에 있는 다양한 음식의 냄새들을 흡수할 수 있다. 또한 수분에 노출되기 때문에 냉장고 보관은 피하는 것이 좋다.

21 다음에서 설명하는 추출도구는 무엇인가?

> 일명 에스프레소 포트라고도 하며, 가정에서 머신 없이 에스프레소를 즐길 수 있다. 포트의 하부에 물이 담기는 곳에 열이 가해지면 물이 끓기 시작하는데 스팀 압력에 의해 분쇄된 커피를 통과하면서 추출액을 뽑아내는 원리이다.

✔ **모카포트**
② 사이펀
③ 프렌치 프레스
④ 이브릭
⑤ 커피메이커

해설
모카포트는 가스레인지와 같은 열원 위에 올려, 보일러 속의 물이 끓을 때 생기는 증기가 보일러의 물을 밀어 올려 원두에 투과시켜 에스프레소 비슷한 농축 커피를 추출하는 주전자이다.

22 튀르키예(터키쉬) 커피의 일종으로 가장 오래된 추출법이며, 원두를 곱게 갈아 불에 끓여서 커피를 추출하는 도구의 명칭은 무엇인가?

① 융 드립
② 프렌치 프레스
③ 모카포트
④ 사이펀
✔ **체즈베**

해설
체즈베는 이브릭과 함께 가장 오래된 추출도구로, 곱게 분쇄한 커피를 물과 설탕을 넣어 끓이는 방식이다. 튀르키예 사람들이 진하게 마시는 커피이다.

23 다음 중 네덜란드 상인들에 의해 알려진 찬물로 장시간 추출하는 커피는 무엇인가?

① 카페모카
✔ **더치커피(콜드브루)**
③ 핀 커피
④ 루왁 커피
⑤ 이브릭 커피

해설
콜드브루(Cold Brew)는 더치커피(Dutch Coffee)라고도 하는데, 네덜란드 상인으로부터 커피 제조방법을 배운 일본인들이 네덜란드풍(Dutch)의 커피라 하여 부르게 된 일본식 명칭이다.

24 다음 중 커피의 산패에 관한 설명으로 바르지 않은 것은?

① 커피 포장 내 소량의 산소만 존재해도 산패된다.
② 온도가 10℃ 상승할 때마다 향기 성분은 2.3제곱씩 변한다.
③ 다크 로스팅일수록 함수율이 낮고 오일이 배어 나와 산패가 빨리 진행된다.
✔ **홀 빈(Whole Bean) 상태의 커피는 분쇄상태의 커피보다 5배 빨리 산패가 진행된다.**
⑤ 개봉된 커피 봉투는 공기를 최대한 빼낸 다음 밀봉하여 산패를 방지한다.

해설
분쇄상태의 커피는 홀 빈(Whole Bean) 상태의 커피보다 5배 빨리 산패가 진행된다.

25 다음 중 로스팅에 관한 설명으로 바르지 않은 것은?

① 로스팅이란 생두에 열을 가해 볶는 과정을 뜻한다.

② 로스팅하면 열분해가 일어나 원두의 부피가 커진다.

✓ 수분함량이 떨어지며 무게가 10~20% 증가한다.

④ 같은 커피라 해도 로스팅의 강도에 따라 맛이 달라지기도 한다.

⑤ 연한 녹색을 띤 생두는 로스팅을 하는 과정에서 갈색으로 변하는 것이 일반적이다.

해설
생두를 로스팅하면 무게는 10~20% 감소한다.

26 로스팅이 진행 중인 생두에서 발생하는 물리적 현상으로 알맞지 않은 것은?

① 부피가 증가한다.

② 수분이 감소한다.

③ 색이 변한다.

④ 향이 증가한다.

✓ 쓴맛이 감소한다.

해설
로스팅이 진행되면 부피가 팽창하고 수분이 감소하며, 색과 향이 변하고 쓴맛이 나타난다.

27 로스팅 과정에서 발생하는 크랙에 관한 설명이다. 바르지 않은 것은?

① 로스팅 과정에서 내부 압력이 높아지고 생두는 열을 받으며 팽창하게 된다.

② 한 번의 로스팅에서 두 번의 크랙이 발생한다.

✓ 한 배치 안의 수많은 생두 모두 같은 시간과 온도에서 1차 크랙이 발생한다.

④ 휴지기가 지나고 생두에 열을 계속 가하면 2차 크랙이 발생한다.

⑤ 크랙의 소리는 생두가 현재 변화되고 있는 정도를 알려주는 신호이다.

해설
각각의 생두는 서로 다른 시간과 온도에서 1차 크랙이 발생한다. 평균 1분~1분 30초 정도로 1차 크랙이 지속된다.

28 다음은 어떠한 방식의 로스터에 관한 설명인가?

> 가장 보편적인 로스터로 원통형의 드럼을 가로로 눕힌 형태가 대부분이다. 가스나 오일버너에 의해 가열된 드럼의 표면과 뜨거워진 내부 공기로 로스팅이 된다. 드럼의 회전으로 생두를 고르게 섞어가며 볶고, 끝나면 앞쪽의 문을 열어 냉각기로 방출한다.

✓ 직화식 로스터

② 열풍식 로스터

③ 반열풍식 로스터

④ 디지털 로스터

⑤ 숯불 로스터

해설
직화식 로스터는 가스나 전기를 연소하여 불꽃을 발생시켜 콩이 들어있는 드럼을 직접 가열하여 로스팅하는 방식이다.

29 다음은 로스팅의 과정 중 어느 단계에 관한 설명인가?

> 쓴맛, 진한 맛의 중후한 맛이 강조된다. 기름이 표면에 끼기 시작하는 단계, 원두는 검은 갈색이 된다.

① 라이트 로스팅
② 시나몬 로스팅
③ 시티 로스팅
④ 프렌치 로스팅 ✓
⑤ 미디엄 로스팅

해설
프렌치 로스팅은 기름기가 전체에 번져 흐르고 색상은 검게 된다. 쓴맛이 다른 맛을 압도하여 아이스커피에 주로 사용한다. 풀 시티에서 몇 초만 지나면 프렌치 로스팅 상태가 된다.

30 로스팅 방식 중 열풍식 로스터에 대한 장점을 바르게 나타낸 것은?

① 균일하고 로스팅 시간이 짧으며 대량으로 로스팅할 때 적합하다. ✓
② 열효율이 낮아 불균일한 로스팅이 가능하다.
③ 독특한 특성을 발현하기보다는 스탠더드한 맛이 발현된다.
④ 원두 고유의 맛을 낼 수 있으며 빠른 로스팅 시간과 로스터의 기술에 따라 여러 가지 효과를 낼 수 있다.
⑤ 반 열풍식에 비해 연기가 적게 발생한다.

해설
열풍식 로스터는 직화식보다 균일하게 볶을 수 있으며, 로스팅 시간도 빠르다. 주로 자동화된 공장에서 많이 사용한다.

31 다음 중 커피를 블렌딩하기 위한 고려사항이 아닌 것은?

① 주인의 기호를 먼저 파악함으로써 커피의 타입을 조사한다. ✓
② 각각 커피콩의 특성을 잘 파악하여 서로의 향미가 조화를 이룰 수 있도록 한다.
③ 커피콩 공급이 원활히 진행될 수 있는지를 잘 파악하여 항상 일정한 품질 유지를 위해 노력한다.
④ 다양한 블렌딩 방법을 연구하여 상황에 맞는 블렌딩 방법을 선택한다.
⑤ 커피콩의 가격을 비교, 분석하여 서로 대체할 수 있는 블렌딩 방법을 미리 연구한다.

해설
커피를 블렌딩할 때는 고객의 기호를 먼저 파악함으로써 커피의 타입을 조사한다.

32 맛있는 에스프레소를 추출하기 위한 요소가 아닌 것은?

① 분쇄 입자
② 커피의 양
③ 커피의 향 ✓
④ 수평 밀도
⑤ 추출시간

해설
맛있는 에스프레소를 추출하기 위한 요소로는 분쇄 입자, 커피의 양, 수평 밀도, 추출시간이 있다.

33 다음 중 에스프레소 추출 시 커피 성분이 많이 추출된 과다 추출(Over Extraction)의 원인으로 바르지 않은 것은?

① 분쇄된 커피 입자가 너무 가는 경우
② 탬핑을 너무 강하게 했을 경우
③ 커피 투입량이 너무 많은 경우
④ 에스프레소 머신의 온도가 낮은 경우
⑤ 필터 바스켓 구멍이 막혀 있을 경우

해설
과다 추출의 원인으로는 가늘고 고운 분쇄 입자, 포터필터에 과다하게 담긴 원두량, 강한 탬핑, 높은 에스프레소 추출 온도, 높은 추출 압력, 필터 바스켓 구멍 막힘 등이 있다.

34 에스프레소의 종류 중에서 35~45mL로 길게 추출하는 커피를 무엇이라 하는가?

① 룽고
② 리스트레토
③ 아메리카노
④ 도피오
⑤ 더블 에스프레소

해설
룽고는 에스프레소 한 잔을 35~45mL로 길게 추출하여 쓴맛이 강하고 바디감이 적어 묽은 맛이 특징이다.

35 다음 중 크레마에 관한 설명으로 바르지 않은 것은?

① 크레마는 커피 입자 내부의 기공이 품고 있던 이산화탄소, 휘발성 유기산, 잔류 오일 등 탄소산화물이다.
② 크레마의 상태는 원두의 로스팅 정도에 따라 영향을 받는다.
③ 신선한 커피일수록 보기 좋은 크레마를 추출할 수 있다.
④ 크레마의 두께는 얇을수록 맛이 좋다.
⑤ 물의 온도와 압력이 높을수록 보기 좋은 크레마를 추출할 수 있다.

해설
크레마의 상태는 원두의 로스팅 정도, 사용된 원두의 종류와 양, 커피의 신선도, 분쇄의 정도, 탬핑의 정도, 물의 온도와 압력, 추출 시간 등 여러 가지 조건에 영향을 받는다. 이 중 어느 한 조건만 미흡하더라도 결코 보기 좋은 크레마는 만들어질 수 없다.

36 다음 중 반자동 에스프레소 머신에 관한 설명으로 바르지 않은 것은?

① 그라인더와 에스프레소 머신이 분리되어 있어 원두에 열이 가해지지 않는다.
② 여러 사람이 각자 추출해도 비슷한 맛의 커피 추출이 가능하다.
③ 전문 바리스타용 커피 머신으로 다양한 에스프레소 커피를 추구할 수 있다.
④ 장비에 대한 이해와 다루는 기술이 필요하다.
⑤ 주로 전문 카페에서 사용한다.

해설
여러 사람이 각자 추출해도 비슷한 맛의 커피 추출이 가능한 것은 전자동 에스프레소 머신이다.

37 다음 중 커피 그라인더에 관한 설명으로 바르지 않은 것은?

① 도저(Doser)는 분쇄된 커피 가루를 담아 보관하는 용기이다.

② 호퍼(Hopper)는 로스팅된 원두를 직접 보관하는 곳이므로 원두커피 표면의 오일이 많이 묻어 청소가 무엇보다 중요하다.

☑ 자동 그라인더는 레버를 잡아당겨 분쇄된 커피를 밖으로 내보내는 방식이다.

④ 포터필터 받침대는 도징 레버를 당겨 분쇄된 커피를 담을 때 포터필터를 걸쳐 놓는 받침대이다.

⑤ 입자 조절 레버는 숫자가 커질수록 입자가 굵게 분쇄되고, 숫자가 작을수록 입자가 가늘게 분쇄된다.

> 해설
> 자동 그라인더는 디지털 타이머를 이용해 사용자가 작동하는 시간을 세팅할 수 있으며, 별도의 저장을 하지 않고 1회분의 사용량만 밖으로 나오게 할 수 있다.

38 다음 중 에스프레소 머신의 그룹 개스킷을 교체해야 하는 경우가 아닌 것은?

① 포터필터를 그룹에 장착했을 때 그룹 개스킷의 탄력이 느껴지지 않을 때

② 정면으로부터 수직이 되지 않을 때

③ 추출 시 옆으로 물이 샐 때

☑ 교체한 지 1개월이 지났을 때

⑤ 그룹 개스킷이 마모되어 가운데 홈이 생긴 경우

> 해설
> 그룹 개스킷의 교체 기간은 평균 6개월이다.

39 다음 중 에스프레소 머신을 이용하는 조건으로 바르게 연결된 것은?

① 추출하는 물의 온도 : 80~90℃

② 카푸치노의 온도 : 40~45℃

☑ 서브되는 에스프레소의 온도 : 88~92℃

④ 보일러 스팀의 온도 : 60~65℃

⑤ 아메리카노의 온도 : 100~110℃

> 해설
> 서브되는 에스프레소의 적정 온도는 88~92℃이다.

40 포터필터에 담긴 분쇄된 커피를 다지는 행위를 무엇이라고 하는가?

① 도징(Dosing)

☑ 탬핑(Tamping)

③ 태핑(Tapping)

④ 그라인딩(Grinding)

⑤ 레벨링(Leveling)

> 해설
> 탬핑(Tamping)이란 포터필터에 담긴 분쇄된 커피를 다지는 행위를 말한다. 탬핑의 강도에 따라 물의 투과시간을 다르게 할 수 있다. 탬핑을 약하게 하면 빨리 투과되고 세게 하면 천천히 투과되어 더 진한 맛이 추출된다.

41 다음 중 카페인에 관한 설명으로 바르지 않은 것은?

① 1819년 독일의 과학자 룽게에 의해 처음으로 커피 원두로부터 추출되면서 발견되었다.

② 카페인은 우리 몸속에서 45분 내로 99%가 흡수된다.

③ 체내 카페인 농도는 섭취 후 48시간이면 거의 배출된다.

④ 카페인은 커피, 초콜릿, 차, 콜라, 다이어트 약, 두통약, 각종 드링크 등에 들어있다.

⑤ 수면장애가 있는 사람이 카페인을 섭취하면 수면에 도움을 받을 수 있다.

해설
카페인은 각성효과가 있어 수면장애가 있는 사람은 섭취하지 않는 것이 좋다.

42 카페인을 줄인 커피로 커피에서 카페인을 최대한 없애면서 커피의 향과 맛을 유지하려는 시도에서 탄생한 커피를 무엇이라 하는가?

① 인스턴트커피

② 디카페인 커피

③ 향 커피

④ 원두커피

⑤ 스페셜티 커피

해설
디카페인(Decaffeination)은 커피콩, 코코아, 찻잎, 카페인을 함유하는 그 밖의 물질에서 카페인을 제거하는 과정이다. 디카페인 커피는 일반적으로 원래의 카페인 성분 중 1~2%를 포함하며, 임산부, 당뇨환자, 위가 약한 사람도 먹을 수 있는 커피이다.

43 우유 스팀에 관한 설명으로 바르지 않은 것은?

① 우유에 뜨거운 수증기를 쐬어 우유 속 단백질 성분이 팽창해 거품층을 만든다.

② 스팀 노즐은 항상 청결을 유지하여 사용한다.

③ 우유 거품층 형성에 중요한 요소는 단백질과 지방이다.

④ 우유 온도가 84℃ 이상이 되면 단백질과 아미노산이 분해되면서 가열취가 난다.

⑤ 우유의 스팀 압력은 1.0~1.2bar이며 스팀을 틀어 압력 게이지를 통해 확인할 수 있다.

해설
우유 온도가 74℃ 이상이 되면 단백질과 아미노산이 분해되면서 가열취가 난다.

44 다음 중 커피 생두에 가장 많이 들어있는 영양 성분은 무엇인가?

① 탄수화물　　② 단백질

③ 지방　　　　④ 무기질

⑤ 칼슘

해설
생두의 구성성분 중 탄수화물의 비율은 60%로 가장 높다.

45 커피의 성분 중 휘발성 유기산이 아닌 것은?

① 아세톤(Acetone)

② 2-메틸퓨란(2-Methylfuran)

③ 피리딘(Pyridine)

④ 푸르푸랄(Furfural)

⑤ 팔미트산(Palmitic Acid)

해설
팔미트산은 지방산의 종류이다.

46 다음에서 설명하는 커피의 품종은 무엇인가?

> 커피나무의 높이는 15m에 달하며, 열매도 크고 저지대에서 재배하기 적당하나 병충해에 약하고 품질도 떨어져서 산지에서 약간 소비될 뿐 거의 수출되고 있지 않다.

 정답

리베리카

해설
리베리카는 아프리카 라이베리아에서 유래한 품종으로 전 세계 커피 생산량의 2% 미만을 차지한다.

47 다음 (   ) 안에 알맞은 단어를 쓰시오.

> 북위 (   )~남위 (   ) 사이를 커피 존 (Coffee Zone) 또는 커피 벨트(Coffee Belt)라 한다.

정답

25도, 25도

해설
북위 25도~남위 25도 사이를 커피 존(Coffee Zone) 또는 커피 벨트(Coffee Belt)라 한다.

48 바람에 의해 건조해 노르스름한 색깔을 띠며 바디감이 좋은 인도의 대표 커피는?

정답
몬순커피

해설
몬순커피는 약 3~4개월 동안 습기를 가진 몬순 바람에 건조한 커피로, 노르스름한 색깔을 띠며 에스프레소용으로 좋은 커피로 평가받는다.

49 에스프레소, 콘 파냐, 아인슈패너, 도피오, 에스프레소 마끼아또 중 데미타세 잔을 사용할 수 없는 메뉴는 무엇인가?

 정답
아인슈패너

해설
아인슈패너는(Einspanner)는 마차를 끄는 마부라는 뜻에서 파생된 말로, 과거 마부들이 피로를 풀기 위해 마셨던 커피처럼 아메리카노에 설탕과 생크림을 얹어 만든 커피를 말한다.

50 다음에서 설명하는 커피는 무엇인가?

> 커피 컵 위에 스푼을 걸치고 그 위에 각설탕을 놓고 브랜디를 부은 후 불을 붙이는 커피로 나폴레옹이 즐겨 마셨다고 한다.

정답
카페로열

해설
카페로열은 '왕족의 커피'라는 의미로 카페로열용 스푼을 컵에 걸치고, 각설탕을 올린 후 그 위에 브랜디를 붓고 불을 붙이는 것이다. 푸른 불빛이 올라오며 흔들리기 시작할 때 주변의 불빛을 없애면 환상적인 분위기가 연출된다.

참 / 고 / 문 / 헌

교육부(2019). NCS 학습모듈(식음료서비스 – 바리스타). 한국직업능력개발원.

류제동(2011). 「바리스타가 알고싶은 커피학」. 교문사.

류중호(2023). 「답만 외우는 바리스타 자격시험 2급 기출예상문제집」. 시대고시기획.

서일원(2011). 「카페와 라떼의 사랑이야기」. 예신출판사.

원융희·박정리(2010). 「영혼의 향기 Coffee」. 백산출판사.

이영민(2010). 「라떼아트」. (주)아이비라인·월간COFFEE.

이용남(2012). 「Cafe & Barista」. 백산출판사.

이은경(2012). 「한잔의 예술, 커피」. 세경출판사.

지은정(2010). 「바리스타와 함께하는 커피 이야기」. 수학사.

최범수(2010). 「에스프레소 머신과 그라인더의 모든 것」. (주)아이비라인·월간COFFEE.

최종대·김영아·임은정·곽봉준(2021). 「커피바리스타」. 한수출판사.

타임 NCS 바리스타연구소(2021). 「바리스타 자격시험 기본서」. 시스컴.

연합뉴스(2018. 2. 18.). 커피에 빠진 한국인… 지난해 커피시장 규모 10조원 첫 돌파 _https://m.yna.co.kr/view/AKR20180214039100030

답만 외우는 바리스타 자격시험 1급 기출예상문제집

개정1판1쇄 발행	2023년 07월 10일 (인쇄 2023년 05월 11일)
초판발행	2022년 06월 03일 (인쇄 2022년 04월 22일)

발행인 박영일 ｜ 책임편집 이해욱 ｜ 편저 류중호

편집진행 윤진영・김미애 ｜ 표지디자인 권은경・길전홍선 ｜ 편집디자인 정경일・조준영

발행처 (주)시대고시기획 ｜ 출판등록 제10-1521호 ｜ 주소 서울시 마포구 큰우물로 75 [도화동 538 성지 B/D] 9F ｜
전화 1600-3600 ｜ 팩스 02-701-8823 ｜ 홈페이지 www.sdedu.co.kr

ISBN 979-11-383-5097-6(13590)

정가 17,000원

전문 바리스타를 꿈꾸는 당신을 위한

바리스타 자격시험
합격의 첫걸음

'답'만 외우는 바리스타 자격시험 시리즈는 여러 바리스타 자격시험 시행처의 출제범위를 꼼꼼히 분석하여 구성하였습니다. 이 한 권으로 다양한 커피협회 시험에 응시 가능하다는 사실! 쉽게 '답'만 외우고 필기시험 합격의 기쁨을 누리시길 바랍니다.

**'답'만 외우는
바리스타 자격시험 ❶급
기출예상문제집**

류중호 / 17,000원

**'답'만 외우는
바리스타 자격시험 ❷급
기출예상문제집**

류중호 / 17,000원

커피 기본 이론부터 에스프레소머신 관리까지
바리스타 & 카페
창업 안내서

■ 지은이 : 김병희 · 김병호 · 고도현 · 이용권

■ 정   가 : 23,000원

많은 사람들이 '카페나 한번 해볼까' 하는 마음으로 카페 창업에 도전하지만 그중 성공하는 사람은 극히 드물다. 우후죽순처럼 생겨나는 카페의 홍수 속에서도 오랫동안 사랑받는 카페들의 공통점이 있다면 서비스로 이어지는 창업자의 마음가짐과 변하지 않는 커피 맛이다. 이 책은 예비 카페 창업자들이 꼭 알아두어야 할, 또 필요할 때마다 꺼내볼 수 있는 유용한 정보를 담았다. 카페 창업을 어디서부터 어떻게 시작해야할지 막막한 분들이라면 반드시 옆에 두어야 할 책이다.

예비 창업자들을 위한
성공적인 카페 창업의
모든 것!

국내외 다수의 카페 컨설팅 경험이 있는
전문 컨설턴트가 알려주는
카페 창업의 모든 비법 대공개!

창업 성공률을 높이는
카페 창업 필수 지식을
한권으로 완성

• 커피 기본 이론 수록
• 카페 창업자를 위한 실무 정보 수록
• 커피 관련 자격증 정보 및 체크리스트 수록

※ 표지 이미지와 가격은 변경될 수 있습니다.

유튜브 무료 동영상과 함께 한권으로 끝내는

조주기능사
필기+실기

* 류중호 / 31,000원
* 필기책 + 실기책으로 분권하여 학습 가능

바텐더는 다양한 음료에 대한 이해를 바탕으로 칵테일을 조주하고 영업장 관리, 고객관리, 음료 서비스 등의 업무를 수행한다. Win-Q 조주기능사 필기+실기 단기합격은 전문 바텐더를 꿈꾸는 많은 이들이 단기간에 합격의 기쁨을 누릴 수 있도록 기획되었다. 유튜브 무료 동영상과 함께 독학으로도 충분히 자격증 취득이 가능하다.

| 핵심이론 +핵심예제 +기출문제 효율적인 3단 구성 학습 | 조주기능사 표준 레시피에 맞춘 실기 과정 상세 정리 | 저자 직강 유튜브 동영상 강의 무료 제공 |